新世紀科技叢書

革新二版

輸送現象與單元操作(一)

——流體輸送與操作

葉和明 著

(a, b)

三民書局

國家圖書館出版品預行編目資料

輸送現象與單元操作(一):流體輸送與操作／葉和明著. －－革新二版四刷. －－臺北市: 三民, 2016

面; 公分. －－(新世紀科技叢書)

4710841104763

1.化學工程 2.單元操作 3.流體力學

460.21　　94001436

© 輸送現象與單元操作(一)
——流體輸送與操作

著作人　葉和明
發行人　劉振強
著作財產權人　三民書局股份有限公司
發行所　三民書局股份有限公司
地址　臺北市復興北路386號
電話　(02)25006600
郵撥帳號　0009998-5
門市部　(復北店) 臺北市復興北路386號
(重南店) 臺北市重慶南路一段61號
出版日期　初版一刷　1996年9月
革新二版一刷　2006年7月
革新二版四刷　2016年10月
編號　S 444250
行政院新聞局登記證局版臺業字第〇二〇〇號

4710841104763

自　序

化學工廠中之操作技術，可分類成物理處理與化學處理兩種。早期的化工廠中，物理處理係由機械工程師所負起；至於化學處理，當然是化學師的職責。後來因發現機械工程師與化學師間很難達到合作無間，於是遂有化學工程師之應運而生，而一位受過良好訓練之化學工程師，必須兼備物理、化學及機械方面之豐富學識，如此才能肩負化工廠中裝備之設計、組立及操作。

化學工廠中之各種物理處理，總稱為「單元操作」，其基本原理為「輸送現象」，包括動量、熱及質量等三種輸送。化學工業之種類雖然繁多，但每一化學工業中之物理處理，係屬「單元操作」這一學門中幾項操作的組合。因此吾人只要熟習《輸送現象與單元操作》一書，就能負起任一化學工業中之物理處理。

本書共分三冊，除分別討論動量輸送、熱輸送及質量輸送暨其單元操作外，尚包括粉粒體操作。為使三冊分配平均，因此將粉粒體操作與熱輸送操作，合併於第二冊。本書可供大學與技術學院化學工程相關科系教學之用。

撰寫本書時，筆者預設讀者已熟習普通物理及化學，而且已修讀過工程數學及化工計算等課程。本書內容力求淺易、簡要；筆者才疏學淺，謬誤之處必所難免，尚祈各方先進不吝指教，俾再版時得以更正，不勝感激。

輸送現象與單元操作

總目次

流體輸送與操作

熱輸送與操作以及粉粒體操作

質量輸送與操作

輸送現象與單元操作㈠

——流體輸送與操作

目　次

3　動量輸送 ······ 87

4　流體輸送裝置 ······ 207

5 流體流量之測定 ············ 223

6 流體輸送之計算 ············ 247

7 流體通過多孔床或粒子床之流動 ············ 271

8 流體之攪拌與混合 ……… 297

9 過 濾 ……… 323

10 離心分離 ……… 351

1 緒 論

輸送現象暨其單元操作，涵蓋化學工程中之各種物理處理。重要者有：流體之輸送、過濾、混合與攪拌、機械分離、固體之輸送、粉粒體操作、熱輸送、蒸發、沸騰與冷凝、質量輸送、蒸餾、吸收與氣提、萃取、結晶、調濕與涼水等。單元操作觀念之建立，能使學習化學工程者大開方便之門，蓋因化學工業之種類雖然繁多，吾人只要取其共同理論而學習之，即能達到融會貫通之效果。例如蒸發為製鹽與製糖之共同操作，蒸餾為石油提煉與酒精製造過程中所不可缺少之操作。所處理之物料，與採用機械之形式及大小容有不同，其原理則一。

上述之物理處理全賴機械之運轉，故本書內容除包括輸送現象及其各單元操作之基本觀念外，並闡述各化工機械之設計及操作原理，俾使讀者往後在化學工廠中能對這方面的任務勝任愉快。本書共分三冊，其中第一冊主要討論流體輸送與操作，第二冊敘述熱輸送與操作，以及粉粒體操作，第三冊則介紹質量輸送與操作。

1-1 單位與因次

吾人所用之各種量有各種不同**單位** (unit) 之表示。現行單位有公制與英制之分，科學研究多採公制，工程上慣用英制。

因吾人可藉一連串之物理定律，使物理量之間產生互相關連，故某物理量可視為基本因次，其餘視為導出因次。基本因次之選擇因制而異，然以長度及時間為常見者。今以 $[L]$ 表長度之**因次** (dimension)，$[\theta]$ 表時間之因次，則面積、體積、速度及加速度之因次依序為：$[L^2]$、$[L^3]$、$[L\theta^{-1}]$ 及 $[L\theta^{-2}]$。$[L]$ 與 $[\theta]$ 稱為**基本因次** (primary dimension)；$[L^2]$、$[L^3]$、$[L\theta^{-1}]$ 與 $[L\theta^{-2}]$ 稱為**導出因次** (secondary dimension)。

僅藉 $[L]$ 與 $[\theta]$ 之基本因次，無法將一物體之物料完全定義出來，因此吾人通常需要再定義一個第三基本因次。此第三因次或取作用於該物體之力 $[F]$，或取該物體之質量 $[M]$。科學研究工作上常以質量為第三基本因次；惟工程應用上，則以力為第三基本因次。下面分別介紹四種常用單位制：**英國絕對單位制** (English absolute system of units)、**英國重力單位制** (English gravitational system of units)、**英國工程單位制** (English engineering system of units) 及**公制單位** (metric system of units)。

1. 英國絕對單位制

本制以長度 $[L]$ 呎、時間 $[\theta]$ 秒及質量 $[M]$ 磅為三基本因次。今倘有一力，能使 1 磅質量之物體產生每秒每秒 1 呎之加速度，則此力謂 1 **磅達** (poundal)。若令 m 為物體之質量，a 為加速度，F 為作用力，g_c 為比例因素，由牛頓力學第二定律知

$$F = \frac{1}{g_c} ma \tag{1-1}$$

則

$$1 \text{ 磅達} = \frac{(1 \text{ 磅})(1 \text{ 呎} / \text{秒}^2)}{g_c}$$

即

$$g_c = 1 \frac{(\text{磅})(\text{呎})}{(\text{磅達})(\text{秒})^2} \quad (1\text{–}2)$$

2. 英國重力單位制

此制除同樣以長度 $[L]$ 呎及時間 $[\theta]$ 秒為基本因次外，以力 $[F]$ 磅力為第三基本因次。1 磅力作用於一物體，使之產生每秒每秒 1 呎之加速度，則謂此物體之質量為 1 **斯拉古 (slug)**。若應用牛頓定律，則

$$1\ \text{磅力} = \frac{(1\ \text{斯拉古})(1\ \text{呎}/\text{秒}^2)}{g_c}$$

故

$$g_c = 1 \frac{(\text{斯拉古})(\text{呎})}{(\text{磅力})(\text{秒})^2} \quad (1\text{–}3)$$

3. 英國工程單位制

工程上慣用長度 $[L]$ 呎、時間 $[\theta]$ 秒、質量 $[M]$ 磅及力 $[F]$ 磅力為基本因次。因 1 磅力可使 1 磅質量之物體產生每秒每秒 32.174 呎之加速度，故 g_c 之值及單位為

$$g_c = 32.174 \frac{(\text{磅})(\text{呎})}{(\text{磅力})(\text{秒})^2} \quad (1\text{–}4)$$

應注意者，g_c 非重力加速度 g，蓋因兩者之意義、因次及單位均截然不同。由上面之結果可知：

$$1\ \text{磅力} = 32.174\ \text{磅達} \quad (1\text{–}5)$$

$$1\ \text{斯拉古} = 32.174\ \text{磅} \quad (1\text{–}6)$$

4. 公制單位

公制以長度 $[L]$ 公尺（或厘米）、質量 $[M]$ 千克（或克）、時間 $[\theta]$ 秒為基本因次，簡稱 MKS 制；若單位改為厘米、克及秒，則稱為 CGS 制。工程應用上另以力 $[F]$ 千克力（或達因）為第四基本因次。此時 g_c 之單位為

$$g_c = 1\ \frac{(\text{千克})(\text{公尺})}{(\text{千克力})(\text{秒})^2} \tag{1-7}$$

如吾人考慮熱效應時，能量 $[H]$ 千卡及溫度 $[T]$ 凱氏度 (K) 必須增列為基本因次。

1960 年國際會議又制定了 *SI* 公制單位，其與 *MKS* 制之不同處如下：

力：1 牛頓 (N) = 1（千克）(公尺)/(秒)^2

壓力：1 巴斯卡 (Pa) = 1 牛頓 /(公尺)^2

功：1 焦耳 (J) = 1（牛頓）(公尺) = 1（千克）(公尺)^2/(秒)^2

比例因數：$g_c = 1\ [(\text{千克})(\text{公尺})/(\text{秒})^2]\ /\ \text{牛頓} = 1$

本書中一切物理量之因次及單位，將盡量採用公制工程單位。在工程問題中，單位之換算乃勢所難免。為使讀者亦能熟諳單位之換算，本書亦偶爾在例題及習題中採用非公制單位。常用之單位變換因數，詳見附錄 A。

例 1-1

水之蒸發率為 0.049 磅 /(呎)^2(小時)，折合多少千克 /(公尺)^2(小時)?

解

$$0.049\ \frac{\text{磅}}{(\text{呎})^2(\text{小時})} \times \frac{0.454\ \text{千克}}{1\ \text{磅}} \times \frac{1\ (\text{呎})^2}{(0.3048\ \text{公尺})^2}$$

$$= 0.24\ \text{千克}\ /(\text{公尺})^2(\text{小時})$$

例 1–2

倘一飛機之速度為 3300 呎／秒，折合每小時幾公里?

解

$$\frac{3\,300\text{ 呎}}{\text{秒}}\times\frac{3\,600\text{ 秒}}{1\text{ 小時}}\times\frac{1\text{ 哩}}{5\,280\text{ 呎}}\times\frac{1\text{ 公里}}{0.6214\text{ 哩}}$$

$$=3\,620\text{ 公里／小時}$$

例 1–3

若鋼之熱傳導係數為 28 英熱單位 /(小時)(呎)(°F)，試換算成公制單位。

解

$$28\ \frac{\text{英熱單位}}{(\text{小時})(\text{呎})(°\text{F})}\times\frac{0.252\text{ 千卡}}{1\text{ 英熱單位}}\times\frac{1\text{ 呎}}{0.3048\text{ 公尺}}\times\frac{1.8°\text{F}}{1°\text{C}}$$

$$=4.17\text{ 千卡 }/(\text{小時})(\text{公尺})(°\text{C})$$

1–2 因次分析

有無數工程問題，其現象甚為複雜而鮮能由理論觀點，列出代表現象之微分方程式。偶爾能列出，亦因今日之數學尚未發展至盡善盡美，而無法得到答案。若採取實驗方法，屢因影響此問題之變數甚多，耗時無盡。此時可用**因次分析法** (dimensional analysis)，將所有變數依 Buckingham 氏的 π 學說，組成幾個**無因次群** (dimensionless group)，然後配合少數實驗數據，即能決定這幾個無因次群間之關係，而得一所謂半實驗公式。因此，因次分析須以實驗輔助之，始能完全解決一問題。惟此時所需之實驗數據遠比逕以實驗方法求解所需者少，蓋因因次分析已將多數個變數間之關係，組合成少數個無因次群間之關係。

因次分析之理論乃依據：描述任一自然現象之方程式中，無論所採用的單位為何，其各項之因次必相同。倘影響一問題之變數有 $V_1, V_2, V_3, \cdots, V_n$ 等 n 個，

且其間之關係為

$$f(V_1, V_2, V_3, \cdots, V_n) = 0 \tag{1–8}$$

若採用 $[FL\theta]$ 制，則其因次分別為

$$[V_1] = [F^{\alpha_1}L^{\beta_1}\theta^{\gamma_1}]$$

$$[V_2] = [F^{\alpha_2}L^{\beta_2}\theta^{\gamma_2}]$$

$$[V_3] = [F^{\alpha_3}L^{\beta_3}\theta^{\gamma_3}]$$

$$\vdots \qquad \vdots$$

$$[V_n] = [F^{\alpha_n}L^{\beta_n}\theta^{\gamma_n}]$$

今設

$$V_1 = V_1, [V_1] = [F^{\alpha_1}L^{\beta_1}\theta^{\gamma_1}] \tag{1–9$_1$}$$

$$V_2' = V_2V_1^{\frac{-\alpha_2}{\alpha_1}}, [V_2'] = [F^0L^{\beta_2'}\theta^{\gamma_2'}] \tag{1–9$_2$}$$

$$V_3' = V_3V_1^{\frac{-\alpha_3}{\alpha_1}}, [V_3'] = [F^0L^{\beta_3'}\theta^{\gamma_3'}] \tag{1–9$_3$}$$

$$\vdots \qquad \vdots \qquad \vdots$$

$$V_n' = V_nV_1^{\frac{-\alpha_n}{\alpha_1}}, [V_n'] = [F^0L^{\beta_n'}\theta^{\gamma_n'}] \tag{1–9$_n$}$$

將式 (1–9$_1$), (1–9$_2$), $\cdots$, (1–9$_n$) 代入式 (1–8)，得

$$f(V_1, V_2'V_1^{\frac{\alpha_2}{\alpha_1}}, V_3'V_1^{\frac{\alpha_3}{\alpha_1}}, \cdots, V_n'V_1^{\frac{\alpha_n}{\alpha_1}}) = 0 \tag{1–10}$$

或寫為

$$g(V_1, V_2', V_3', \cdots, V_n') = 0 \tag{1-11}$$

式 (1–11) 中，新變數群 $V_2', V_3', \cdots, V_n'$ 均無 $[F]$ 因次，惟獨 V_1 有之。由因次分析理論之依據知，V_1 必於實行上面之變換變數時被除掉。故式 (1–11) 應重寫為

$$h(V_2', V_3', V_4', \cdots, V_n') = 0 \tag{1-12}$$

此時，式 (1–12) 中有 $(n-1)$ 個變數群，每個變數群之因次為 $[L^{\beta_i'}\theta^{\gamma_i'}]$。

倘遵循上面方法，依次繼續除去因次 $[L]$ 及 $[\theta]$，吾人最後得一無因次式

$$\phi(\pi_1, \pi_2, \pi_3, \cdots, \pi_{n-3}) = 0 \tag{1-13}$$

式 (1–13) 中共有 $(n-3)$ 個變數群，且均為無因次。

綜合以上之推論，可作以下之結論，稱為**白金漢 π 學說** (Buckingham's π theory)：若 n 表影響問題之變數個數，N 表採用基本因次之數，則可得一無因次式

$$\phi(\pi_1, \pi_2, \pi_3, \cdots, \pi_{n-N}) = 0 \tag{1-14}$$

式中共有 $(n-N)$ 個無因次變數群，每一無因次變數群 π_i 係由 $(N+1)$ 個或少於 $(N+1)$ 個變數之乘冪所組合而成，且每一 π 中，必包含一不在其他 π 中出現之變數。

須注意者，如問題中牽涉牛頓力學第二定律，且採用工程單位制，則實行因次分析時，比例常數 g_c 必介入。倘問題牽涉熱與功之關係，則熱功當量 J 亦須介入。

例 1–4

試應用因次分析，討論流體在管中流動之壓力落差問題。

解 今擬採用 $[FML\theta]$ 制，而將影響此問題之因子 (factor) 及其因次，列出如下：

因子	符號	因次
管徑	D	$[L]$
流體之密度	ρ	$[ML^{-3}]$
流體之黏度	μ	$[ML^{-1}\theta^{-1}]$
流體之平均速度	u_b	$[L\theta^{-1}]$
壓力落差	$\frac{\Delta p}{L}$	$[FL^{-3}]$
因次常數	g_c	$[F^{-1}ML\theta^{-2}]$

因 $N=4, n=6, n-N=2$，應用白金漢 π 學說，得

$$\phi(\pi_1, \pi_2) = 0$$

令 $\pi = [D^{\alpha}\rho^{\beta}u_b^{\gamma}g_c^{\delta}\frac{\Delta p}{L}]$

則 $[F^0M^0L^0\theta^0] = [L]^{\alpha}[ML^{-3}]^{\beta}[L\theta^{-1}]^{\gamma}[F^{-1}ML\theta^{-2}]^{\delta}[FL^{-3}]$

平衡等號兩邊之指數：

$$F: 0 = -\delta + 1$$

$$M: 0 = \beta + \delta$$

$$L: 0 = \alpha - 3\beta + \gamma + \delta - 3$$

$$\theta: 0 = -\gamma - 2\delta$$

解之得：$\alpha = 1, \beta = -1, \gamma = -2, \delta = 1$

$$\therefore \pi_1 = \frac{\frac{\Delta p}{L}Dg_c}{\rho u_b^2}$$

再令 $\pi_2 = D^{\alpha_1}\rho^{\beta_1}u_b^{\gamma_1}g_c^{\delta_1}\mu$

同法可得

$$\pi_2 = \frac{\mu}{Du_b\rho}$$

$$\therefore \phi\left[\frac{\frac{\Delta p}{L}Dg_c}{\rho u_b^2}, \frac{\mu}{Du_b\rho}\right] = 0$$

故流體在圓管中流動之壓力落差可用下式表示：

$$\frac{\Delta p}{L} = \frac{\rho u_b^2}{Dg_c}\psi\left(\frac{\mu}{Du_b\rho}\right) \tag{1-15}$$

式 (1–15) 稱為**范寧方程式** (Fanning equation)。吾人若進行實驗，以決定無因次群 $\frac{Du_b\rho}{\mu}$ (名曰雷諾數，將於下一章定義之) 與另一無因次群 $\frac{\frac{\Delta p}{L}Dg_c}{\rho u_b^2}$ 間之變化關係，則可由范寧方程式預測流體在圓管中作各種流動方式時之壓力落差情形。

例如，若流體在管中成**穩定層流** (steady laminar flow，將於下一章討論)，則由理論分析及實驗結果皆得

$$\psi\left[\frac{\mu}{Du_b\rho}\right] = \frac{32\mu}{Du_b\rho} \tag{1-16}$$

此時單位長度之壓力落差，可以下式計算之：

$$\frac{\Delta p}{L} = \frac{32\mu u_b}{g_c D^2} \tag{1-17}$$

式 (1–17) 稱為**潑斯利方程式** (Poiseulle's equation)。

1–3 流系之質量結算

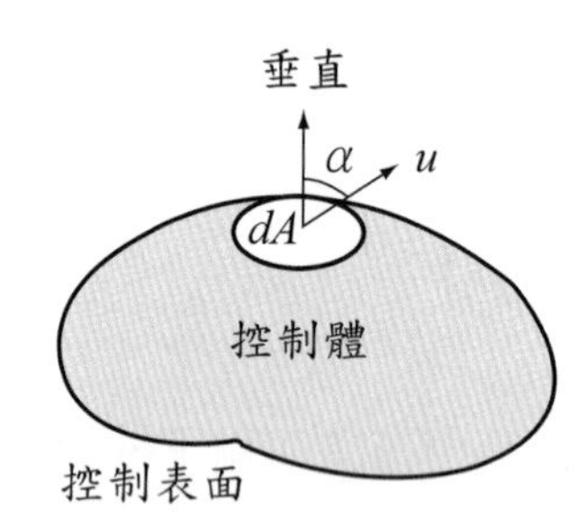

圖 1–1 通過控制表面上微分面積之流動

圖 1–1 所示，乃流場中之一**控制體** (control volume)。若 u 表流體之速度，ρ 表流體之密度，dA 表控制體外表面上之微分面積，a 表垂直於表面之向外直線與流體流動方向之夾角，則質量輸出或輸入此微分面積上之速率為

$$u\rho\cos\alpha\ dA \tag{1–18}$$

須注意者，當 $0<\alpha<\frac{\pi}{2}$ 時，$\cos\alpha>0$，流體係輸出；惟若 $\frac{\pi}{2}<\alpha<\pi$ 時，$\cos\alpha<0$，流體係輸入。因此，通過控制表面之流體淨輸出量，可將式 (1–18) 對整個控制表面積分而得

$$\iint_A u\rho\cos\alpha\ dA \tag{1–19}$$

控制體內流體之總質量 m 可由下式計算：

$$m=\iiint_V \rho\ dV \tag{1–20}$$

設 θ 表時間，則控制體內流體之質量總積存率為

$$\frac{dm}{d\theta}=\frac{d}{d\theta}\iiint_V \rho\, dV \tag{1-21}$$

今引用**質量不滅定律** (the law of conservation of mass)，此定律可用下式敘述：

$$\begin{Bmatrix}\text{質量輸入}\\ \text{系內之速率}\end{Bmatrix}-\begin{Bmatrix}\text{質量輸出}\\ \text{系內之速率}\end{Bmatrix}=\begin{Bmatrix}\text{系內質量}\\ \text{累積速率}\end{Bmatrix} \tag{1-22}$$

將式 (1–19) 及 (1–21) 代入式 (1–22)，得

$$-\iint_A u\rho\cos\alpha\, dA=\frac{d}{d\theta}\iiint_V \rho\, dV \tag{1-23}$$

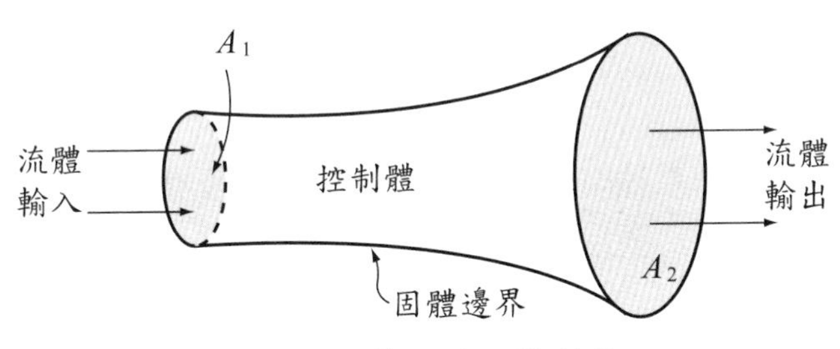

圖 1–2　簡化後之控制體

若流動系統如圖 1–2 所示，則式 (1–23) 變為

$$-\iint_{A_1} u\rho\cos(180^\circ)\, dA_1-\iint_{A_2} u\rho\cos(0^\circ)\, dA_2=\frac{dm}{d\theta}$$

即

$$\iint_{A_2} u\rho\, dA_2-\iint_{A_1} u\rho\, dA_1+\frac{dm}{d\theta}=0 \tag{1-24}$$

今定義流體之整體（平均）速度如下：

$$u_b = \frac{1}{A}\iint_A u\, dA \tag{1–25}$$

且假設截面積上流體之密度均勻，則式 (1–24) 變為

$$u_{b_2}\rho_2 A_2 - u_{b_1}\rho_1 A_1 + \frac{dm}{d\theta} = 0 \tag{1–26}$$

若 w 表流體之質量流率，即

$$w = u_b \rho A \tag{1–27}$$

則式 (1–26) 可改寫為

$$\Delta w + \frac{dm}{d\theta} = 0 \tag{1–28}$$

式中 $\Delta w = w_2 - w_1$。

若吾人考慮多成分系統時，系統內有發生化學反應之可能。今將圖 1–2 之流動，推廣應用於 n 成分系統，則仿照式 (1–28) 之推導，可得 i 成分之質量結算公式為

$$\Delta w_i - r_i + \frac{dm_i}{d\theta} = 0,\ i = 1, 2, 3, \cdots, n \tag{1–29}$$

式中 r_i 表單位時間內因化學反應，i 成分之生成率。將式 (1–29) 中之 n 個方程式相加，則

$$\Delta\sum_i w_i - \sum_i r_i + \frac{d}{d\theta}\sum_i m_i = 0 \tag{1–30}$$

因為在多成分系統中

$$\Delta\sum_i w_i = \Delta w \tag{1–31}$$

$$\sum m_i = m \tag{1–32}$$

式 (1–30) 可改寫為

$$\Delta w - \sum_i r_i + \frac{dm}{d\theta} = 0 \tag{1–33}$$

引用式 (1–28) 於式 (1–33)，得

$$\sum_i r_i = 0 \tag{1–34}$$

此結果顯示，系統中化學反應之質量生成率 ($r_i > 0$)，恰等於消失率 ($r_i < 0$)，即總質量不因化學反應而有所增減。

若式 (1–29) 中各項除以 i 成分之分子量，則可得 i 成分之莫耳結算公式

$$\Delta W_i - R_i + \frac{dM_i}{d\theta} = 0 \tag{1–35}$$

$$i = 1, 2, 3, \cdots, n$$

如將此 n 個方程式相加，則得總莫耳結算公式為

$$\Delta W - \sum_i R_i + \frac{dM}{d\theta} = 0 \tag{1–36}$$

式中 $W = \sum_i W_i$, $M = \sum_i M_i$。一般而言，$\sum_i R_i \neq 0$，蓋因質量不滅定律不適用於莫耳單位。

例 1–5

一容器中起初貯存 100 千克莫耳之氧。今若每小時輸入 20 千克莫耳之氮，並輸出 10 千克莫耳之混合氣體 ($N_2 + O_2$)，問當出口氣體中氮之莫耳分率達到 0.9 時，所需時間多少? 假設容器中之氣體混合均勻，因此任何時間輸出氣體之濃度與容器中者相同。

解 本題之流程圖如下所示：

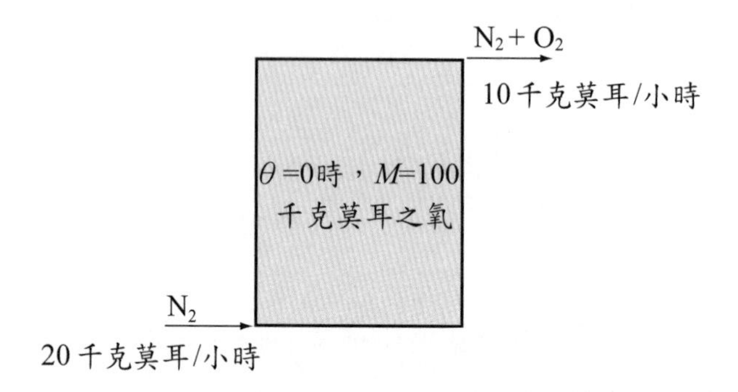

因無化學反應，$\sum_i R_i = 0$，總莫耳公式，式 (1–36)，變為

$$\Delta W + \frac{dM}{d\theta} = 0$$

將已知條件代入上式，則

$$(10 - 20) + \frac{dM}{d\theta} = 0$$

即

$$\frac{dM}{d\theta} = 10$$

積分之，得

$$M = 10\theta + C$$

上式中之 C 乃積分常數。因 $\theta = 0$ 時，$M = 100$；代入此起初條件，得 $C = 100$，即容器中氣體之千克莫耳隨著時間（小時）之變化關係為

$$M = 10\theta + 100$$

其次，應用式 (1–35) 作氮之莫耳結算：

$$\Delta W_{N_2} + \frac{dM_{N_2}}{d\theta} = 0$$

將已知條件代入，則

$$(10x_{N_2} - 20) + \frac{d(Mx_{N_2})}{d\theta} = 0$$

式中 x_{N_2} 表氮之莫耳分率。展開上式，得

$$10x_{N_2} - 20 + M\frac{dx_{N_2}}{d\theta} + x_{N_2}\frac{dM}{d\theta} = 0$$

將 $M = 10\theta + 100$ 代入上式，整理後得

$$(10\theta + 100)\frac{dx_{N_2}}{d\theta} + 20(x_{N_2} - 1) = 0$$

分離變數後積分之，並應用起始條件：$\theta = 0, x_{N_2} = 0$，則

$$\int_0^\theta \frac{d\theta}{10+\theta} = \frac{1}{2}\int_0^{0.9} \frac{dx_{N_2}}{1 - x_{N_2}}$$

$$\ln\left(\frac{10+\theta}{10}\right) = -\frac{1}{2}\ln\left(\frac{1-0.9}{1-0}\right) = \ln(10)^{\frac{1}{2}}$$

計算後得容器中氮之莫耳分率達 0.9 所需之時間為

$$\theta = 21.62 \text{ 小時}$$

例 1-6

今欲於一攪拌良好之反應器中，使原料物質 A 因化學反應而生成物質 B。物質 B 之生成乃可逆反應，而其正逆反應皆為一階。又物質 B 亦因另一一階之不可逆反應而分解為物質 C。其化學反應式為

$$A \underset{k_A}{\overset{k_B}{\rightleftharpoons}} B \xrightarrow{k_C} C$$

輸入溶液之體積流率為 Q（公尺)^3/ 分鐘，其中含 A 之濃度為 C_{A_0} 千克莫耳 / (公尺)^3。若起初時反應器中無任何物質，試導出一表示式，說明未填滿前，反應器中物質 B 之莫耳數與時間之變化關係。假設進料溶液中無物質 B，且流體性質之變化可忽略。

〔解〕 應用式 (1–35) 作物料 A 之莫耳分率，得

$$(0 - QC_{A_0}) - (k_A M_B - k_B M_A) + \frac{dM_A}{d\theta} = 0$$

再作物料 B 之莫耳分率，則

$$(0 - 0) - (k_B M_A - k_A M_B - k_C M_B) + \frac{dM_B}{d\theta} = 0$$

上面二式含二未知函數，可聯立解出。微分第二式，得

$$\frac{d^2 M_B}{d\theta^2} = -(k_A + k_C)\frac{dM_B}{d\theta} + k_B \frac{dM_A}{d\theta}$$

將第一式及第二式代入第三式，以消去 M_A 及 $\frac{dM_A}{d\theta}$，得

$$\frac{d^2 M_B}{d\theta^2} + (k_A + k_B + k_C)\frac{dM_B}{d\theta} + k_B k_C M_B - k_B Q C_{A_0} = 0$$

上式可配合下面之起初條件解出：

I.C.1：$\theta = 0$ 時，$M_B = 0$

I.C.2：$\theta = 0$ 時，$\frac{dM_B}{d\theta} = 0$

第二起初條件之得來，係將 $\theta=0$ 時 $M_A=M_B=0$ 的條件，代入第二式而得。應用起初條件積分上式，得反應器中物質 B 之莫耳數與時間之變化關係為

$$M_B=\frac{QC_{A_0}}{k_C}\left(1+\frac{S_-}{S_+-S_-}e^{S+\theta}-\frac{S_+}{S_+-S_-}e^{S-\theta}\right)$$

式中

$$S_\pm=\frac{1}{2}\left[-(k_A+k_B+k_C)\pm\sqrt{(k_A+k_B+k_C)^2-4k_Bk_C}\,\right]$$

1–4 流系之能量結算

今於流場中考慮一被控制面所包圍之控制體，如圖 1–1 所示，則**能量不滅定律 (the law of conservation of energy)** 可表示如下：

$$\begin{Bmatrix}\text{能量因流體之流動}\\\text{而輸入系內之速率}\end{Bmatrix}-\begin{Bmatrix}\text{能量因流體之流動}\\\text{而輸出系內之速率}\end{Bmatrix}+\begin{Bmatrix}\text{外界對系內}\\\text{之加熱速率}\end{Bmatrix}-\begin{Bmatrix}\text{系內對外界}\\\text{所作之功率}\end{Bmatrix}=\begin{Bmatrix}\text{系內能量}\\\text{之積存率}\end{Bmatrix}\tag{1–37}$$

若 q 表外界對系內之加熱率，$\dot{W}$ 表系對外界所作之功，E 表單位質量流體所含之能量，即可仿照 1–3 節將式 (1–37) 寫成數學式

$$-\iint_A u\rho(\cos\alpha)E\,dA+q-\dot{W}=\frac{d}{d\theta}\iiint_V E\rho\,dV\tag{1–38}$$

式中

$$E=U+\frac{u^2}{2g_c}+\frac{gz}{g_c}\tag{1–39}$$

表每千克流體之內能 (U)、動能 ($\frac{u^2}{2g_c}$) 及位能 ($\frac{gz}{g_c}$) 和，z 表高度。一般而言，功率 $\dot{W}$ 包括機械功 $\dot{W}_s$ (shaft work) 與 pv 功（flow work，v 表單位質量流體之體積）兩種，即

$$\dot{W} = \dot{W}_s + \iint_A u\rho pv\cos\alpha \, dA \tag{1–40}$$

將式 (1–38) 代入式 (1–37)，並引入下列關係:

$$H = U + pv \tag{1–41}$$

$$\frac{d}{d\theta}\iiint_V E\rho \, dV = \frac{d\check{E}}{d\theta} \tag{1–42}$$

重整後得

$$\iint_A u\rho\cos\alpha\left(\frac{u^2}{2g_c} + \frac{gz}{g_c} + H\right) dA + \frac{d\check{E}}{d\theta} = q - \dot{W}_s \tag{1–43}$$

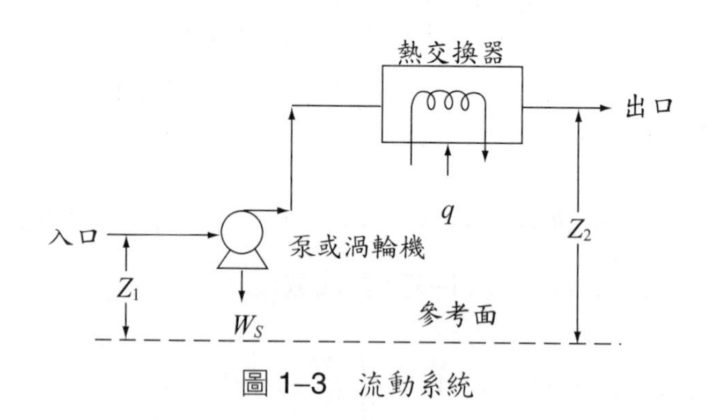

圖 1–3　流動系統

式 (1–41) 中之 H 稱為焓 (enthalpy)，$\check{E}$ 表系內之總能量。若考慮如圖 1–3 所示之不可壓縮流動系統（流體密度 ρ 為定值），並應用下面定義:

$$(u^3)_{av} = \frac{1}{A}\iint_A u^3 dA \tag{1–44}$$

$$(uz)_{av} = \frac{1}{A}\iint_A uz\, dA \tag{1–45}$$

$$(uH)_{av} = \frac{1}{A}\iint_A uH\, dA \tag{1–46}$$

則式 (1–43) 可積分為

$$\frac{A_2\rho_2(u^3)_{av,\,2}}{2g_c} + \frac{A_2\rho_2 g(uz)_{av,\,2}}{g_c} + A_2\rho_2(uH)_{av,\,2} - \frac{A_1\rho_1(u^3)_{av,\,1}}{2g_c} - \frac{A_1\rho_1 g(uz)_{av,\,1}}{g_c}$$

$$- A_1\rho_1(uH)_{av,\,1} + \frac{d\check{E}}{d\theta} = q - \dot{W}_s \tag{1–47}$$

若應用式 (1–27)，式 (1–47) 可重寫為

$$\frac{1}{2g_c}\frac{w_2(u^3)_{av,\,2}}{u_{b,\,2}} + \frac{w_2 g(uz)_{av,\,2}}{g_c} + \frac{w_2(uH)_{av,\,2}}{u_{b,\,2}} - \frac{1}{2g_c}\frac{w_1(u^3)_{av,\,1}}{u_{b,\,1}} - \frac{w_1 g(uz)_{av,\,1}}{g_c}$$

$$-\frac{w_1(uH)_{av,\,1}}{u_{b,\,1}} + \frac{d\check{E}}{d\theta} = q - \dot{W}_s \tag{1–48}$$

或

$$\frac{1}{2g_c}\Delta\frac{w(u^3)_{av}}{u_b} + \frac{g}{g_c}\Delta\frac{w(uz)_{av}}{u_b} + \Delta\frac{w(uH)_{av}}{u_b} + \frac{d\check{E}}{d\theta} = q - \dot{W}_s \tag{1–49}$$

當質量輸入率等於輸出率，即 $w_1 = w_2 = w$，則 $\frac{dm}{d\theta} = 0,\ E = \frac{\check{E}}{m},\ Q = \frac{q}{w}$，$W_s = \frac{\dot{W}_s}{w}$，式 (1–49) 變為

$$\frac{1}{2g_c}\Delta\frac{(u^3)_{av}}{u_b} + \frac{g}{g_c}\Delta\frac{(uz)_{av}}{u_b} + \Delta\frac{(uH)_{av}}{u_b} + \frac{m}{w}\frac{dE}{d\theta} = Q - W_s \tag{1–50}$$

又若速度、高度及溫度在導管截面積上之變化可忽略，式 (1–50) 可簡化為

$$\Delta\frac{u_b^2}{2g_c}+\frac{g}{g_c}\Delta z+\Delta H+\frac{m}{w}\frac{dE}{d\theta}=Q-W_s \tag{1–51}$$

上式稱為能量結算方程式。倘系統內伴有化學反應，或考慮一加熱（或冷卻）系統時，動能項及位能項可忽略；若考慮流過噴嘴之問題時，動能項不可忽略；而當有水力發電時，位能項甚為重要。

例 1–7

一加熱槽內起始置有 15.6°C 之油 2268 千克。油之熱容量為 2.09 千焦耳 / (千克)(°C)。使用之熱媒乃 276 kPa 之飽和水蒸氣 (130°C)，於水蒸氣螺管中冷凝。若熱傳速率遵循下式

$$q=570(t_s-t)\ \text{千焦耳}/(°\text{C})(\text{小時})$$

今令 15.6°C 之油每小時以 454 千克之流率輸入，並以 454 千克 / 小時輸出。假設槽內攪拌良好，故任何時間輸出之油，其溫度與槽內者相同。問需耗時多久，輸出油之溫度始升高為 32.2°C？假設加熱槽無向外之熱損失。

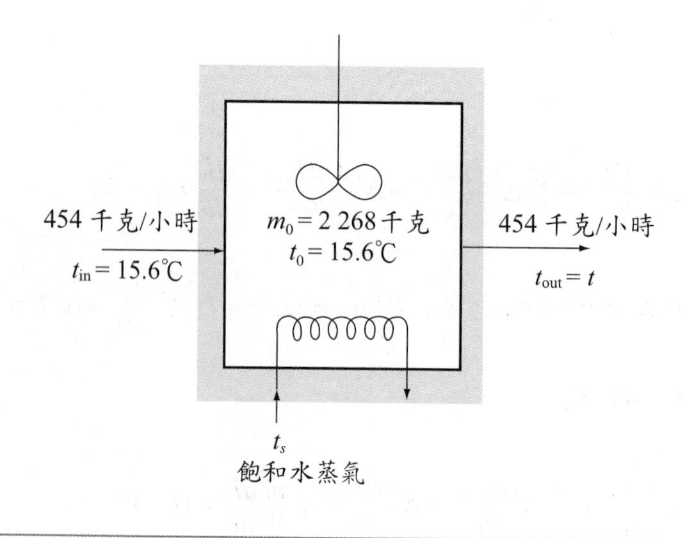

解 因係加熱系統，故能量結算式中之動能及位能項均可忽略（依本題之情形，更可忽略，蓋因入出口處之速度及高度均相同）。又因無機械功，$W_s=0$；亦無物料積存，$w_1=w_2=w=454$ 千克 / 小時，$m=m_0=2\,268$ 千克，故式 (1–51) 可簡化為

$$\Delta H+\frac{m}{w}\frac{dE}{d\theta}=Q=\frac{q}{w}$$

即

$$2.09(t-15.6)+\frac{2\,268(2.09)}{454}\frac{dt}{d\theta}=\frac{570}{454}(130-t)$$

整理後得

$$\frac{dt}{d\theta}=18.8-0.32t$$

積分之

$$\theta=\int_0^{\theta}d\theta=\int_{15.6}^{32.2}\frac{dt}{18.8-0.32t}=-\frac{1}{0.32}\ln\frac{18.8-0.32\times 32.2}{18.8-0.32\times 15.6}$$
$$=1.51 \text{ 小時}$$

例 1–8

一內徑為 2.0 公尺之開頂圓筒內，起初置有 1.22 公尺高之水。若圓筒底有一直徑為 5.08 厘米之小孔，試問筒中之水流盡所需之時間多久？假設出口壓力為 1 大氣壓，且水流經小孔時無摩擦損失。

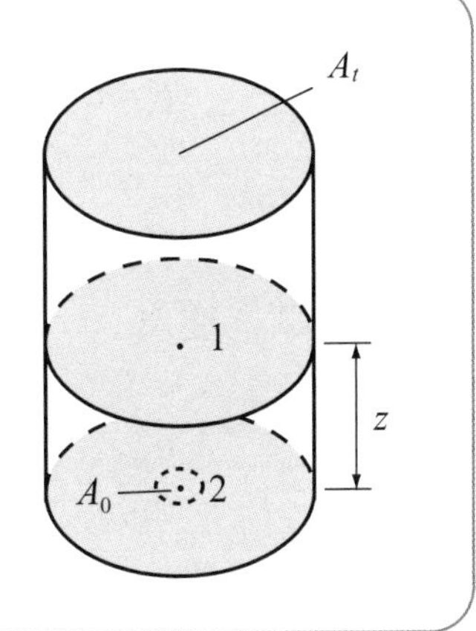

解 以圓筒為控制體，分別作質量與能量結算如下。

(1)質量結算：

應用式 (1–28) 之質量結算方程式，得

$$(\rho u_{b,2}A_0 - 0) + \frac{d}{d\theta}(\rho A_t z) = 0$$

即 $$\frac{dz}{d\theta} = -\frac{u_{b,2}A_0}{A_t}$$

或 $$d\theta = -\frac{A_t}{u_{b,2}A_0}dz \cdots\cdots ①$$

(2)能量結算：

因系統與外界間無熱與功之輸送，$q = \dot{W}_s = 0$；又本題係非穩態操作，$w_1 = 0$，且 w_2 與 m 均隨時間而變。若考慮速度在截面積上之變化可忽略，式 (1–48) 變為

$$\frac{u_{b,2}^2}{2g_c} + H_2 + \frac{1}{w_2}\frac{d}{d\theta}(mE) = 0 \cdots\cdots ②$$

因圓筒內流體之下降速度緩慢，$U_{b,1} \approx 0$；又圓筒內液體之平均高度為 $\left(\frac{z}{2}\right)$，式 (1–39) 簡化為

$$E \approx U + \frac{g\left(\frac{z}{2}\right)}{g_c}$$

又 $m = A_t\rho z,\ w_2 = u_{b,2}A_0\rho$

式②變為

$$\frac{u_{b,2}^2}{2g_c} + H_2 + \left(U + \frac{g}{g_c}z\right)\frac{A_t}{u_{b,2}A_0} \times \frac{dz}{d\theta} = 0$$

應用式①，上式變為

$$\frac{u_{b,2}^2}{2g_c} + H_2 - U - \frac{g}{g_c}z = 0$$

對恆溫液體而言，$H_2 = H \approx U$，上式更可簡化為

$$u_{b,2} = \sqrt{2gz} \quad \cdots\cdots ③$$

將式③代入式①，積分之，即可算出圓筒中之水流盡所需之時間：

$$\theta = \int_0^{\theta} d\theta = -\frac{A_t}{A_0\sqrt{2g}}\int_{1.22}^{0}\frac{dz}{\sqrt{z}} = -\frac{2A_t}{A_0\sqrt{2g}}(0 - \sqrt{1.22})$$

$$= \frac{2\left(\frac{\pi(2)^2}{4}\right)\sqrt{1.22}}{\frac{\pi(0.0508)^2}{4}\sqrt{(2)(9.8)}}$$

$= 780$ 秒 $= 13$ 分鐘

1–5 流系之動量結算

動量不滅定律 (the law of conservation of momentum) 可敘述如下：

$$\begin{Bmatrix}\text{動量因流體之流動}\\\text{而輸入系內之速率}\end{Bmatrix} - \begin{Bmatrix}\text{動量因流體之流動}\\\text{而輸出系內之速率}\end{Bmatrix} + \begin{Bmatrix}\text{外界對系之}\\\text{所有作用力}\end{Bmatrix} = \begin{Bmatrix}\text{系內動量}\\\text{之積存率}\end{Bmatrix} \quad (1–52)$$

今應用動量不滅定律於圖 1–1 中之控制體，其 x 方向之動量結算方程式為

$$-\frac{1}{g_c}\iint_A u_x\rho u(\cos\alpha)dA + (R_x + F_{xp} + F_{xd}) = \frac{d}{d\theta}\iiint_V \frac{u_x\rho}{g_c}dV \quad (1–53)$$

式中 R_x 表外界對系內固體（如管壁）之作用力，F_{xp} 表系內所受之壓力，F_{xd} 則

表系內流體所受之切應力。此三力皆以正 x 方向為正。因此，若所劃定之系統包括固體物，則 $F_{xd}=0$；反之，若不包括固體物，則 $R_x=0$。

今若考慮如圖 1–2 之流動系統，則 $u=u_x$, $w=u_b\rho A$, $\cos\alpha=\pm 1$。設 P_x 表系內流體在 x 方向之動量，則式 (1–53) 變為

$$\frac{1}{g_c}\Delta\left[\frac{w(u_x^2)_{av}}{u_b}\right]+\frac{1}{g_c}\frac{dP_x}{d\theta}=R_x+F_{xp}+F_{xd} \tag{1–54}$$

式中

$$(u_x^2)_{av}=\frac{1}{A}\iint_A u_x^2 dA \tag{1–55}$$

若在 A_1 與 A_2 面上各點處無速度變化，即 $u_x=u_b$，則式 (1–54) 簡化為

$$\frac{1}{g_c}\Delta(wu_b)+\frac{1}{g_c}\frac{dP_x}{d\theta}=R_x+F_{xp}+F_{xd} \tag{1–56}$$

若導管彎曲，則可仿照前法，求出 y 及 z 方向之動量結算方程式：

$$\frac{1}{g_c}\Delta(wu_y)+\frac{1}{g_c}\frac{dP_y}{d\theta}=R_y+F_{yp}+F_{yd} \tag{1–57}$$

$$\frac{1}{g_c}\Delta(wu_z)+\frac{1}{g_c}\frac{dP_z}{d\theta}=R_z+F_{zp}+F_{zd} \tag{1–58}$$

例 1–9

水以每分鐘 567 公斤之流率，通過一水平置放之擴散管而射出大氣中，如圖所示。入口處之內徑為 2.54 厘米，出口處之內徑為 7.62 厘米。問此時應施於出口處多少力，方能平衡？擴散管內之摩擦損失可不計。

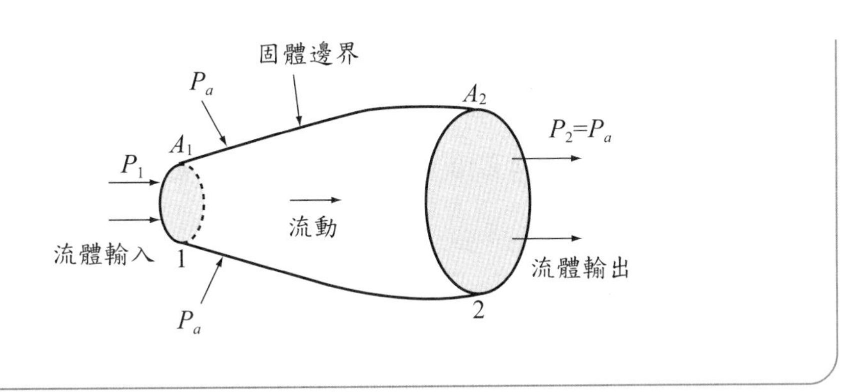

解 (1)質量結算：

因係穩態流動，$\dfrac{dm}{d\theta}=0$，由式 (1–28) 知，$\Delta w=0$，即 $w_1=w_2=w$。由題意

$$u_{b,2}=\frac{w}{\rho A_2}=\frac{\dfrac{567}{60}}{(1\,000)\dfrac{\pi(7.62\times 10^{-2})^2}{4}}=2.07\text{ 公尺／秒}$$

$$u_{b,1}=u_{b,2}\left(\frac{A_2}{A_1}\right)=u_{b,2}\left(\frac{D_2}{D_1}\right)^2$$

$$=2.07\left(\frac{7.62}{2.54}\right)^2=18.63\text{ 公尺／秒}$$

(2)能量結算：

因系統與外界間無熱與功之輸送，$Q=W_s=0$；因係穩態操作，$\dfrac{dE}{d\theta}=0$；因係水平流動，$\Delta z=0$；又因係恆溫不可壓縮流動，$\Delta H=\Delta(pv)=v\Delta p=\dfrac{\Delta p}{\rho}$。式 (1–51) 簡化為

$$\Delta\frac{u_b^2}{2g_c}+\frac{\Delta p}{\rho}=0$$

$$\therefore \Delta p = -\rho \frac{u_{b,2}^2 - u_{b,1}^2}{2g_c} = (1\,000)\left[\frac{(18.63)^2 - (2.07)^2}{2(1)}\right]$$

$$= 171.4 \times 10^3 \text{ 牛頓} /(\text{公尺})^2 = 171.4 \text{ kPa}$$

⑶動量結算:

若控制體(系統)包括擴散管,則 $F_{xd} = 0$;又因係穩態操作,w 為定值,且 $\frac{dP_x}{d\theta} = 0$,式 (1–56) 簡化為

$$\frac{w}{g_c}\Delta u_x = R_x + F_{xp} \cdots\cdots ①$$

如圖,壓力對水之作用力為 $(p_1A_1 - p_aA_2)$,其中 $p_2 = p_a =$ 大氣壓力;又大氣對擴散管外壁之作用力為 $p_a(A_2 - A_1)$,故

$$F_{xp} = (p_1A_1 - p_aA_2) + p_a(A_2 - A_1)$$

$$= A_1(p_1 - p_a) = A_1(-\Delta p) \cdots\cdots ②$$

將式②代入式①,則

$$\frac{\frac{567}{60}}{1}(2.07 - 18.63) = R_x + \frac{\pi(7.62 \times 10^{-2})^2}{4}(-171.4 \times 10^3)$$

$$\therefore R_x = 781.6 - 156.6 = 625 \text{ 牛頓}$$

故欲使此擴散管平衡,應於水流相同方向施以 625 牛頓之力於擴散管。

例 1–10

水以每分鐘 756 公斤之流率通過一水平置放之 45° 彎管,彎管之截面積為 21.65 平方厘米。若上流處之壓力為 1 034 kPa,且管中無摩擦損失,故管中之壓力降落不計,試問應施力於彎管多少,始能保持平衡?假設大氣對彎管外壁之作用力可略而不計。

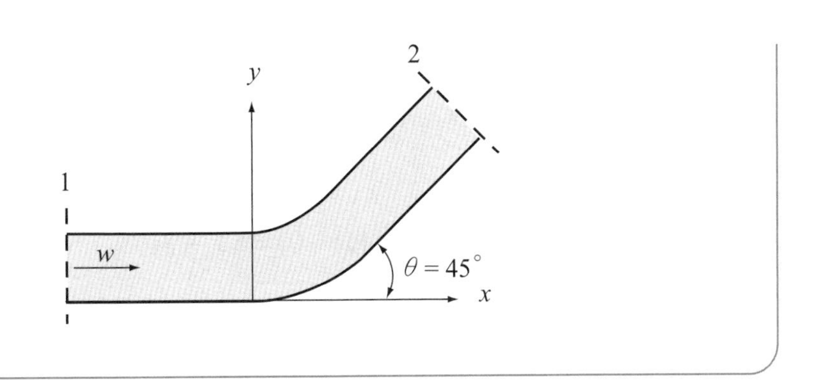

解 令控制體包括彎管，則 $F_{xd}=0$；又因係穩定流動，$\frac{dP_x}{d\theta}=0$。因此 x 方向之動量結算方程式可簡化為

$$\frac{w}{g_c}\Delta u_x = R_x + F_{xp} \quad \cdots\cdots ①$$

因

$$\frac{w}{g_c}\Delta u_x = \frac{w}{g_c}(u_{x,2}-u_{x,1}) = \frac{w}{g_c}u_b(\cos 45°-1)$$

$$= \frac{\frac{756}{60}}{1}\left[\frac{\frac{756}{60}}{(1\,000)(21.65\times10^{-4})}(0.707-1)\right]$$

$$= -21.42 \text{ 牛頓}$$

$$F_{xp} = (\text{壓力作用於流體之力}) + (\text{大氣作用於彎管外壁之力})$$

$$= [(1\,034\times10^{3})(21.65\times10^{-4}) - (1\,034\times10^{3})(21.65\times10^{-4})\cos 45°] + 0$$

$$= 655.2 \text{ 牛頓}$$

代入式①，得

$$R_x = -21.42 - 655.2 = -676.6 \text{ 牛頓}$$

同理，應用 y 方向之動量結算方程式於此系統，得

$$\frac{w}{g_c}\Delta u_y = R_y + F_{yp} \cdots\cdots ②$$

因

$$\frac{w}{g_c}\Delta u_y = \frac{w}{g_c}u_b(\sin 45° - 0) = 52 \text{ 牛頓}$$

$$F_{yp} = [0 - (1\,034 \times 10^3)(21.65 \times 10^{-4})\sin 45°] + 0$$
$$= -1\,580 \text{ 牛頓}$$

代入式②，得

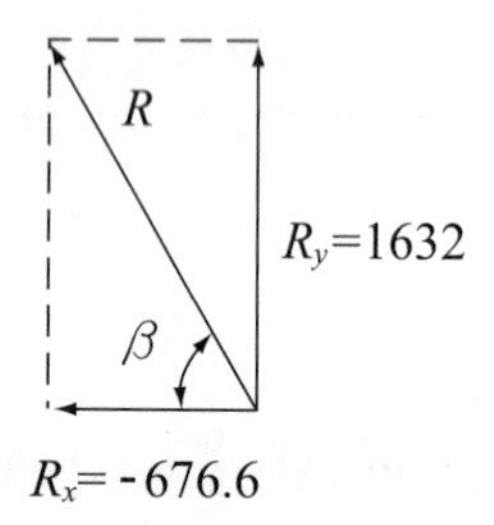

$$R_y = 52 + 1\,580 = 1\,632 \text{ 牛頓}$$

故平衡力之方向為

$$\beta = \tan^{-1}\frac{R_y}{|R_x|} = \tan^{-1}\frac{1\,632}{676.6} = 67.5°$$

力之大小為

$$R = \sqrt{R_x^2 + R_y^2} = \sqrt{(-676.6)^2 + (1\,632)^2} = 1\,767 \text{ 牛頓}$$

符號說明

符 號	定 義
A	面積，(公尺)^2
a	加速度，公尺 /(秒)^2
D	圓管內徑，公尺
E	流體單位質量之內能，焦耳
$\check{E}$	控制體中流體之總內能，焦耳
F	力，牛頓
$[F]$	力之因次
F_{xd}, F_{yd}, F_{zd}	流體所受之 x、y、z 方向切應力，牛頓
F_{xp}, F_{yp}, F_{zp}	系內所受之 x、y、z 方向分壓力，牛頓
g	重力加速度，公尺 /(秒)^2
g_c	比例因數，無因次，或 [(千克)(公尺)/(秒)^2] / 牛頓
H	單位質量之焓，焦耳 / 千克
$[H]$	能量之因次
k_A, k_B, k_C	反應速率常數，1/ 秒
L	管長，公尺
$[L]$	長度因次
M	控制體之總莫耳數
$[M]$	質量因次
P_x	系統內 x 方向之動量，(千克)(公尺)/ 秒
p	壓力，牛頓 /(公尺)^2，或稱巴斯卡 (Pa)
Δp	壓力降落，牛頓 /(公尺)^2
Q	$\frac{q}{w}$，焦耳 / 千克
q	熱量輸入率，焦耳 / 秒
R_i	因化學反應，i 成分之莫耳生成率，千克莫耳 / 秒

R_x, R_y, R_z	外界對系內固體之分作用力，牛頓
r_i	因化學反應，i 成分之質量生成率，千克 / 秒
t	溫度，K
U	單位質量之內能，焦耳
V	體積，(公尺)^3
V_i	變數或因子
W	功率，焦耳 / 秒
W_s	機械功率，焦耳 / 秒
$\dot{W}$	莫耳流率，千克莫耳 / 秒
$\dot{W}_s$	單位質量之機械功，焦耳 / 千克
α	夾角，弧度
$\alpha_i, \beta_i, \gamma_i$	指數常數
μ	黏度，千克 /(秒)(公尺)
ρ	密度，千克 /(公尺)^3
θ	時間，秒
$[\theta]$	時間因次
π_i	無因次之變數群

習　題

1–1　說明下面諸名詞：

⑴單元操作　⑵公制單位　⑶英制單位　⑷基本因次　⑸導出因次

1–2　單位換算：

⑴ 500（哩 / 小時）折合多少（呎 / 秒)?

⑵ 30 [磅力 /(吋)^2] 折合多少 [達因 /(厘米)^2]?

⑶ 12 [厘米 /(小時)^2] 折合多少 [呎 /(秒)^2]?

1–3　試採用 $[ML\theta]$ 制，重作〔例 1–4〕。

1–4 一質量為 50 千克之物體受 5 牛頓之外力時，會產生加速度若干公尺/(秒)^2?

1–5 今用一小蒸餾器在 135°C 下分離丙烷與丁烷。起初器中置有 15 千克莫耳之混合物，其中含丁烷 0.3 莫耳分率。開始操作時，每小時輸入 7.5 千克莫耳之進料，進料含 0.3 莫耳分率之丁烷 (x_F)。若加熱量控制得宜，以致蒸餾器內之混合物量保持不變（15 千克莫耳）；又若產生蒸氣之濃度（丁烷之莫耳分率 x_D）與器內液體之濃度 (x_s) 成下式之平衡關係：

$$x_D = \frac{x_s}{1 + x_s}$$

求器內濃度由 0.3 增至 0.4 所需之時間。又達到穩定狀態時，器內液體之濃度不變，問其濃度為何?

1–6 今有兩容器 A 與 B，容器 A 中起初置有 380 公升之水溶液，內含溶質 0.25 千克/公升。容器 B 中起初置有 380 公升之純水。今若令容器 A 中之溶液以 2.2 公升/分鐘之流率輸入容器 B，而容器 B 中之溶液同時以 4.4 公升/分鐘之流率輸入容器 A，試求兩容器中溶質濃度與時間之變化關係。又容器 B 中最後一滴溶液之濃度為何? 又問容器 B 中有無最大濃度? 如有，何時? 假設容器中溶液之攪拌均勻。

1–7 每小時 120 千克之乾空氣，在溫度 150°C 與壓力 200 kPa [200×10^3 牛頓/(公尺)^2] 下，以 40 公尺/秒之速度進入一垂直置放之套管式熱交換器的內管，如圖所示。空氣在 −18°C 及 100 kPa 下離開熱交換器，空氣輸出口與輸入口高度相差 5 公尺，試計算空氣與液體之熱交換速率。假設空氣為理想氣體，其熱容量可用下式表示：

$$C_p = 26.75 + (7.39 \times 10^{-3})T - (1.11 \times 10^{-6})T^2$$

式中 T 之單位為 K，C_p 為千焦耳/(千克莫耳)(K)。

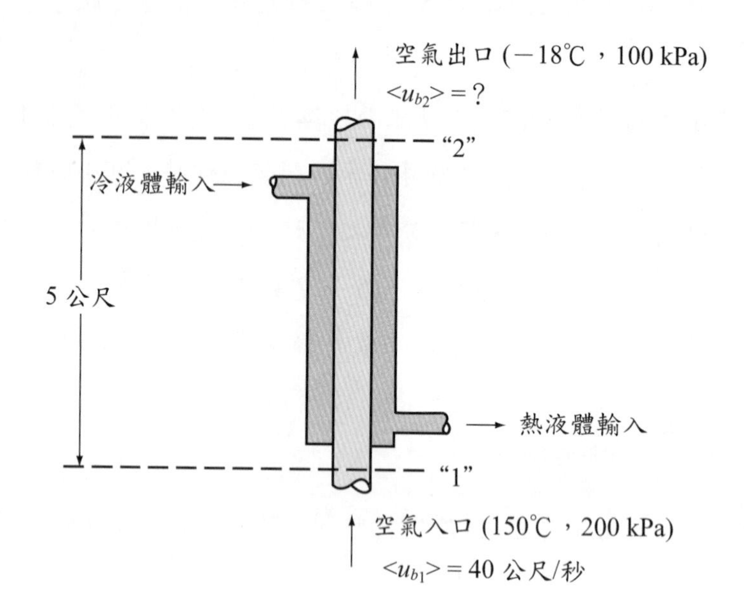

1–8 一理想氣體通過一置於恆溫槽中之水平管，氣體之熱容量為 1 千焦耳 / (公斤)(K)，水溫為 25°C。氣體在 500 kPa 下輸入，而在 200 kPa 下輸出。氣體在入口處之溫度與出口處之溫度同為 25°C，入口之速度為 35 公尺 / 秒。求熱傳送速率。問氣體係被加熱抑或被冷卻?

1–9 水以每秒 20 公尺之速度流過一水平 90° 彎管。若上流壓力為 200 kPa，管之內徑為 5.08 厘米，管中無摩擦損失，試問欲使此管保持穩定，所需之支持力大小及方向為何?

1–10 一灑水用之水平管內徑為 1.27 厘米，其末端接一直徑為 0.762 厘米之噴嘴。當水之流率為每分鐘 30 公升時，入口壓力為 150 kPa。水自噴嘴射出大氣。假設水在管中之速度均勻，求為使保持平衡，手持此水管時所受之力若干?

2 流體輸送之基本原理

在化學工廠中，流體輸送為重要單元操作之一，乃化學工程師必須徹底瞭解者。所謂流體，包括液體、氣體與蒸氣。流體無一定之形狀，能自由流動。在某溫度某壓力下，某一種流體有一定之密度；換言之，流體之密度與溫度及壓力有關，其中，液體之密度隨溫度與壓力之變化不大，氣體與蒸氣之密度則對溫度與壓力之變化甚具敏感性；故一般稱液體為**不可壓縮流體** (incompressible fluids)，氣體與蒸氣為**可壓縮流體** (compressible fluids)。惟此種可壓縮與不可壓縮流體之定義，似嫌不夠嚴密。蓋若溫度與壓力變化相當大時，液體之密度必有顯著之改變；溫度與壓力變化極小時，縱使氣體，其密度幾乎不變。故可壓縮與不可壓縮流體之真義，應視溫度與壓力之變化範圍而定。

2-1 流體靜力學

流體力學 (fluid mechanics) 包括**流體靜力學** (fluid statics) 與**流體動力學** (fluid dynamics) 兩部分。流體靜力學乃討論流體在**平衡狀態** (equilibrium state) 下之行為 (behavior)；流體動力學則研究流體呈相對運動時之**現象** (phenomena)。化學工廠中對流體之處理，以涉及流體之流動為多，因此流體動力學比較重要。

流體處在靜止狀態時，與水平面平行之面上諸點，其壓力相等，而壓力隨高低度之不同而變。今假想一垂直流體柱，如圖 2–1 所示。設流體柱之**橫斷面積** (cross-sectional area) 為 S 平方公尺，高度 Z 公尺處之壓力為 p 牛頓 /(公尺)^2，該處流體之密度為 ρ 千克 /(公尺)^3。此時垂直方向有三力作用於體積為 $S\,dZ$ 之控制體上，即: 壓力作用於 Z 平面之向上力 pS，壓力作用於 $(Z+dZ)$ 平面之向下力 $(p+dp)S$，以及地心引力作用於此體積之向下力 $\left(\frac{g}{g_c}\right)\rho S\,dZ$。

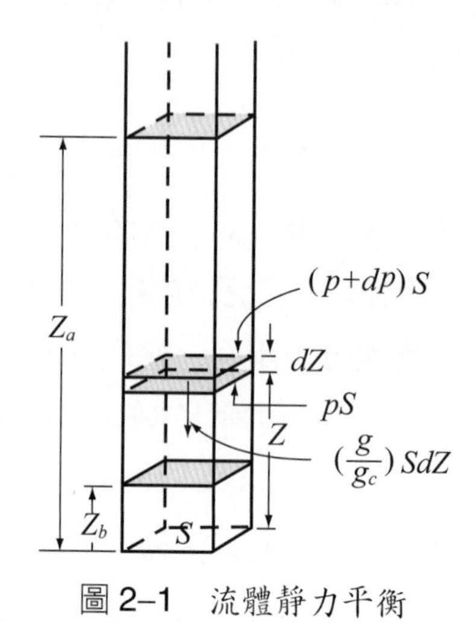

圖 2–1 流體靜力平衡

當流體達到靜力平衡時，垂直方向諸力之總和為零，即

$$pS-(p+dp)S-\rho\frac{g}{g_c}S\,dZ=0 \tag{2–1}$$

簡化上式，得

$$dp+\frac{g}{g_c}\rho\,dZ=0 \tag{2–2}$$

一般而言，除非吾人已知密度 ρ 與高度 Z 之關係，式 (2–2) 無法積分。若討論之對象為不可壓縮流體，其密度不變，此時式 (2–2) 可積分成

$$\frac{p}{\rho}+\frac{g}{g_c}Z=\text{常數} \tag{2–3}$$

即

$$\frac{p_b}{\rho}-\frac{p_a}{\rho}=\frac{g}{g_c}(Z_a-Z_b) \tag{2–4}$$

由式 (2–4) 可知，流體所處之位置愈低，所受壓力愈大。

例 2–1

若海面上之壓力恰為 1 大氣壓 (1.01325×10^5 牛頓 / 平方公尺)，問距海面深 80 公尺處之壓力若干? 假設海水之密度為 1 克 /(厘米)^3。

解 由題意知，$(Z_a-Z_b)=80$ 公尺，$\rho=1$ 克 /(厘米)^3 $=1\,000$ 千克 /(公尺)^3，$p_a=1.01325\times10^5$ 牛頓 /(公尺)^2，$g=9.8$ 公尺 /(秒)^2，$g_c=1$。將這些值代入式 (2–4)，則

$$p_b=p_a+\rho\left(\frac{g}{g_c}\right)(Z_a-Z_b)$$

$$=1.01325\times10^5 \text{ 牛頓 /(公尺)}^2$$

$$+1\,000\left(\frac{9.8}{1}\right)(80)\ \text{(千克)[公尺 /(秒)}^2\text{] /(公尺)}^2$$

$$=(1.01325\times10^5+7.84\times10^5)\text{ 牛頓 /(公尺)}^2$$

$$=8.85325\times10^5\text{ 牛頓 /(公尺)}^2$$

$$=8.74\text{ 大氣壓}$$

2–2 液柱壓力計

液柱壓力計 (manometer) 為測定壓力差之重要儀器，圖 2–2 示一種最簡單 U 形管液柱壓力計。U 形管陰影部分置密度為 ρ_B 之液體 B，其餘部分是密度 ρ_A 之流體 A（氣體或液體）。流體 A 與液體 B 不互溶，且液體 B 較流體 A 重。

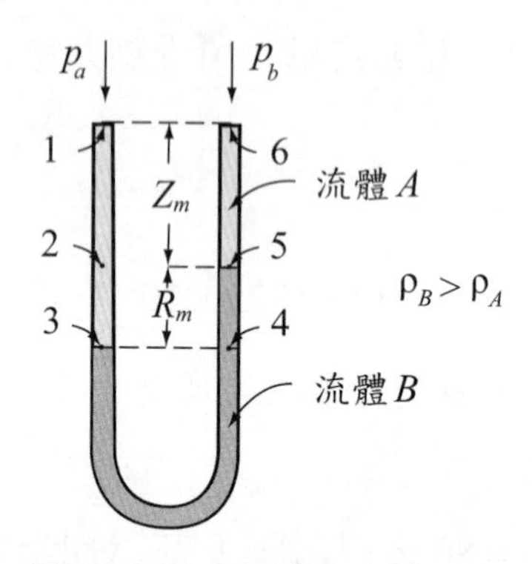

圖 2–2 U 形管液柱壓力計

今有一壓力 p_a 作用於點 1，另一壓力 p_b 作用於點 6。由於壓力差 $(p_a - p_b)$ 之存在，液體 B 在 U 形管之兩臂遂產生高度差 R_m。此時 $(p_a - p_b)$ 與 R_m 之關係，可循下面步驟求出：

$$
\begin{aligned}
p_a - p_b &= p_1 - p_6 \\
&= (p_1 - p_2) + (p_2 - p_3) + (p_3 - p_4) + (p_4 - p_5) + (p_5 - p_6) \qquad (2\text{–}5)
\end{aligned}
$$

應用式 (2–4) 於上式，得

$$
\begin{aligned}
p_a - p_b &= -\rho_A\left(\frac{g}{g_c}\right)Z_m - \rho_A\left(\frac{g}{g_c}\right)R_m + 0 + \rho_B\left(\frac{g}{g_c}\right)R_m + \rho_A\left(\frac{g}{g_c}\right)Z_m \\
&= \left(\frac{g}{g_c}\right)R_m(\rho_B - \rho_A) \qquad (2\text{–}6)
\end{aligned}
$$

由上式可知，壓力差與 Z_m 及管徑無關。

例 2–2

今有一導管，在常溫下用以輸送四氯化碳（比重為 1.6）。若以一簡單 U 形管測量管中兩點之壓力差，壓力差之讀數為 15 厘米，問此兩點之壓力差若干？U 形管中之液體為水銀（比重為 13.6）。

解 由題意知，$R_m = 0.15$ 公尺，$\rho_B - \rho_A = (13.6 - 1.6) \times 10^3$ 千克 /(公尺)^3，$g = 9.8$ 公尺 /(秒)^2，$g_c = 1$。將這些值代入式 (2–6)，得

$$p_a - p_b = \left(\frac{9.8}{1}\right)(0.15)(12 \times 10^3)$$
$$= 17.6 \times 10^3\ [(\text{千克})(\text{公尺})/(\text{秒})^2]/(\text{公尺})^2$$
$$= 17.6 \times 10^3\ \text{牛頓}/(\text{公尺})^2$$
$$= 17.6 \times 10^3\ \text{Pa}$$
$$= 0.174\ \text{大氣壓}\ [1\ \text{大氣壓} = 1.01325 \times 10^5\ \text{Pa}]$$

倘測定之壓力差甚小，則用圖 2–2 所示之 U 形管不易測得精確之值，此時可用**斜管液柱壓力計 (inclined manometer)**。

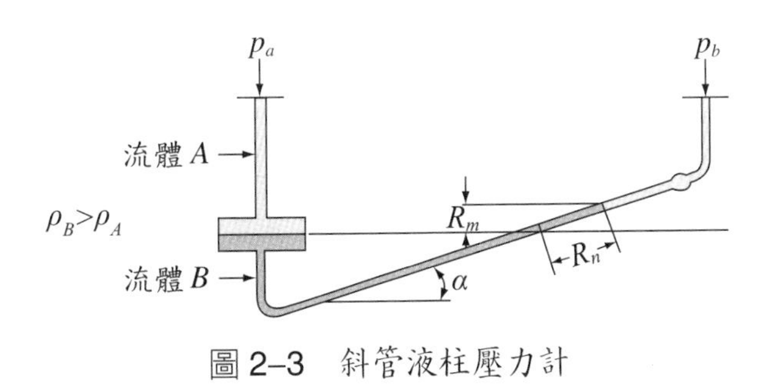

圖 2–3　斜管液柱壓力計

如圖 2–3 所示，斜管液柱壓力計之一臂傾斜，與水平成夾角 α。因圖中

$$R_n = \frac{R_m}{\sin\alpha} \tag{2–7}$$

故 α 愈小，R_n 愈大，觀測愈容易，所得之值亦愈準確。此時壓力差可由下式計算：

$$p_a - p_b = \frac{g}{g_c} R_n(\rho_B - \rho_A)\sin\alpha \tag{2-8}$$

再者，如圖 2–3 所示，斜管液柱壓力計之左臂可接一擴大室，操作時左臂之液柱高度幾乎不變，故有利 R_n 之測出。

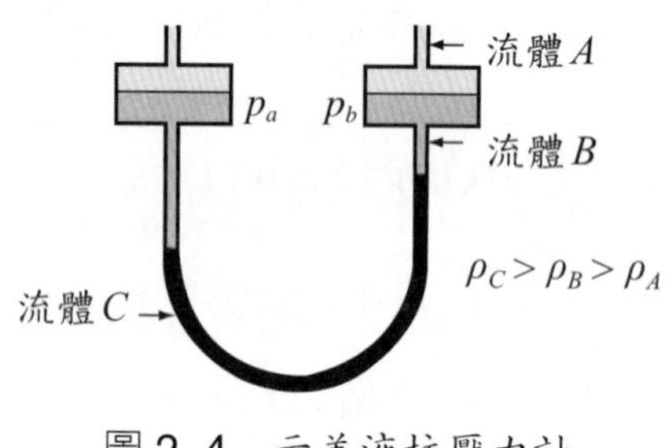

圖 2–4　示差液柱壓力計

另一種增加讀出準確度之液柱壓力計，如圖 2–4 所示。圖中壓力計裝有兩種液體，*B* 與 *C*。倘液體 *C* 之密度與液體 *B* 之密度相差甚小，則流體 *A* 中少許之壓力差 $(p_a - p_b)$，足使兩臂中 *B* 與 *C* 之交界點差距增大而易於讀出。此種裝置稱為**微分液柱壓力計 (differential manometer)**，或稱示差液柱壓力計。

例 2–3

若圖 2–4 之示差液柱壓力計中，流體 *A* 為 1 大氣壓與 16°C 下之甲烷，貯液室裡之液體 *B* 是比重為 0.815 之燈油，U 形管中之液體 *C* 是水。又若貯液室及 U 形管之內徑分別為 5.08 與 0.635 厘米，而壓力計之讀數為 9.69 厘米，問流體 *A* 之壓力差若干？

⑴貯液室之液面差略而不計時；

⑵貯液室之液面差列入計算時。

解 (1)將已知條件代入式 (2–6)，則

$$(-\Delta p) = p_a - p_b = \frac{g}{g_c} R_m(\rho_C - \rho_B)$$

$$= \left(\frac{9.8}{1}\right)(0.0969)[(1-0.815)\times 1\,000]$$

$$= 175 \text{ 牛頓}/(\text{公尺})^2$$

(2)設 R_m' 表兩貯液室內之液面差，D 與 D' 分別為 U 形管與貯液室之直徑，則由液體 B 之質量結算知

$$\left(\frac{\pi}{4}\right)D^2 R_m = \left(\frac{\pi}{4}\right)D'^2 R_m'$$

$$\therefore R_m' = \left(\frac{D}{D'}\right)^2 R_m = \left(\frac{0.635}{5.08}\right)^2 (0.0969) = 1.51\times 10^{-3} \text{ 公尺}$$

因甲烷氣體之密度 ρ_A 可視為零，故壓力差為

$$(-\Delta p) = \frac{g}{g_c} R_m (\rho_C - \rho_B) + \frac{g}{g_c} R_m' (\rho_B - \rho_A)$$

$$= \left(\frac{9.8}{1}\right)(0.0969)(1-0.815)(1\,000)$$

$$+ \left(\frac{9.8}{1}\right)(1.51\times 10^{-3})\,(0.815-0)(1\,000)$$

$$= 175 + 12$$

$$= 187 \text{ 牛頓}/(\text{公尺})^2$$

$$= 1.85\times 10^{-3} \text{ 大氣壓}$$

$$[1 \text{ 大氣壓} = 1.01325\times 10^5 \text{ 牛頓}/(\text{公尺})^2]$$

故不考慮貯液室液面之變化所引起之誤差為

$$\frac{(187-175)}{187}\times 100\% = 6.4\%$$

2–3 平均速度與質量流通量

若以 A 表導管之橫斷面積，ρ 表流體之密度，u 表流體在導管橫斷面上之**速度分布** (velocity distribution)，則流體流動之**質量流率** (mass flow rate) w 可由下式積分求得

$$w = \rho \iint_A u dA \tag{2-9}$$

此處吾人假設密度為定值。倘 u_b 表**平均速度** (average velocity)，則

$$w = \rho u_b A \tag{2-10}$$

合併上面二式，得平均速度之定義為

$$u_b = \frac{1}{A} \iint_A u dA \tag{2-11}$$

另定義**質量流通量** (mass flux) 如下：

$$G = \rho u_b = \frac{w}{A} \tag{2-12}$$

即質量流通量 G，乃單位時間流體流過單位面積之質量。在定質量流動速率下，w 為一定，因此縱使流體之密度會變，此時質量流通量恆為定值。故處理可壓縮流體問題時，吾人慣以 G 替代 u_b，較方便。

例 2–4

流體在圓管內流動時，管壁對流動之流體具有阻力。距管壁愈近，阻力愈大，速度愈慢；離管壁愈遠，阻力愈小，速度愈快。因此流體通過管內流動時，管中央之速度最大，管壁處速度為零。設某流體在圓管中之速度分布為

$$u(r) = u_{\max}\left[1 - \left(\frac{r}{R}\right)^2\right]$$

式中 R 表管之半徑，r 表橫斷面上任一點距管中央之距離，$u_{\max}$ 表管中央之速度，$u(r)$ 則表流體沿徑向 (r) 之速度分布。試求此流動之平均速度。

解 將速度分布代入式 (2–11)

$$u_b = \frac{1}{A}\iint_A urdA = \frac{1}{\pi R^2}\int_0^R 2\pi rudr$$

$$= 2u_{\max}\int_0^1\left[1 - \left(\frac{r}{R}\right)^2\right]\left(\frac{r}{R}\right)d\left(\frac{r}{R}\right)$$

$$= 2u_{\max}\int_0^1 (1 - \eta^2)\eta\, d\eta$$

$$= \frac{u_{\max}}{2}$$

2–4 牛頓黏度定律

黏度 (viscosity) 為流體最重要之物性。流體由於具有黏度，因此對於剪力 (shearing force) 有抵抗作用，黏度愈大，對剪力之抵抗亦愈大。一刀片在水中滑行所需之力量，遠比以同速度在油中滑行所需之力為小，此證明油之黏度比水之黏度大。黏度對流體之流動影響甚鉅；黏度小之流體比黏度大者易於流動。

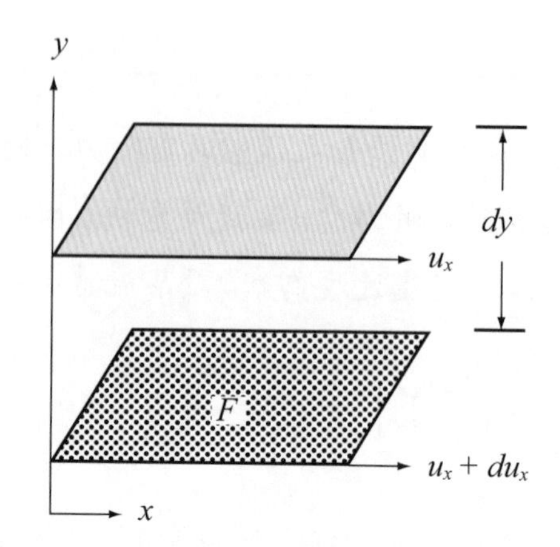

圖 2–5 相鄰兩層流體作平行相對運動

如圖 2–5 所示：吾人考慮流場中相鄰之兩平行層，各具面積 A 平方公尺，兩層間相距 dy 公尺。倘欲使下層對上層產生一微小相對平行速度 du_x 公尺 / 秒，則需加一剪力 F 牛頓於下層。由實驗結果證實，此剪力 F 與速度 du_x 及面積 A 成正比，而與距離 dy 成反比。若寫成關係表示式，則

$$F = -\frac{\mu}{g_c}\frac{du_x}{dy}A \tag{2–13}$$

式中 μ 為比例常數，稱為**絕對黏度** (absolute viscosity)。因為此時 $\frac{du_x}{dy}$ 為負值，而吾人欲得正值之 F，故於式 (2–13) 右邊加一負號。

流體之性質遵循式 (2–13) 者，稱為**牛頓流體** (Newtonian fluid)。牛頓流體之絕對黏度可由式 (2–13) 求得

$$\mu = -\frac{g_c F}{A}\frac{dy}{du_x} \tag{2–14}$$

黏度之公制單位可由式 (2–14) 導出

$$\frac{[(\text{千克})(\text{公尺})/(\text{牛頓})(\text{秒})^2](\text{牛頓})}{(\text{公尺})^2}\frac{\text{公尺}}{\text{公尺}/\text{秒}} = \frac{\text{千克}}{(\text{公尺})(\text{秒})}$$

黏度之常用公制單位為 [克 /(厘米)(秒)]，黏度 1 [克 /(厘米)(秒)] 曰泊 (poise)。此單位一般嫌太大，故常用**厘泊** (centipoise, cP)。1 泊 = 100 厘泊，1 厘泊= 6.72×10^{-4} 磅 /(呎)(秒)。空氣之絕對黏度在室溫下約為 0.02 厘泊，而常溫時水之絕對黏度約為 1 厘泊。氣體及液體之黏度詳見附錄 B、C。

某流體與某一標準流體在同溫度同壓力下，採用同單位之黏度比，稱為**比黏度** (specific viscosity)；通常以水為標準流體。某流體黏度與密度之比，稱為該流體之**動黏度** (kinematic viscosity)，動黏度常用之單位為**厘史托克** (centistoke)，1 厘史托克 = 0.01 史托克，1 史托克 = 1 (厘米)^2/ 秒。流體皆有黏度，液體之黏度隨溫度之增高而減小，氣體之黏度則隨溫度之增高而增大。

如圖 2–5 所示，今若以 τ_{yx} 表作用於 y 平面上流體的 x 方向剪應力，則式 (2–13) 中之 $\frac{F}{A}$ 可用 τ_{yx} 取代，得

$$\tau_{yx} = -\frac{\mu}{g_c}\frac{du_x}{dy} \tag{2–15}$$

上式稱為**牛頓黏度定律** (Newton's law of viscosity)。此定律可補述如下：當 y 平面上受一剪力 F，流體遂獲得某些 x 方向之**動量** (momentum)；又由於黏度之存在，此時 y 平面上之流體遂傳遞一些動量給鄰層流體，使之作 x 方向之運動。因此 x 方向之動量係沿 y 方向傳送給流體，而 τ_{yx} 亦表示 x 方向動量沿 y 方向傳送之流通量。

流通量係指單位時間內在單位面積上之傳送量，由式 (2–15) 可知，**動量流通量** (momentum flux) 係自速度較大處傳送至速度較小處，因此，速度差為**動量輸送** (momentum transfer) 之**驅動力** (driving force)。

2–5 非牛頓流體

雖然流體中以牛頓流體居多，但工業上仍有一些物質，如漿糊、高分子聚合物等，不遵循牛頓黏度定律，這些流體稱為**非牛頓流體** (non-Newtonian fluid)。非牛頓流體由於性質之不同，又可分為多種型 (model)，下面列舉兩種較重要者：

1. Bingham 型

流體之 τ_{yx} 與 $\frac{du_x}{dy}$ 成下面之關係者，稱為 **Bingham 型非牛頓流體** (Bingham fluid)：

$$\tau_{yx}=-\frac{\mu_0}{g_c}\frac{du_x}{dy}\pm\tau_0，\text{當 }|\tau_{yx}|>\tau_0 \tag{2–16}$$

$$\frac{du_x}{dy}=0，\text{當 }|\tau_{yx}|<\tau_0 \tag{2–17}$$

式中 τ_0 之值因流體之種類而異。當 τ_{yx} 為正值時，式 (2–16) 取正號；如 τ_{yx} 為負值，則取負號。由式 (2–17) 可知，當剪應力小於 τ_0 時，此種流體像固體一樣，靜止不動，或無相對運動；但當剪應力超過 τ_0 時，由式 (2–16) 知，流體之流動頗似牛頓流體。黏土及軟膏等類之物質，屬於這種 **Bingham 塑性流體** (Bingham-plastic fluid)。

2. Ostwald-de Waele 型

Ostwald-de Waele 型非牛頓流體 (Ostwald-de Waele fluid) 遵循下面關係:

$$\tau_{yx} = -\frac{m}{g_c}\left|\frac{du_x}{dy}\right|^{n-1}\frac{du_x}{dy} \tag{2-18}$$

當 $n=1$ 及 $m=\mu$ 時，上式簡化成式 (2–15)，即牛頓黏度定律。當 $n<1$ 時，此種流體稱為**假塑性流體** (pseudoplastic fluid)，如紙漿、水泥漿等；當 $n>1$ 時，稱為**增凝膠流體** (dilantant fluid)，如沙、澱粉之懸浮體等。

2–6 穩態流動

當流體以定質量流動速率通過導管時，吾人稱這種流動為**穩態流動** (steady flow)，否則稱為**非穩態流動** (unsteady flow)。由質量不滅定理可知，流體呈穩態流動時，單位時間內從管之一端流入之質量，必等於同時間內從另一端流出之質量，亦等於流過管中任一橫斷面上之質量。穩態流動時，流體之流動與時間無關；非穩態流動時，流動之情形則隨時間而變。

2–7 流體之流動方式

流體因分子之流動途徑的不同，可分為兩種流動方式：一曰**層流** (laminar flow)，一曰**擾流** (turbulent flow)。今以流體通過管中之流動為例，說明之。凡流體分子沿管軸之平行方向流動者，謂層流；若非循此方向流動而成漩渦者，謂擾流。雷諾氏曾經從事一項簡單試驗，以分別層流與擾流。他以微量有色液體，連續注入正在玻璃管中流動之無色液體中。當管中液體流動緩慢時，有色液體在玻璃管中成直線流動，與無色液體互不相混，這種流動方式稱為層流。惟當管中流體速度逐漸加快至某一速度時，兩種液體之界線，呈現模糊不清的現象。若令流速繼續增加，則由於擾流之產生，兩種液體遂混為一色，這種流動方式稱為擾流。若流體之流動非通過管中者，例如越過一圓球或橫越一圓筒，則層流發生時，流體分子係沿各自之**流線** (streamline) 流動，其情形有如徑賽選手競賽時，須沿著各自之跑道衝刺一樣；而遇有選手犯規而侵入別人的跑道時，其情形有如擾流。

層流與擾流之特性有顯著差別，化學工程操作中，流體有時以層流出現，有時以擾流出現，故化學工程師應具有判別流動方式之能力。

2–8 雷諾數

在強制對流問題中，**雷諾數** (Reynolds number) 扮演一極重要角色，吾人可根據該數之大小，判別流動係呈層流或擾流。雷諾數之計算式乃一無因次群，其定義為

$$\boldsymbol{Re} = \frac{Lu\rho}{\mu} \tag{2–19}$$

式中 u 表流體之**特性速度** (characteristic velocity)，L 表**特性長度** (characteristic length)。特性速度及特性長度之定義與系統之情形有關。

1. 圓管中之流動

若流體沿一圓形導管中流動，根據雷諾氏所作實驗之結果知：流體流動之方式與圓管之內徑 D、流體之平均速度 u_b、流體之密度 ρ 及流體之黏度有關。故

此時之特性長度應為管之內徑，特性速度為平均速度，而雷諾數之定義為

$$\boldsymbol{Re} = \frac{D u_b \rho}{\mu} \tag{2–20}$$

由實驗結果測知：當 $\boldsymbol{Re} < 2\,100$ 時，流動呈層流；當 $\boldsymbol{Re} > 4\,000$ 時，流動呈擾流；而當 $2\,100 < \boldsymbol{Re} < 4\,000$ 時，流動呈混流而不穩定。

2. 非圓形管中之流動

若流體非在一圓形管中流動，則特性長度應取**相當直徑** D_{eq} (equivalent diameter)，其定義為

$$D_{eq} = 4r_H \tag{2–21}$$

$$r_H = \frac{A}{\ell_p} \tag{2–22}$$

式中 r_H 表水力半徑，ℓ_p 表導管之潤濕周長，A 表導管之截面積。須注意者，此定義亦包括圓形導管，蓋因考慮圓管時

$$r_H = \frac{\frac{\pi D^2}{4}}{\pi D} = \frac{D}{4}$$

$$D_{eq} = 4\left(\frac{D}{4}\right) = D$$

今考慮下面兩種非圓形管中之流動：

(1)沿垂直壁之液膜流動：

如圖 2–6 所示，此時除特性速度仍為平均速度 u_b 外，特性長度須依式 (2–21) 與 (2–22) 計算。若 B 表壁寬，δ 表液膜之厚度，則因

$$r_H = \frac{B\delta}{B} = \delta$$

$$D_{eq} = 4\delta \tag{2–23}$$

故

$$\boldsymbol{Re} = \frac{4\delta u_b \rho}{\mu} \tag{2–24}$$

由實驗結果知：

當 $\boldsymbol{Re} < 1\,000$ 時，流動呈層流

當 $\boldsymbol{Re} > 2\,000$ 時，流動呈擾流

而當雷諾數介於 1000 與 2000 之間時，流動呈混流。

⑵沿套管中之流動：

如圖 2–10 所示，若以 D_1 表內管之外徑，D_2 表外管之內徑，則相當直徑（特性長度）之計算式為

$$r_H = \frac{\frac{\pi}{4}(D_2^2 - D_1^2)}{\pi(D_1 + D_2)} = \frac{(D_2 - D_1)}{4}$$

$$D_{eq} = 4r_H = (D_2 - D_1) \tag{2–25}$$

此時特性速度亦為平均速度 u_b，故雷諾數之計算式為

$$\boldsymbol{Re} = \frac{(D_2 - D_1)u_b \rho}{\mu} \tag{2–26}$$

由實驗結果知，當雷諾數約小於 2000 時，流動呈層流。

須注意者，特性長度與特性速度之定義乃因系統之不同而異，而雷諾數對層流與擾流之區分，亦因流動系統之相異而有所分別，其判別層流或擾流之臨界值，可由實驗決定之。

例 2-5

密度為 936 千克 /(公尺)^3 之流體在一圓管中流動，其體積流率為 5 (公尺)^3/ 小時。問在下列情形下，其流動方式為擾流抑或層流?
(1)管之內徑為 5 厘米，流體之黏度為 3 千克 /(小時)(公尺)；
(2)管之內徑為 0.36 公尺，流體之黏度為 4 厘泊。

解 (1)由式 (2–20)

$$\boldsymbol{Re}_D = \frac{Du_b\rho}{\mu} = \left(\frac{\pi D^2 u_b}{4}\right)\left(\frac{4\rho}{\pi D\mu}\right) = Q\left(\frac{4\rho}{\pi D\mu}\right)$$

$$= (5)\left[\frac{4(936)}{\left(\frac{5}{100}\right)(3)}\right] = 3.98\times 10^4$$

$\because$ $\boldsymbol{Re} > 4\,000$，故為擾狀流動。

(2) $$\boldsymbol{Re} = \left(\frac{5}{3\,600}\right)\left[\frac{4(936)}{\pi(0.36)(4\times 10^{-3})}\right] = 1\,150$$

$\because$ $\boldsymbol{Re} < 2\,100$，故為層狀流動。

2–9 殼動量結算與邊界條件

本節中將介紹如何處理不可壓縮流體之單向穩定層流問題，而一些實際例子，將陸續於 2–11、2–12、2–13、2–14 與 2–15 諸節中列舉。解此類問題之方法乃基於動量不滅之觀念，即先在一厚度極小（趨近於零）之液體殼 (shell) 內作動量結算，而得一一階之動量微分方程式；然後引入動量流通量與速度梯度之關係（如流體係牛頓流體，則此關係為牛頓黏度定律），而得另一二階之速度微分方程式。所採用之坐標視流場系統之不同而定，例如有直角、圓柱體及球體

等坐標系。在穩定狀態下，動量結算可用下式表示:

$$\begin{Bmatrix}\text{動量輸入}\\\text{系內之速率}\end{Bmatrix}-\begin{Bmatrix}\text{動量輸出}\\\text{系內之速率}\end{Bmatrix}+\begin{Bmatrix}\text{作用於系}\\\text{之合力}\end{Bmatrix}=0 \qquad (2\text{–}27)$$

上式中動量之輸入與輸出，包括相對速度及整體流動所引起者；而作用力則有壓力及地心引力。積分上述所推導之動量微分方程式及速度微分方程式，即可分別得**動量分布** (momentum distribution) 及**速度分布** (velocity distribution)。吾人更可利用這些分布方程式，求出平均速度、最大速度、體積流率、壓力降落以及流體對邊界上之作用力。

積分上述之二微分方程式時，將產生積分常數；這些積分常數之決定，有賴邊界條件之應用。常用之邊界條件有:

(1)固體與流體界面上，因黏力之關係，流體之速度即為固體之速度；若固體係靜止不動，則流體在此界面上之速度為零。

(2)液體與氣體（或蒸氣）之界面上，液相之動量流通量及速度梯度均甚小，均可假設為零。

(3)互不溶兩液體之界面上，動量流通量及速度皆有連續性，即界面兩邊之動量流通量相同，速度亦然。

2–10 液膜沿垂直壁之層狀流動

圖 2–6 示液膜沿一垂直壁藉重力流下之現象，此乃討論濕壁塔、蒸發及氣體吸收等實驗時所共同遭遇之問題。吾人假設此液體之黏度及密度為定值，液膜以層流沿垂直壁流下，且 z 方向之流體速度 u_z 與 z 坐標無關。

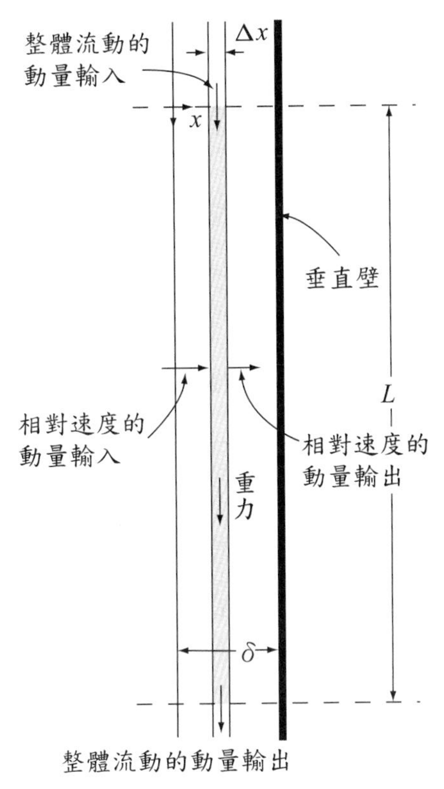

圖 2–6　液膜沿垂直壁之層狀流動

今令垂直壁之長為 L，寬為 B，且考慮一厚度為 Δx 之薄液體殼，其體積為 $LB\Delta x$，而分別討論 z 方向之動量及作用力如下：

因相對速度，經 x 面輸入系內之 z 方向動量速率為

$$(LB)\tau_{xz}\Big|_{x}$$

因相對速度，經 $x+\Delta x$ 面輸出系外之 z 方向動量速率為

$$(LB)\tau_{xz}\Big|_{x+\Delta x}$$

因整體流動，經 $z=0$ 面輸入系內之 z 方向動量速率為

$$\left(\frac{1}{g_c}\right)(B\Delta x u_z)(\rho u_z)\bigg|_{z=0}$$

因整體流動，經 $z = L$ 面輸出系外之 z 方向動量速率為

$$\left(\frac{1}{g_c}\right)(B\Delta x u_z)(\rho u_z)\bigg|_{z=L}$$

地心對液體之垂直作用力為

$$\left(\frac{1}{g_c}\right)(LB\Delta x)(\rho g)$$

因垂直壁上下處流體之壓力相同，故作用力不包括壓力差。須注意者，吾人慣以正坐標方向為動量輸入與輸出之方向，而記號 $\Big|_{x+\Delta x}$ 意指在 $(x + \Delta x)$ 處測得之量。

若將上面諸項代入式 (2–27)，得

$$LB\tau_{xz}\Big|_{x} - LB\tau_{xz}\Big|_{x+\Delta x} + (\frac{1}{g_c})B\Delta x\rho u_z^2\Big|_{z=0} - (\frac{1}{g_c})B\Delta x\rho u_z^2\Big|_{z=L}$$
$$+\rho LB\Delta x\left(\frac{g}{g_c}\right) = 0 \tag{2–28}$$

因吾人已假設 u_z 與 z 坐標無關，故上式之第三項與第四項互相消掉。今倘於式 (2–28) 等號兩邊分別除以 $LB\Delta x$，且令 Δx 趨近於零，移項後得

$$\lim_{\Delta x \to 0}\left(\frac{\tau_{xz}\Big|_{x+4x} - \tau_{xz}\Big|_{x}}{\Delta x}\right) = \rho\frac{g}{g_c}$$

依數學上第一導數之定義，上式可改寫為

$$\frac{d}{dx}\tau_{xz} = \rho\frac{g}{g_c} \tag{2–29}$$

上式即為動量流通量 τ_{xz} 之微分方程式。積分之，得

$$\tau_{xz} = \rho\left(\frac{g}{g_c}\right)x + c_1 \qquad (2\text{–}30)$$

式中之積分常數 c_1，可應用 2–9 節中之邊界條件(2)決定之：

$$\text{當 } x = 0, \tau_{xz} = 0 \qquad (2\text{–}31)$$

將此條件代入式 (2–30)，得 $c_1 = 0$，因此**動量流通量分布 (momentum flux distribution)** 為

$$\tau_{xz} = \rho\left(\frac{g}{g_c}\right)x \qquad (2\text{–}32)$$

由上式可知，動量流通量與 x 坐標呈一直線關係。倘此液體為牛頓流體，則動量流通量與速度間之關係遵循下式之牛頓黏度定律

$$\tau_{xz} = -\frac{\mu}{g_c}\frac{du_z}{dx} \qquad (2\text{–}33)$$

將此式代入式 (2–32)，得一速度分布微分方程式

$$\frac{du_z}{dx} = -\frac{\rho g x}{\mu} \qquad (2\text{–}34)$$

積分上式，得

$$u_z = -\left(\frac{\rho g}{2\mu}\right)x^2 + c_2 \qquad (2\text{–}35)$$

式中積分常數 c_2，可應用 2–9 節中之邊界條件(1)求得：

$$\text{當 } x = \delta, u_z = 0 \qquad (2\text{–}36)$$

將此條件代入式 (2–35)，得 $c_2=\left(\frac{\rho g}{2\mu}\right)\delta^2$。因此速度分布為

$$u_z=\frac{\rho g\delta^2}{2\mu}\left[1-\left(\frac{x}{\delta}\right)^2\right] \tag{2–37}$$

由上式知，速度分布，或稱**速度輪廓** (velocity profile)，與 x 坐標軸呈拋物線關係。

速度分布即得，吾人可藉以計算下列諸量：

⑴最大速度，$u_{z,\,\max}$：

由式 (2–37) 知，當 $x=0$ 時，速度最大；或就 x 微分式 (2–37)，並令 $\frac{du_z}{dx}=0$，吾人亦可得相同之結果。所得**最大速度** (maximum velocity) 為

$$u_{z,\,\max}=\frac{\rho g\delta^2}{2\mu} \tag{2–38}$$

⑵平均速度，$u_{z,\,b}$：

平均速度可依式 (2–11) 之定義求得，即

$$u_{z,\,b}=\frac{1}{A}\iint_A u_z dA=\frac{1}{B\delta}\int_0^{\delta}\frac{\rho g\delta^2}{2\mu}\left[1-\left(\frac{x}{\delta}\right)^2\right]B\,dx=\frac{\rho g\delta^2}{3\mu}=\left(\frac{2}{3}\right)u_{z,\,\max} \tag{2–39}$$

⑶體積流率，Q：

體積流率為平均速度乘以橫斷面積，即

$$Q=u_{z,\,b}A=\left(\frac{2}{3}\right)u_{z,\,\max}(B\delta)=\frac{\rho g\delta^3 B}{3\mu} \tag{2–40}$$

⑷ z 方向液體作用於壁面之力，F：

因 $\tau_{xz}\big|_{x=\delta}$ 表壁面上 z 方向之動量流通量，亦即液體在 z 方向作用於壁面單位面積上之拖力，因此 F_z 可用 $\tau_{xz}\big|_{x=\delta}$ 對壁面之面積積分而得：

$$F_z = \int_0^L \tau_{xz}\Big|_{x=\delta} B\,dx = B\int_0^L \left(-\frac{\mu}{g_c}\frac{du_z}{dx}\Big|_{x=\delta}\right)dz = (BL)\left(\frac{\rho g\delta}{g_c}\right) = \rho\left(\frac{g}{g_c}\right)\delta LB \tag{2–41}$$

因本題中 $\tau_{xz}\Big|_{x=\delta} = \dfrac{\rho g\delta}{g_c}$ 與 z 坐標軸無關，故 F_z 亦可逕以 $\tau_{xz}\Big|_{x=\delta}$ 乘壁面積 BL 而得。由式 (2–39) 知，平均速度為最大速度之 $\dfrac{2}{3}$。又由式 (2–41) 知，液體作用於壁面之力，恰為液體本身之重量。須注意者，上面所得諸結果，僅適用於層流，亦即薄膜液體沿垂直壁緩慢流下時之情景。由實驗結果獲知，當液體之平均速度增大，或液膜厚度 δ 增大，或動黏度 $\nu = \dfrac{\mu}{\rho}$ 遞減時，均有使層流破壞而成擾流之可能。有關液膜沿垂直壁流動之雷諾數的定義，請見式 (2–24)，而由該處之敘述知，層流時

$$\boldsymbol{Re} = 4\delta u_{z,b}\frac{\rho}{\mu} < 1000 \sim 2000$$

倘液體係沿一傾斜壁流下，而傾斜壁與垂直方向之夾角為 θ，其結果僅需將本節中之所得結果中的 g，改為 $g\cos\theta$，即得。

例 2–6

某油之動黏度為 2×10^{-4} (公尺)^2/ 秒，密度為 800 千克 /(公尺)^3，其沿一垂直壁流下所形成之液膜厚度為 0.35 厘米，試求單位寬度之質量流率。

解 先假設此流動系統為層狀流動，則由式 (2–39) 可計算出單位寬度之質量流率 Γ 如下：

$$\Gamma = \frac{w}{B} = \frac{u_{z,b}\rho(B\delta)}{B} = u_{z,b}\rho\delta = \frac{\delta^3\rho g}{3\nu}$$

$$= \frac{(0.35\times10^{-2})^3(800)(9.8)}{3(2\times10^{-4})}$$

$$= 0.56 \text{ 千克 /(公尺)(秒)}$$

上式中，$\nu = \frac{\mu}{\rho}$，表動黏度。須注意者，當流體呈層流時，上面之結果始正確。今驗算其雷諾數如下：

$$\boldsymbol{Re} = \frac{4\delta u_{b,z}\rho}{\mu} = \frac{4\Gamma}{\mu} = \frac{4(0.56)}{800(2\times 10^{-4})} = 14 < 1\,000$$

此雷諾數顯示，該流動呈層流，因此上面演算所得之 Γ 值正確。

2–11 兩平行板間之層狀流動

不可壓縮流體在兩平行板間之層狀流動問題，可仿效前節中所作動量結算處理之。所不同者，前節中流體係藉本身之重量沿垂直壁往下流動；然本問題中流體在兩平行板間之流動，除受重力之影響外，尚考慮受壓力之影響。今先考慮兩傾斜平行板間之層狀流動，如圖 2–7 所示。假設板之長度 L 及寬度 B 皆遠比板距 $2b$ 大，因此**端效應** (end effects) 及**旁效應** (side effects) 可略而不計。

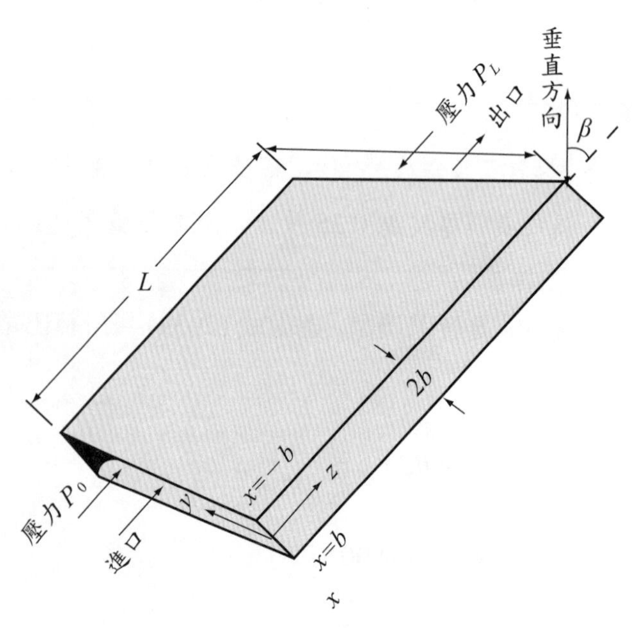

圖 2–7 傾斜平行板間之流動

今若分別以 p_0 及 p_L 表作用於 $z=0$ 面（進口）及 $z=L$ 面（出口）上之壓力，則體積為 $LB\Delta x$ 之流體薄片所受 z 方向之合力為

$$z\text{ 方向之合力} = (p_0 - p_L)B\Delta x - LB\Delta x\rho\left(\frac{g\cos\beta}{g_c}\right) \tag{2–42}$$

今以上式取代式 (2–28) 中之 $LB\Delta x\left(\frac{\rho g}{g_c}\right)$ 項，而且此處同樣假設 u_z 與 z 坐標無關而使第三與第四項互相消掉，則本系統之動量結算式為

$$LB\tau_{xz}\Big|_x - LB\tau_{xz}\Big|_{x+\Delta x} + (p_0 - p_L)B\Delta x - LB\Delta x\rho\left(\frac{g\cos\beta}{g_c}\right) = 0$$

若以 $LB\Delta x$ 除上式，並令 Δx 趨近於零，則得一動量微分方程式如下：

$$\frac{d\tau_{xz}}{dx} = \frac{P_0 - P_L}{L} \tag{2–43}$$

式中

$$P = p + \rho\left(\frac{g\cos\beta}{g_c}\right)z \tag{2–44}$$

積分式 (2–43)，得

$$\tau_{xz} = \left(\frac{P_0 - P_L}{L}\right)x + c_1' \tag{2–45}$$

上式中 c_1' 為積分常數。此處若亦考慮牛頓流體，則將式 (2–33) 代入上式，得

$$-\frac{\mu}{g_c}\frac{du_z}{dx} = \left(\frac{P_0 - P_L}{L}\right)x + c_1'$$

就 x 再積分一次，則

$$u_z = -\frac{(P_0 - P_L)g_c}{2\mu L}x^2 + c_1 x + c_2 \tag{2–46}$$

上式中 c_2 為另一積分常數，而 $c_1 = -\frac{c_1' g_c}{\mu}$。$c_1$ 與 c_2 均為待定常數，其值可應用下面邊界條件決定。因流體在兩平行板處之速度為零，故

$$當\ x = +b, u_z = 0 \tag{2–47}$$

$$當\ x = -b, u_z = 0 \tag{2–48}$$

將上面二式分別代入式 (2–46)，得

$$0 = -\frac{(P_0 - P_L)g_c b^2}{2\mu L} + c_1 b + c_2 \tag{2–49}$$

$$0 = -\frac{(P_0 - P_L)g_c b^2}{2\mu L} - c_1 b + c_2 \tag{2–50}$$

聯立解式 (2–49) 與 (2–50)，得 $c_1 = c_1' = 0$ 與 $c_2 = \frac{(P_0 - P_L)g_c b^2}{2\mu L}$。將此結果代入式 (2–45) 與 (2–46)，分別得動量流通量分布及速度分布如下：

$$\tau_{xz} = \left(\frac{P_0 - P_L}{L}\right)x \tag{2–51}$$

$$u_z = \frac{(P_0 - P_L)g_c b^2}{2\mu L}\left[1 - \left(\frac{x}{b}\right)^2\right] \tag{2–52}$$

由上面結果可知，不可壓縮牛頓流體在兩平行板間作層狀流動時，其動量流通量分布方程式為一直線，速度分布方程式則為一拋物線。

下面諸量可仿效前節中式 (2–38) 至 (2–41)，藉速度分布方程式，式 (2–52) 求出，讀者試自行證明之。

$$u_{z,\max}=\frac{(P_0-P_L)g_cb^2}{2\mu L} \tag{2-53}$$

$$u_{z,b}=\frac{(P_0-P_L)g_cb^2}{3\mu L} \tag{2-54}$$

$$Q=\frac{2(P_0-P_L)g_cb^3B}{3\mu L} \tag{2-55}$$

$$F_z=B\int_0^L\left(+\frac{\mu}{g_c}\frac{du_z}{dx}\bigg|_{x=-b}\right)dz+B\int_0^L\left(-\frac{\mu}{g_c}\frac{du_z}{dx}\bigg|_{x=+b}\right)dz \tag{2-56}$$

$$=-B\left(\frac{P_0-P_L}{L}\right)(-b)L+B\left(\frac{P_0-P_L}{L}\right)bL$$

$$=2bB(P_0-P_L)=2bB\left[(p_0-p_L)-\rho\left(\frac{g\cos\beta}{g_c}\right)L\right] \tag{2-57}$$

由式 (2–53) 與 (2–54) 知，$u_{z,b}=(\frac{2}{3})u_{z,\max}$，與前節中所得之結果相同。須注意者，由式 (2–51) 知，當 $P_0>P_L$ 且 x 為正值時，τ_{xz} 亦為正值，此表示在正 x 坐標上，z 方向之動量係沿正 x 坐標方向輸送至板面；然當 x 為負值時，τ_{xz} 則為負值，此表示在負 x 坐標上，z 方向之動量係沿負 x 坐標方向傳遞至另一板面。惟吾人計算 z 方向動量在兩平行板面上之總輸送率（亦即流體作用於兩平行板面上 z 方向之力）時，須取絕對值，因此式 (2–56) 中第一積分式內之正號即表此意。由式 (2–57) 知，流體沿 z 方向流動時，作用於兩平行板之力恰等於兩端壓力差作用於橫斷面積上之力 $[2bB(p_0-p_L)]$ 與重力在流動方向之分力 $\left[2bBL\rho\left(\frac{g\cos\beta}{g_c}\right)\right]$ 的和。

當兩平行板水平置放時，$\beta=90°$，上面諸式中須簡化為 $P=p$，即此時流動方向無重力效應；惟若兩平行板垂直置放時，$\beta=0°$，式 (2–44) 須改為

$$P=p+\rho\left(\frac{g}{g_c}\right)z \tag{2-58}$$

例 2–7

某不可壓縮之牛頓流體，沿兩水平板間呈穩態層狀流動。設板長為 L，板寬為 B，兩板間之距離為 b。令底板 $(x=0)$ 靜止不動，頂板 $(x=b)$ 則以定速 V 沿水平方向移動。

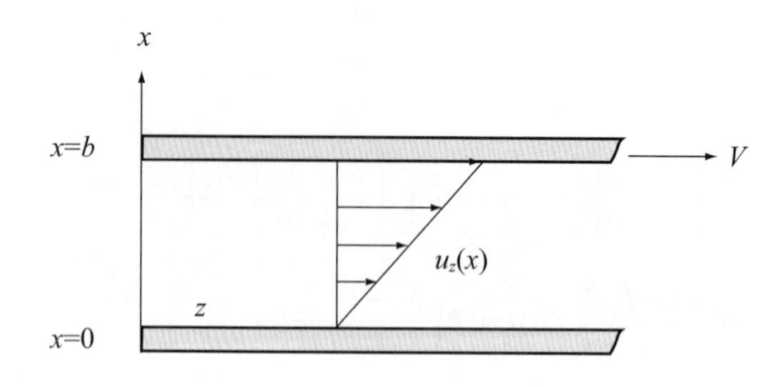

若流體間無壓力差，且不計其邊端效應，試求下列各項：

(1)動量流通量分布；

(2)速度分布；

(3)最大速度；

(4)平均速度；

(5)體積流率；

(6)頂板作用於流體之力；

(7)流體作用於底板之力。

解 (1)因無壓力差，$p_0=p_L$；又因兩平行板係水平置放，$\beta=90°$，由式 (2–44) 知，$P_0-P_L=p_0-p_L=0$，故動量結算方程式可由式 (2–43) 簡化為

$$\frac{d\tau_{xz}}{dx}=0$$

積分之，得動量分布為定值，即

$$\tau_{xz}=c_1$$

因係牛頓流體，$\tau_{xz} = -\left(\frac{\mu}{g_c}\right)\left(\frac{du_z}{dx}\right)$，代入上式，得

$$\frac{du_z}{dx} = -\frac{g_c c_1}{\mu} = c_1'$$

積分之

$$u_z = c_1' x + c_2$$

其邊界條件為

$$\text{B.C.1}: x = 0, u_z = 0$$

$$\text{B.C.2}: x = b, u_z = V$$

應用此二邊界條件，得 $c_2 = 0, c_1' = \frac{V}{b}, c_1 = -\left(\frac{\mu V}{g_c b}\right)$，故動量分布為

$$\tau_{xz} = -\left(\frac{\mu V}{g_c b}\right) = \text{常數}$$

(2)速度分布方程式為

$$u_z = \left(\frac{V}{b}\right)x\text{，或 }\frac{u_z}{V} = \frac{x}{b}$$

(3)因 u_z 隨 x 而增加，故最大速度發生在 $x = b$ 處，而該處之最大速度為 V。

(4) $$u_{z,b} = \frac{1}{A}\iint_A u_z dA = \frac{1}{Bb}\int_0^b \frac{Vx}{b} B\, dx$$

$$= V\int_0^1 \left(\frac{x}{b}\right) d\left(\frac{x}{b}\right) = \frac{V}{2}$$

(5) $$Q = u_{z,b}A = \left(\frac{V}{2}\right)(Bb) = \frac{VBb}{2}$$

(6)頂板作用於流體之力為 $|\tau_{xz}|BL = \frac{\mu VBL}{bg_c}$

(7)流體作用於底板之力為 $|\tau_{xz}|BL = \dfrac{\mu VBL}{bg_c}$

(6)與(7)小題中之負號，表 z 動量係沿負 x 軸方向傳送。

2–12 流體在管內之層狀流動

流體沿圓管內流動問題，乃工程上常遭遇到者。此類問題可仿效 2–10 節或 2–11 節中所作動量結算分析之。所不同者，此處吾人宜採用圓柱體坐標，解題較方便。

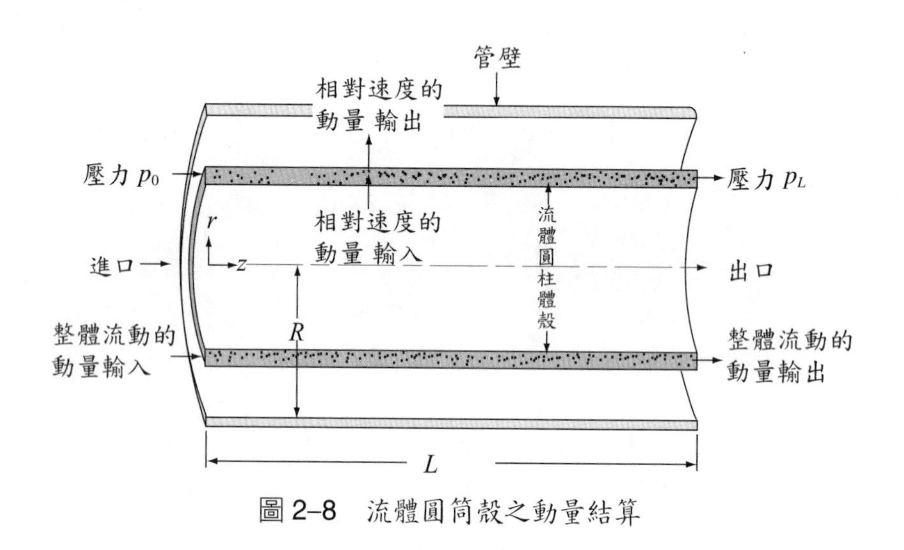

圖 2–8 流體圓筒殼之動量結算

流體在管內流動之**圓筒殼** (cylindrical shell) 動量結算情形，如圖 2–8 所示。圖中考慮流體以層流流過一水平管，且管長遠比管徑大，即 $L \gg D$，故不考慮端效應。若流體之黏度為定值，又流體為不可壓縮者，即密度不變，則牽涉圓筒殼（厚度為 Δr，長度為 L，半徑為 r）在 z 方向之動量結算的諸項，可記述如下：

因相對流動經 r 處圓筒面輸入系內之動量流率為

$$(2\pi rL\tau_{rz})\Big|_{r}$$

因相對流動經 $(r+\Delta r)$ 處圓筒面輸出系外之動量流率為

$$(2\pi rL\tau_{rz})\Big|_{r+\Delta r}$$

因整體流動經 $z=0$ 處之**環狀面** (annular surface) 輸入系內之 z 方向動量流率為

$$\left.\frac{(2\pi r\Delta ru_z)(\rho u_z)}{g_c}\right|_{z=0}$$

因整體流動經 $z=L$ 處之環狀面輸出系外之 z 方向動量流率為

$$\left.\frac{(2\pi r\Delta ru_z)(\rho u_z)}{g_c}\right|_{z=L}$$

壓力作用於 $z=0$ 處環狀面之 z 方向力為

$$(2\pi r\Delta r)p_0$$

壓力作用於 $z=L$ 處環狀面之 z 方向力為

$$-(2\pi r\Delta r)p_L$$

此處亦取輸入、輸出及作用於正坐標方向之諸量為正。

倘將上面諸項代入動量結算方程式，即式 (2–27)，吾人得體積為 $2\pi r\Delta rL$ 之圓筒殼之 z 方向動量結算如下：

$$(2\pi rL\tau_{rz})\Big|_{r}-(2\pi rL\tau_{rz})\Big|_{r+\Delta r}+\left.\frac{(2\pi r\Delta r\rho u_z^2)}{g_c}\right|_{z=0}-\left.\frac{(2\pi r\Delta r\rho u_z^2)}{g_c}\right|_{z=L}$$
$$+2\pi r\Delta r(p_0-p_L)=0 \qquad (2\text{–}59)$$

吾人已假設無端效應且為不可壓縮流體，因此 u_z 在 $z=0$ 及 $z=L$ 處等值，亦即 u_z 與 z 坐標無關，故上式第三與第四項可相互消掉。今以 $2\pi L\Delta r$ 除式 (2–59)，並令 Δr 趨近於零，則得

$$\lim_{\Delta r\to 0}\left[\frac{(r\tau_{rz})\big|_{r+\Delta r}-(r\tau_{rz})\big|_{r}}{\Delta r}\right]=\frac{p_0-p_L}{L}$$

上式左邊第一項係一階導數之定義，故可改寫為

$$\frac{d}{dr}(r\tau_{rz})=\left(\frac{p_0-p_L}{L}\right)r \tag{2–60}$$

積分上式，得

$$\tau_{rz}=\left(\frac{p_0-p_L}{2L}\right)r+\frac{c_1}{r}$$

式中積分常數可由下面邊界條件求得

B.C.1：當 $r=0$, τ_{rz} 為有限值（即不為無限大）

由此條件知 c_1 必為零，因此動量流通量分布方程式為

$$\tau_{rz}=\left(\frac{p_0-p_L}{2L}\right)r \tag{2–61}$$

今假設流體為牛頓流體，此時牛頓黏度定律應寫為

$$\tau_{rz}=-\frac{\mu}{g_c}\frac{du_z}{dr} \tag{2–62}$$

將式 (2–62) 代入式 (2–61)，得速度微分方程式為

$$\frac{du_z}{dr}=-\left(\frac{p_0-p_L}{2\mu L}\right)g_c r \tag{2–63}$$

積分上式，得

$$u_z = -\left(\frac{p_0 - p_L}{4\mu L}\right) g_c r^2 + c_2 \tag{2–64}$$

因流體在管壁處之速度為零，即

$$\text{B.C.2: 當 } r = R,\ u_z = 0 \tag{2–65}$$

故 $c_2 = \dfrac{(p_0 - p_L)R^2 g_c}{4\mu L}$。將 c_2 代入式 (2–64)，得一拋物線型之速度分布方程式

$$u_z = \frac{(p_0 - p_L)R^2 g_c}{4\mu L}\left[1 - \left(\frac{r}{R}\right)^2\right] \tag{2–66}$$

吾人今可藉速度分布求出下列諸量：

(1)最大速度

觀察式 (2–66) 知，在管中央處 ($r = 0$) 速度最大，其值為

$$u_{z,\max} = \frac{(p_0 - p_L)R^2 g_c}{4\mu L} \tag{2–67}$$

(2)平均速度

$$u_b = \frac{1}{A}\iint_A u_z dA = \frac{1}{\pi R^2}\int_0^R 2\pi r u_z dr = \frac{(p_0 - p_L)R^2 g_c}{8\mu L} = \frac{1}{2}u_{z,\max} \tag{2–68}$$

(詳見〔例 2–4〕)。

(3)體積流動速率

$$Q = u_b A = \frac{\pi(p_0 - p_L)R^4 g_c}{8\mu L} \tag{2–69}$$

(4) z 方向流體作用於管壁之力

$$\tau_s = \tau_{rz}\Big|_{r=R} = \left(\frac{p_0 - p_L}{2L}\right)R \tag{2-70}$$

$$F_z = 2\pi RL\tau_s = \pi R^2(p_0 - p_L) \tag{2-71}$$

由式 (2–68) 知，平均速度等於最大速度之半；又由式 (2–11) 知 z 方向流體作用於管壁之力，恰等於淨壓力乘以管之截面積。須注意者，本節中所得之結果僅適用於層流。吾人對此流動系統之雷諾數作下面之定義：

$$\boldsymbol{Re} = \frac{Du_b\rho}{\mu} \tag{2-20}$$

式中 $D = 2R$，表管之內徑。由雷諾氏所作實驗之結果顯示：雷諾數小於 2 100 時，流體在圓管中呈層狀流動。

若圓管係向右抬高傾斜置放，尚需考慮重力項，如 2–11 節所述，則上面之結果中，所有 p 應改為 P，而

$$P = p + \rho\left(\frac{g\cos\beta}{g_c}\right)z \tag{2-44}$$

然若圓管係垂直置放，$\beta = 0$，則

$$P = p + \rho\left(\frac{g}{g_c}\right)z \tag{2-58}$$

例 2–8

由下列流動數據，試求水平圓管之半徑：

管長 = 0.8 公尺

流體之動黏度 = 4×10^{-5} （公尺）^{2}/ 秒

流體之密度 = 0.955×10^3 千克 /（公尺）^{3}

管中之壓力降落 $= 4.83 \times 10^5$ 牛頓 /(公尺)^2

管中之質量流率 = 2 克 / 秒

$g_c = 1\{[(\text{千克})(\text{公尺})/(\text{秒})^2]/\text{牛頓}\} = 1$

解 假設此流動為層狀，則引用式 (2–69)

$$w = Q\rho = \frac{\pi(p_0 - p_L)g_c R^4}{8\nu L}$$

將已知條件代入上式

$$2 \times 10^{-3} = \frac{\pi(4.83 \times 10^5)(1)R^4}{8(4 \times 10^{-5})(0.8)}$$

計算後得

$$R = 0.765 \times 10^{-3}\ \text{公尺} = 0.765\ \text{毫米}$$

驗算雷諾數：

$$\boldsymbol{Re} = \frac{(2R)u_b\rho}{\mu} = \frac{2w}{\pi\nu\rho R}$$
$$= \frac{2(2 \times 10^{-3})}{(3.1416)(4 \times 10^{-5})(0.955 \times 10^3)(0.765 \times 10^{-3})}$$
$$= 43.6 < 2\,100$$

故層流之假設正確。

例 2–9

溫度 20°C 之濃硫酸 (98%)，沿一內徑為 2.067 吋之鋼管中流動。98% 濃硫酸之比重為 1.836，黏度為 26 厘泊。鋼管係水平置放，管長 500 呎。倘每分鐘之體積流率為 12 加侖，試計算此硫酸經過管道之壓力落差。

解 吾人先計算其平均速度及雷諾數，以判別此流動呈層流抑或擾流；惟有層狀流動，始能應用本節所得之結果。因 1 加侖等於 3.785×10^{-3} 立方公尺，1 公尺等於 39.37 吋，1 厘泊等於 1×10^{-3} 千克 /(公尺)(秒)，水在 20°C 下之密度為 998 千克 /(公尺)^3，故

$$u_{z,b} = \frac{Q}{\pi R^2} = \frac{\dfrac{12(3.785 \times 10^{-3})}{60}}{\pi\left[\dfrac{\left(\dfrac{2.067}{39.37}\right)^2}{4}\right]} = 0.35 \text{ 公尺 / 秒}$$

$$\boldsymbol{Re} = \frac{\left(\dfrac{2.067}{39.37}\right)(0.35)(1.836 \times 998)}{26 \times 10^{-3}} = 1\,295 < 2\,100$$

因所得之雷諾數小於 2100，故此流動為層流。由式 (2–68)

$$p_0 - p_L = \frac{8\mu L u_b}{g_c R^2} = \frac{32\mu L u_b}{g_c D^2}$$

$$= \frac{(32)(26 \times 10^{-3})\left(\dfrac{500 \times 12}{39.37}\right)(0.35)}{(1)\left(\dfrac{2.067}{39.37}\right)^2}$$

$$= 1.6 \times 10^4 \text{ 牛頓 /(公尺)}^2$$

2–13 套管中之層狀流動

吾人今考慮另一圓柱體坐標系之層流問題，然其邊界條件及放置情形與前節 2–12 相異。圖 2–9 示一不可壓縮流體，在穩定狀態下流過一垂直同心圓形套管。此流動系統除受重力之影響外，尚有壓力之作用。流動系統之處理可仿效前節，取一薄圓筒殼作動量結算，而得一類似式 (2–60) 之動量微分方程式

$$\frac{d}{dr}(r\tau_{rz}) = \left(\frac{P_0 - P_L}{L}\right)r \tag{2–72}$$

式中

$$P = p + \rho\left(\frac{g}{g_c}\right)z \tag{2–58}$$

須注意者，圖 2–10 所示之套管係垂直置放，故式 (2–72) 中之 P，除壓力項外尚包括重力，此關係已定義在式 (2–58)。若套管係傾斜置放，則式 (2–58) 中之 g，須以 $g\cos\beta$ 替代；若水平置放，則 $P = p$，此時式 (2–72) 變為式 (2–60)。

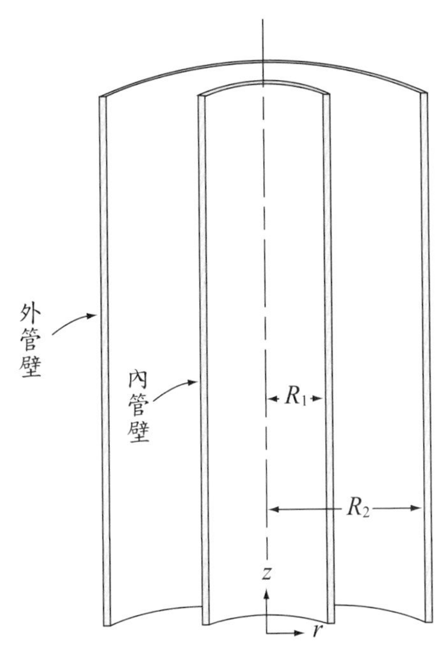

圖 2–9　套管中之速度及動量分布

若流體為牛頓流體，則 $\tau_{rz} = -\left[\left(\frac{\mu}{g_c}\right)\left(\frac{du_z}{dr}\right)\right]$。倘將此關係代入式 (2–72)，並就 r 連續積分兩次，而所產生之二積分常數以下面之邊界條件決定：

$$\text{當 } r = R_1 \text{(內管之外壁處)}, \ u_z = 0 \tag{2-73}$$

$$\text{當 } r = R_2 \text{(外管之內壁處)}, \ u_z = 0 \tag{2-74}$$

最後得其速度分布方程式為

$$u_z = \frac{(P_0 - P_L)g_c}{2\mu L}\left(\frac{R_1^2 - r^2}{2} + r_{max}^2 \ln\frac{r}{R_1}\right) \tag{2-75}$$

或

$$u_z = \frac{(P_0 - P_L)g_c}{2\mu L}\left(\frac{R_2^2 - r^2}{2} + r_{max}^2 \ln\frac{r}{R_2}\right) \tag{2-76}$$

上面二式中

$$r_{max} = \sqrt{\frac{R_2^2 - R_1^2}{2\ln\left(\frac{R_2}{R_1}\right)}} \tag{2-77}$$

以上結果讀者試自行證明之。由上面結果，讀者亦不難證明:

$$\tau_{rz} = -\frac{\mu}{g_c}\frac{du_z}{dr} = \left(\frac{P_0 - P_L}{2L}\right)\left(r - \frac{r_{max}^2}{r}\right) \tag{2-78}$$

速度及動量分布即得，吾人可仿照前幾節中之方法，求出下面諸量:

(1)最大速度:

若就 r 對式 (2–75) 或 (2–76) 微分，並令 $\frac{du_z}{dr} = 0$，可得 $r = r_{max}$，即在 $r = r_{max}$ 處，速度最大，故

$$u_{z,\,max} = \frac{(P_0 - P_L)g_c}{4\mu L}\left[R_2^2 - r_{max}^2\left(1 - \ln\frac{r_{max}}{R_2}\right)\right] \tag{2-79}$$

而由式 (2–78) 知，最大速度處 ($r = r_{max}$) 動量流通量為零。

⑵平均速度：

$$u_{z,b} = \frac{1}{A}\iint_A 2\pi r u_z dr = \frac{1}{\pi(R_2^2 - R_1^2)}\int_{R_1}^{R_2} 2\pi r u_z dr$$

$$= \frac{(P_0 - P_L)g_c}{8\mu L}(R_2^2 + R_1^2 - 2r_{max}^2) \tag{2–80}$$

⑶體積流動速率：

$$Q = u_{z,b}\pi(R_2^2 - R_1^2) = \frac{\pi(P_0 - P_L)g_c}{8\mu L}[R_2^4 - R_1^4 - 2r_{max}^2(R_2^2 - R_1^2)] \tag{2–81}$$

⑷流體作用於管壁之力：

$$F_z = (-\tau_{rz}\big|_{r=R_1})2\pi R_1 L + (\tau_{rz}\big|_{r=R_2})2\pi R_2 L = \pi(R_2^2 - R_1^2)(P_0 - P_L) \tag{2–82}$$

須注意者，本節中所得之結果僅適用於層流，而本流動系統為層流時，其雷諾數之定義及臨界點已於 2–8 節中敘述過，即

$$\boldsymbol{Re} = \frac{2(R_2 - R_1)u_{z,b}\rho}{\mu} < 2000 \tag{2–83}$$

例 2–10

一水平置放之套管長 7.62 公尺，內管之外半徑為 1.257 厘米，外管之內半徑為 2.794 厘米。今用以輸送 20°C、60% 之糖水。若壓力差為 4×10^4 牛頓 /(公尺)^2，流體之密度為 1.286×10^3 千克 /(公尺)^3，黏度為 5.655×10^{-2} 千克 /(公尺)(秒)，求體積流率。

解 因套管係水平置放，式 (2–81) 應改寫為

$$Q=\frac{\pi(p_0-p_L)g_c}{8\mu L}[R_2^4-R_1^4-2r_{\max}^2(R_2^2-R_1^2)]$$

由題意知：$(p_0-p_L)=4\times10^4$ 牛頓 /(公尺)^2，$\mu=5.655\times10^{-2}$ 千克 /(公尺)(秒)，$L=7.62$ 公尺，$R_2=2.794\times10^{-2}$ 公尺，$R_1=1.257\times10^{-2}$ 公尺，

$$r_{\max}=\sqrt{\frac{(2.794)^2-(1.257)^2}{2\ln\left(\frac{2.794}{1.257}\right)}}\times10^{-2}=1.974\times10^{-2}\text{ 公尺}$$

而 $g_c=1$ [千克 /(公尺)(秒)^2] / 牛頓 = 1。將這些值代入上式，得

$$Q=3.6\times10^{-3}(\text{公尺})^3/\text{秒}=12.96\ (\text{公尺})^3/\text{小時}$$

例 2–11

如附圖所示，今置一半徑為 R 之圓柱棒於一固定之圓管（半徑為 kR）中，並以定速度 V 進行軸向運動。圓柱棒與圓管同軸，棒與管間填滿某不可壓縮之牛頓流體，試求管中流體之穩態速度分布及體積流率。

解 此系統雖屬於流體在套管中之流動問題，但流動之驅動力為圓柱棒面上給予流體之剪力 (shearing force) 而非壓力差。令軸向之坐標為 z，因系內無壓力差，$p_L=p_0$，且圓管與圓柱體係水平置放，$\beta=90°$, $P_0=P_L=p_0$，式 (2–72) 變為

$$\frac{d}{dr}(r\tau_{rz})=0$$

積分之，得

$$r\tau_{rz} = c_1$$

因係牛頓流體，$\tau_{rz} = -\left(\frac{\mu}{g_c}\right)\left(\frac{du_z}{dr}\right)$，代入上式，整理後得

$$\frac{du_z}{dr} = -\frac{c_1 g_c}{\mu r}$$

再積分得

$$u_z = -\left(\frac{c_1 g_c}{\mu}\right)\ln r + c_2 \cdots\cdots ①$$

邊界條件為

$$\text{B.C.1}: r = R,\ u_z = V$$

$$\text{B.C.2}: r = kR,\ u_z = 0$$

將邊界條件分別代入式①，得

$$V = -\left(\frac{c_1 g_c}{\mu}\right)\ln R + c_2$$

$$0 = -\left(\frac{c_1 g_c}{\mu}\right)\ln(kR) + c_2$$

聯立解出 c_1 與 c_2，得

$$c_1 = \frac{-\mu V}{g_c \ln\frac{1}{k}},\ c_2 = \frac{-V\ln(kR)}{\ln\frac{1}{k}}$$

故速度分布方程式為

$$u_z = \frac{V\ \ln r}{\ln\left(\frac{1}{k}\right)} - \frac{V\ \ln(kR)}{\ln\left(\frac{1}{k}\right)} = \frac{V}{\ln\left(\frac{1}{k}\right)}\ \ln\frac{r}{kR}$$

或寫成無因次式

$$\frac{u_z}{V} = \frac{\ln\left(\frac{r}{kR}\right)}{\ln\left(\frac{1}{k}\right)} \quad \cdots\cdots ②$$

再將式②代入式 (2–80) 與 (2–81) 中之體積流率定義，並積分之，得

$$Q = Au_{z,\,b} = \iint_A u_z dA = \int_R^{kR} u_z(2\pi r)dr$$

$$= \frac{2\pi V(kR)^2}{\ln\left(\frac{1}{k}\right)}\int_{\frac{1}{k}}^{1} \eta\ \ln\left(\frac{r}{kR}\right)d\eta \qquad (\text{此處設 } \eta = \frac{r}{kR})$$

$$= \frac{2\pi V(kR)^2}{\ln\left(\frac{1}{k}\right)}\left[\frac{\eta^2}{2}\ \ln\eta\Big|_{\frac{1}{k}}^{1} - \frac{1}{2}\int_{\frac{1}{k}}^{1}\eta\ d\eta\right]$$

$$= \frac{2\pi V(kR)^2}{\ln\left(\frac{1}{k}\right)}\left\{-\frac{\left(\frac{1}{k}\right)^2}{2}\ \ln\left(\frac{1}{k}\right) - \frac{1}{4}\left[1-\left(\frac{1}{k}\right)^2\right]\right\}$$

$$= \frac{\pi R^2 V}{2}\left(\frac{k^2-1}{\ln k} - 2\right)$$

2–14 非牛頓流體在水平圓管中之層狀流動

2–10 至 2–13 四節中所討論的流動系統中，流體皆為牛頓流體。吾人今考慮一非牛頓流體沿一水平圓形管中之流動問題，此流動系統乃因管中壓力差所引起。

設管之半徑為 R，管長為 L。假設流體之密度及黏度為定值，且流體呈層狀流動。

由 2–12 節中之推論可知，任何流體（牛頓或非牛頓流體）沿一水平圓管中流動之動量流通量分布方程式，可用式 (2–61) 描述

$$\tau_{rz}=\left(\frac{p_0-p_L}{2L}\right)r \tag{2–61}$$

若此非牛頓流體為 Ostwald-de Waele 型，則動量流動量與速度間之關係遵循式 (2–18)。惟式 (2–18) 應用於圓柱體坐標時應改為

$$\tau_{rz}=-\frac{m}{g_c}\left|\frac{du_z}{dr}\right|^{n-1}\frac{du_z}{dr} \tag{2–84}$$

因 $\frac{du_z}{dr}<0$，而吾人恆得一正值之 τ_{rz}，故式 (2–84) 可重寫為

$$\tau_{rz}=\frac{m}{g_c}\left(-\frac{du_z}{dr}\right)^n \tag{2–85}$$

今將上式代入式 (2–61)，得

$$\frac{m}{g_c}\left(-\frac{du_z}{dr}\right)^n=\left(\frac{p_0-p_L}{2L}\right)r$$

整理上式，得

$$-\frac{du_z}{dr}=\left[\frac{(p_0-p_L)g_c}{2mL}\right]^{\frac{1}{n}}r^{\frac{1}{n}}$$

積分之，得

$$u_z=-\frac{n}{n+1}\left[\frac{(p_0-p_L)g_c}{2mL}\right]^{\frac{1}{n}}r^{\frac{n+1}{n}}+c_1$$

因流體在管壁處之速度為零，故

$$c_1 = \frac{n}{n+1}\left[\frac{(p_0 - p_L)g_c}{2mL}\right]^{\frac{1}{n}} R^{\frac{n+1}{n}}$$

最後得速度分布方程式如下:

$$u_z = \frac{n}{n+1}\left[\frac{(p_0 - p_L)g_c}{2mL}\right]^{\frac{1}{n}} R^{\frac{n+1}{n}}\left[1 - \left(\frac{r}{R}\right)^{\frac{n+1}{n}}\right] \tag{2-86}$$

動量分布及速度分布方程式即得，有關最大速度、平均速度、體積流率及流體對管壁之作用力等諸量之計算，讀者可仿效前幾節中之方法，自行求出結果。

2–15 牽引係數

為使流體輸送問題之處理及計算較方便，吾人慣引用**牽引係數** C_D (drag coefficient)，或稱**摩擦因數** (friction factor)，其定義為:

$$C_D = \frac{\tau_s g_c}{\frac{\rho u^2}{2}} = \frac{\left(\frac{F_z}{A}\right)g_c}{\frac{\rho u^2}{2}} \tag{2-87}$$

即牽引係數乃流體在固體單位表面積上之拖力，除以流體之動能。式中 u 與 A 分別表特性速度與特性面積，其定義循系統而定。例如: 流體在導管中流動時，特性速度為平均速度，特性面積為流體與導管之接觸面積; 流體越過一固體物時，則特性速度為主流速度，特性面積為該物體在平面上之投影面積。今以兩平行板間之層狀流動及圓管內之層狀流動為例，分別說明如下:

1. 兩平行板間之層流

若考慮 2–11 節中之兩平行板間的流動問題，則特性速度 u 應取其平均速

度 $u_{z,b}$，則

$$C_D = \frac{\tau_s g_c}{\frac{\rho u_{z,b}^2}{2}} = \frac{\frac{2F_z g_c}{2BL}}{\rho u_{z,b}^2} \tag{2-88}$$

引用式 (2–54) 與 (2–57)

$$u_{z,b} = \frac{(P_0 - P_L) g_c b^2}{3\mu L} \tag{2-54}$$

$$F_z = 2bB(P_0 - P_L) \tag{2-57}$$

上面二式相除以消去壓力差，得

$$\frac{F_z g_c}{BL} = \frac{6\mu \cdot u_{z,b}}{b} \tag{2-89}$$

將式 (2–89) 代入式 (2–88)，則

$$C_D = 6\left(\frac{\mu}{\rho u_{z,b} b}\right) \tag{2-90}$$

或

$$C_D = 24\left[\frac{\mu}{\rho u_{z,b}(4b)}\right] \tag{2-91}$$

兩平行板（板寬為 B，板距為 $2b$）間流動時，相當直徑可沿用式 (2–21) 與 (2–22) 計算如下：

$$D_{eq} = 4r_H = 4\frac{B(2b)}{2(B+2b)} \tag{2-92}$$

因 2–11 節所考慮的問題，係 $B \gg b$，即 $D_{eq} \approx 4b$，故式 (2–91) 變為

$$C_D = \frac{24}{\boldsymbol{Re}} \qquad (2\text{–}93)$$

其中雷諾數之定義為

$$\boldsymbol{Re} = \frac{(4b)u_{z,b}\rho}{\mu} \qquad (2\text{–}94)$$

此定義可類比式 (2–24)。

例 2–12

試求〔例 2–7〕中之牽引係數。

解 依牽引係數之定義

$$C_D = \frac{|\tau_{xz}|g_c}{\frac{1}{2}\rho u_{z,b}^2}$$

由〔例 2–7〕，$|\tau_{xz}|g_c = \frac{\mu V}{b}$, $u_{z,b} = \frac{V}{2}$

故

$$C_D = \frac{\frac{\mu V}{b}}{\left(\frac{1}{2}\right)\rho\left(\frac{V}{2}\right)^2} = \frac{8\nu}{bV}$$

2. 圓管內之層流

此時式 (2–87) 中之特性速度，宜取管中之平均速度，即

$$C_D = \frac{\tau_s g_c}{\frac{\rho u_b^2}{2}} = \frac{\frac{F_z g_c}{2\pi RL}}{\frac{\rho u_b^2}{2}} \tag{2–95}$$

而平均速度及流體在單位管壁面積上之拖力，可沿用式 (2–68) 及 (2–70) 計算

$$u_b = \frac{(p_0 - p_L)R^2 g_c}{8\mu L} \tag{2–68}$$

$$\tau_s = \frac{(p_0 - p_L)R}{2L} \tag{2–70}$$

合併上面二式以消去壓力差，得

$$\tau_s g_c = \frac{4\mu u_b}{R} \tag{2–96}$$

將式 (2–96) 代入式 (2–95)，得

$$C_D = 16\left[\frac{\mu}{(2R)u_b\rho}\right] \tag{2–97}$$

因吾人慣用 f 替代 C_D，作為圓管內壁上牽引係數之符號，而圓管之內徑 D 乃半徑 R 之 2 倍，故上式變為

$$f = \frac{16}{\boldsymbol{Re}_D} \tag{2–98}$$

其中雷諾數之定義，已見於式 (2–20)，即

$$\boldsymbol{Re}_D = \frac{Du_b\rho}{\mu} \tag{2–20}$$

由式 (2–93) 與 (2–98) 之結果知，牽引係數乃雷諾數之函數，而牽引係數與雷諾數間之關係，除如前述之簡單問題可由理論推導而出外，一般較繁雜之系統，多由實驗結果決定之。

例 2–13

比重為 0.85，黏度為 20 厘泊之油，以每分鐘 0.05 立方公尺之流率通過一內徑為 5.25 厘米之管。試求流體對單位管長的管壁之牽引力。

解 油在管中之平均速度為

$$u_b = \frac{Q}{\frac{\pi D^2}{4}} = \frac{\frac{0.05}{60}}{\frac{\pi(5.25\times10^{-2})^2}{4}} = 0.384 \text{ 公尺 / 秒}$$

因油之密度為 0.85×10^3 千克 /(公尺)^3，而 1 厘泊等於 1×10^{-3} 千克 / (公尺)(秒)，故雷諾數為

$$\boldsymbol{Re}_D = \frac{Du_b\rho}{\mu} = \frac{(5.25\times10^{-2})(0.384)(0.85\times10^3)}{(20)(1\times10^{-3})} = 858 < 2\,100$$

故為層流。應用式 (2–98)，得 $f = C_D = \frac{16}{858} = 0.0186$。再應用式 (2–95)，可算出單位管長的牽引力為

$$\begin{aligned}\frac{F_z}{L} &= \frac{(\pi R\rho u_b^2 C_D)}{g_c}\\ &= \frac{\pi\left(\frac{5.25\times10^{-2}}{2}\right)(0.85\times10^3)(0.384)^2(0.0186)}{1}\\ &= 0.193 \text{ 牛頓 / 公尺}\end{aligned}$$

3. 緩慢越過一圓球之層流（或一圓球自由沉降，見 12–2 節）

此時式 (2–87) 之特性速度為主流速度 u_∞，特性面積為 $\frac{\pi D_p^2}{4}$。若層流時流體對圓球之牽引力為〔見 3–8 節，式 (3–167)〕

$$F_d = \frac{3\pi\mu D_p u_\infty}{g_c} \tag{2-99}$$

則牽引係數為

$$C_D = \frac{\left(\frac{\frac{3\pi\mu D_p u_\infty}{g_c}}{\frac{\pi D_p^2}{4}}\right) g_c}{\frac{\rho u_\infty^2}{2}} = \frac{24}{\boldsymbol{Re}} \tag{2-100}$$

式中

$$\boldsymbol{Re} = \frac{D_p u_\infty \rho}{\mu} \tag{2-101}$$

而緩流時，$\boldsymbol{Re} < 1.0$（詳見 3–8 節）。

符號說明

符　號	定　義
A	面積，平方公尺
B	板寬，公尺
b	板距或板距之一半，公尺
D	圓形管之內徑，公尺
D_1, D_2	套管內管之外徑，外管之內徑，公尺
F	流體剪力，牛頓
F_z	z 方向流體作用於固體表面之力，牛頓
G	質量流通量，等於 ρu_b，千克 /(公尺)^2(秒)
g	重力加速度，公尺 /(秒)^2
g_c	比例因數，無因次，即 1 [(千克)(公尺)/(秒)^2] / 牛頓 = 1

L	板長或管長，公尺
L_c	特性長度，公尺
lim	極限
m	實驗常數，見式 (2–18)，其因次與黏度相同
n	實驗常數，見式 (2–18)，其因次與黏度相同
P	等於 $p-\rho(\frac{g}{g_c})z\cos\beta$，牛頓 /(公尺)^2
P_0, P_L	$z=0$、L 處之 P 值，牛頓 /(公尺)^2
p	流體靜壓力，牛頓 /(公尺)^2
p_a, p_b	高度 Z_a、Z_b 處之壓力，牛頓 /(公尺)^2
p_0, p_L	$z=0$、L 處之 p 值，牛頓 /(公尺)^2
Q	體積流率，(公尺)^3/ 秒
R	圓形管之半徑，公尺
R_1, R_2	套管內管之外半徑，外管之內半徑，公尺
Re	雷諾數
R_m	U 形管液柱壓力計中兩臂之液面差，公尺
R_n	斜管液柱壓力計中兩臂之液面差，公尺
r	圓柱體沿徑向之坐標，公尺
r_{max}	套管中流速最大處，或動量流通量為零處，公尺
u_x, u_z	流體在 x、z 方向之速度分布，公尺 / 秒
u_b	平均速度，公尺 / 秒
$u_{z,b}$	z 方向之平均速度，公尺 / 秒
$u_{z,max}$	流體在 z 方向流動之最大速度，公尺 / 秒
V	板之移動速度，公尺 / 秒
w	流體質量流率，千克 / 秒
x, y, z	x、y、z 坐標
Z	Z 坐標
Z_a, Z_b	流體柱在 a 點、b 點處之高度，公尺
Z_m	液柱壓力計中較高液體界面距管口之距離，公尺
Γ	單位寬度之質量流率，千克 /(公尺)(秒)
α	斜管液柱壓力計之斜臂與水平面之夾角，弧度

β	傾斜平板或圓管與垂直方向之夾角，弧度
θ	圓柱體之角度坐標，弧度
Δr	液體圓筒殼之厚度，公尺
Δx	液體長方形殼之厚度，公尺
μ	液體之黏度，千克 /(公尺)(秒)
μ_0	實驗常數，見式 (2–16)，因次與 μ 同
ν	流體之動黏度，等於 $\frac{\mu}{\rho}$，(公尺)^2/ 秒
ρ	流體之密度，千克 /(公尺)^3
ρ_A, ρ_B	液體 A、B 之密度，千克 /(公尺)^3
τ_0	實驗常數，見式 (2–16)，因次與 τ_{rz} 同
τ_{rz}	z 方向動量沿 r 方向傳送之流通量，牛頓 /(公尺)^2
τ_{xz}	z 方向動量沿 x 方向傳送之流通量，牛頓 /(公尺)^2
τ_{yx}	x 方向動量沿 y 方向傳送之流通量，牛頓 /(公尺)^2

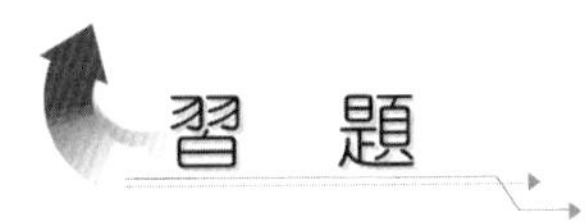

2–1 某流體之密度為 800 千克 /(公尺)^3，絕對黏度為 0.5 厘泊，試將此黏度換算成下列各單位之值：(1)泊；(2)磅 /(呎)(秒)；(3)史托克。

2–2 某流體以穩定狀態流過內徑為 7.6 厘米之管，今測得管中諸點之速度如下：

距管軸之距離（厘米）	速度（公尺 / 秒）	距管軸之距離（厘米）	速度（公尺 / 秒）
0	0.70	2.29	0.61
0.38	0.69	2.67	0.58
0.76	0.68	3.04	0.54
1.14	0.66	3.43	0.47
1.52	0.65	3.62	0.34
1.90	0.64	3.80	0

試畫其速度分布圖，並求平均速度。

2–3 若於〔例 2–7〕中另加一壓力差，$(p_0 - p_L) < 0$，於流動方向，使流體之體積流率恰為零，試求下面各項：

(1)速度分布；

(2)壓力差與速度 V 之關係；

(3)最大速度及發生的位置；

(4)動量流通量分布。

2–4 某不可壓縮之牛頓流體沿兩垂直板間呈穩態層流。設板長為 L，板寬為 B，兩板間之距離為 b。若令一平板以定速度 V 向下移動，另一平板則以定速度 kV 向上移動（k 為正常數），試求下列各項：

(1)動量流通量分布；

(2)速度分布；

(3)最大速度；

(4)平均速度；

(5)體積流率。

2–5 於上題中若另加一壓力差 $(p_0 - p_L)$ 於流動方向，使流體之體積流率為零，試求下列各項：

(1)速度分布；

(2)壓力差與速度 V 之關係；

(3)最大速度及其發生的位置；

(4)動量流通量分布。

2–6 重作 2–10 節之問題，惟以 $\bar{x}\,(=\delta - x)$ 替代 x，所得之結果再以 $\bar{x} = \delta - x$ 代入，以證明結果與 2–10 中者相同。

2–7 長為 10 公尺之兩平行板係傾斜 45° 放置，板間之距離為 0.7 厘米。今有密度為 800 千克 /(公尺)^3、黏度為 80 厘泊之某流體，以穩定層狀流過兩板之間。流體之流動係賴頂板以每秒 1 公尺之速度向上平行移動，但底板保持靜止不動。假設端效應可略而不計，試求：

(1)速度分布；

⑵單位寬度之質量流率；

⑶流體作用於頂板及底板之力。

2–8 15°C 之水以穩態流經一內半徑為 0.925 厘米之水平鋼管，其單位管長之壓力落差為 250 牛頓 /(公尺)^2(公尺)。若不計其端效應，試求：

⑴管壁之剪應力，亦即流體作用於管壁之力；

⑵體積流率。

2–9 某液體之密度為 1000 千克 /(公尺)^3，黏度為 0.9 厘泊，沿一內半徑為 5.25 厘米之水平鋼管中流動，而每小時之質量流率為 400 千克。若管之長度為 350 公尺，試計算該液體經過管道之壓力落差。

2–10 試證明式 (2–79) 至 (2–82) 之結果，並說明式 (2–82) 中 $\tau_{rz}\Big|_r$ 前負號之意義。

2–11 試證套管之流動問題中，若令 $R_1 \to 0$，則所得之結果與圓管相同；若令 $R_2 \to R_1$，則所得之結果與兩平行板者相同。

2–12 試應用 2–10 節之結果，求液膜藉重力沿平板流下時，牽引係數與雷諾數間之關係。

2–13 試應用 2–13 節之結果，求流體沿套管中流動時，牽引係數與雷諾數間之關係。

3 動量輸送

當任何一系統 (system) 中有相對速度存在時，或者兩不同速度的流體（或物體）互相接觸時，就有動量傳遞發生；此種速度差所引起之動量傳遞，吾人稱之謂**動量輸送** (momentum transfer)，而討論流體中動量輸送率與作用力間之平衡關係的這門學科，稱為**流體力學** (fluid mechanics)。

吾人已於第 2 章中討論一些簡單的層狀流動問題，此類問題可應用動量不滅定律作殼動量結算，而求出速度分布；然後藉速度分布再求出最大速度、平均速度、體積流動速率，以及流體對固體面之拖力。應用殼動量結算以解流體流動問題之方法固然能使讀者較易接受，然工程上若每一流動問題皆以此法解出，其演算必嫌繁長。因此吾人討論一般流體力學問題時，常聯用**質量守恆方程式**

(the equation of conservation of mass) 及**動量守恆方程式** (the equation of conservation of momentum)，以求其解。此質量守恆方程式及動量守恆方程式，可適用於所有**單成分恆溫流體** (pure isothermal fluid) 之流動問題，惟應用時可依照問題個別之特殊情況簡化之。**非恆溫流體** (nonisothermal fluid) 及**多成分混合流體** (multicomponent fluid mixture) 之流動問題，因涉及熱量輸送及質量輸送問題，將分別於第二及第三冊中討論。質量守恆方程式、動量守恆方程式及**能量守恆方程式** (the equation of conservation of energy)，總稱為**變化方程式** (the equation of change)，蓋因這些方程式分別說明**濃度** (concentration)、**速度** (velocity) 及**溫度** (temperature) 對時間及位置的變化關係。

本章乃前一章之延伸，擬繼續討論較一般性之流動問題。其步驟為：先分別應用質量守恆定律及動量守恆定律，推導各種坐標系之質量守恆方程式（或稱**連續方程式**，the equation of continuity）及動量守恆方程式（或稱**運動方程式**，the equation of motion），然後介紹如何應用此二方程式來解一些較一般性的流動問題。

3–1 時間導函數

未進行推導連續方程式及運動方程式之前，吾人先定義三種常用之時間導函數，即**偏時間導函數** (partial time derivative)、**全時間導函數** (total time derivative) 及**真時間導函數** (substantial time derivative)。河流水中之魚游東游西，其濃度（單位體積之魚數）到處不同，且同一地點之濃度亦因時而異，故一般而言，河流中魚之濃度乃位置及時間之函數。

若以 x、y 及 z 表直角三坐標，t 表時間，c 表魚之濃度，則

$$c = c(x, y, z, t) \tag{3–1}$$

今以此為例，說明下面三種時間導函數之定義。

1. 偏時間導函數

若一潛水夫潛入水中而靜浮在河流中的某處 (x, y, z)，並觀察河流中的魚數隨時間之變化情形。此時觀測所得者，乃河流中該固定點的魚數隨時間之變化情形，稱為偏時間導函數，以符號 $\frac{\partial c}{\partial t}$ 表之。此符號在數學上之意義，乃當 x、y 及 z 保持不變時，c 隨 t 之變化率。

2. 全時間導函數

倘此潛水夫開始潛游，此時所觀測魚數之變化，不但與時間有關，亦與潛水夫之位置變化有關。此種潛水夫一邊潛游一邊看魚濃度隨時間之變化情形，稱為全時間導函數，以符號 $\frac{dc}{dt}$ 表之。由式 (3–1)

$$\frac{dc}{dt}=\frac{\partial c}{\partial t}+\frac{\partial c}{\partial x}\frac{dx}{dt}+\frac{\partial c}{\partial y}\frac{dy}{dt}+\frac{\partial c}{\partial z}\frac{dz}{dt} \tag{3–2}$$

式中 $\frac{dx}{dt}$、$\frac{dy}{dt}$ 及 $\frac{dz}{dt}$ 分別表潛水夫在 x、y 及 z 方向之**分速度** (velocity component)。

3. 真時間導函數

若潛水夫游過一段時間後，已精疲力盡而隨波逐流，此時式 (3–2) 中 $\frac{dx}{dt}$、$\frac{dy}{dt}$ 與 $\frac{dz}{dt}$ 分別變為流體在 x、y 與 z 方向之分速度 (u_x、u_y 與 u_z)，而潛水夫所觀測魚濃度隨時間之變化情形，稱為真時間導函數，以符號 $\frac{Dc}{Dt}$ 表之。此時式 (3–2) 變為

$$\frac{Dc}{Dt} = \frac{\partial c}{\partial t} + u_x \frac{\partial c}{\partial x} + u_y \frac{\partial c}{\partial y} + u_z \frac{\partial c}{\partial z} \tag{3–3}$$

3–2 直角坐標系之連續方程式

今於流場中取一固定不動之微小控制體，其體積為 $\Delta x \Delta y \Delta z$，如圖 3–1 所示。

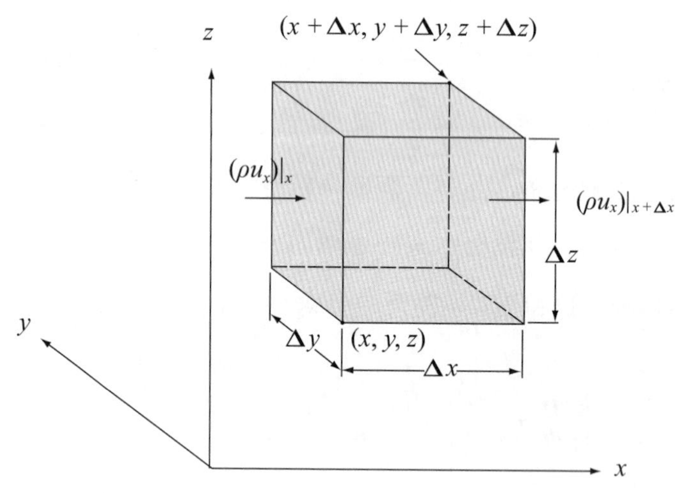

圖 3–1　流場中一固定不動之微小控制體

若先考慮垂直於 x 坐標軸兩面之質量輸入與輸出，則經 x 面輸入系內之質量速率為

$$(\rho u_x)\Big|_x \Delta y \Delta z$$

經 $x + \Delta x$ 面輸出系外之質量速率為

$$(\rho u_x)\Big|_{x+\Delta x} \Delta y \Delta z$$

故沿 x 坐標軸方向質量輸入系內之淨速率為

$$\Delta y \Delta z\left[(\rho u_x)\Big|_x-(\rho u_x)\Big|_{x+\Delta x}\right] \tag{3–4}$$

同理可證，沿 y 與 z 坐標軸方向質量輸入系內之淨速率分別為

$$\Delta x \Delta z\left[(\rho u_y)\Big|_y-(\rho u_y)\Big|_{y+\Delta y}\right] \tag{3–5}$$

$$\Delta x \Delta y\left[(\rho u_z)\Big|_z-(\rho u_z)\Big|_{z+\Delta z}\right] \tag{3–6}$$

系內質量累積 (accumulation) 速率為

$$\Delta x \Delta y \Delta z\frac{\partial \rho}{\partial t} \tag{3–7}$$

將式 (3–4) 至 (3–7) 代入質量守恆定律表示式

$$\begin{Bmatrix}\text{質量輸入}\\ \text{系內之速率}\end{Bmatrix}-\begin{Bmatrix}\text{質量輸出}\\ \text{系外之速率}\end{Bmatrix}=\begin{Bmatrix}\text{系內質量}\\ \text{累積速率}\end{Bmatrix} \tag{1–22}$$

則得

$$\begin{aligned}&\Delta y \Delta z\left[(\rho u_x)\Big|_x-(\rho u_x)\Big|_{x+\Delta x}\right]+\Delta x \Delta z\left[(\rho u_y)\Big|_y-(\rho u_y)\Big|_{y+\Delta y}\right]\\&+\Delta x \Delta y\left[(\rho u_z)\Big|_z-(\rho u_z)\Big|_{z+\Delta z}\right]=\Delta x \Delta y \Delta z\frac{\partial \rho}{\partial t}\end{aligned} \tag{3–8}$$

以 $\Delta x\Delta y\Delta z$ 除上式，並令 Δx、Δy 及 Δz 趨近於零，則

$$\begin{aligned}\frac{\partial \rho}{\partial t}=&-\lim_{\Delta x\to 0}\left(\frac{\rho u_x\Big|_{x+\Delta x}-\rho u_x\Big|_x}{\Delta x}\right)-\lim_{\Delta y\to 0}\left(\frac{\rho u_y\Big|_{y+\Delta y}-\rho u_y\Big|_y}{\Delta y}\right)\\&-\lim_{\Delta z\to 0}\left(\frac{\rho u_z\Big|_{z+\Delta z}-\rho u_z\Big|_z}{\Delta z}\right)\end{aligned} \tag{3–9}$$

式 (3–9) 右邊三項皆為數學上**一階偏導函數** (first-order partial derivative) 之定義，故上式可改寫為

$$\frac{\partial \rho}{\partial t}=-\left(\frac{\partial}{\partial x}\rho u_x+\frac{\partial}{\partial y}\rho u_y+\frac{\partial}{\partial z}\rho u_z\right) \tag{3–10}$$

上式稱為直角坐標系之**連續方程式** (equation of continuity)，或稱微分質量結算方程式，而由此式之右邊，可算出流場中一固定點之流體密度隨時間之變化率。

若展開式 (3–10) 之右邊，移項後得

$$\frac{\partial \rho}{\partial t}+u_x\frac{\partial \rho}{\partial x}+u_y\frac{\partial \rho}{\partial y}+u_z\frac{\partial \rho}{\partial z}=-\rho\left(\frac{\partial u_x}{\partial x}+\frac{\partial u_y}{\partial y}+\frac{\partial u_z}{\partial z}\right) \tag{3–11}$$

依式 (3–3) 之定義，上式左邊為密度之真時間導函數，故上式可重寫為

$$\frac{D\rho}{Dt}=-\rho\left(\frac{\partial u_x}{\partial x}+\frac{\partial u_y}{\partial y}+\frac{\partial u_z}{\partial z}\right) \tag{3–12}$$

式 (3–12) 乃連續方程式之另一寫法，其中運算子 $\frac{D}{Dt}$ 之定義為

$$\frac{D}{Dt}=\frac{\partial}{\partial t}+u_x\frac{\partial}{\partial x}+u_y\frac{\partial}{\partial y}+u_z\frac{\partial}{\partial z} \tag{3–13}$$

而由式 (3–12) 之右邊，可算出流場中隨波逐流之一點上，流體密度隨時間之變化率。其實式 (3–10) 與 (3–12) 皆為敘述質量守恆定律之兩相異形數學式，其所代表之物理意義則相同。

當流體之密度為定值 (不隨時間及位置而變)，亦即流體為不可壓縮者，則式 (3–10) 與 (3–12) 皆變為

$$\frac{\partial u_x}{\partial x}+\frac{\partial u_y}{\partial y}+\frac{\partial u_z}{\partial z}=0 \tag{3–14}$$

若以向量符號表示諸連續方程式，則式 (3–10)、(3–12) 與 (3–14) 應分別改寫為

$$\frac{\partial \rho}{\partial t} = -(\nabla \cdot \rho \boldsymbol{u}) \tag{3–15}$$

$$\frac{D\rho}{Dt} = -\rho(\nabla \cdot \boldsymbol{u}) \tag{3–16}$$

$$(\nabla \cdot \boldsymbol{u}) = 0 \text{（不可壓縮流體）} \tag{3–17}$$

式中 [·] 表兩向量間之**內積** (dot product)，或稱**純量乘積** (scalar product)，而向量運算子 ∇ 與速度向量 $\boldsymbol{u}$ 在直角坐標系中之定義為

$$\nabla = \boldsymbol{i}\frac{\partial}{\partial x} + \boldsymbol{j}\frac{\partial}{\partial y} + \boldsymbol{k}\frac{\partial}{\partial z} \tag{3–18}$$

$$\boldsymbol{u} = u_x\boldsymbol{i} + u_y\boldsymbol{j} + u_z\boldsymbol{k} \tag{3–19}$$

其中 $\boldsymbol{i}$, $\boldsymbol{j}$ 及 $\boldsymbol{k}$ 分別表 x, y 及 z 坐標軸上之**單位向量** (unit vector，大小等於 1)。

式 (3–15) 中 $(\nabla \cdot \rho \boldsymbol{u})$ 稱為 $\rho \boldsymbol{u}$ 之**發散** (divergence)，有時寫為 $\mathbf{div}\,(\rho \boldsymbol{u})$。因向量 $\rho \boldsymbol{u}$ 表流體之質量流通量，故 $(\nabla \cdot \rho \boldsymbol{u})$ 意指自單位體積控制體流出之質量淨速率；因此式 (3–15) 之物理意義為：流場中固定不動之微小控制體內，流體密度隨時間之增加速率 $\frac{\partial \rho}{\partial t}$，等於流入此控制體單位體積內之質量淨速率 $-(\nabla \cdot \rho \boldsymbol{u})$。

須注意者，式 (3–14) 及 (3–17) 中乍看之下雖不見自變數 t，其實時間變數 t 蘊藏於每一分速度中，即式中 u_x、u_y 及 u_z 除係為位置（x、y 及 z）之函數外，亦為時間 (t) 之函數。另者，依向量分析之定義，式 (3–15) 至 (3–17) 亦適用於圓柱體坐標系及球體坐標系，甚至適用於其他任何曲線坐標系。

3–3 曲線坐標系之連續方程式

討論某些工程上之流動問題時，由於系統形狀之特殊，有時採用曲線坐標系比直角坐標系方便；而曲線坐標系之連續方程式，可仿照 3–2 節直角坐標系之方法，改採曲線坐標系推導，或循曲線坐標系與直角坐標系間之關係自式 (3–10)、(3–12) 及 (3–14) 轉換求出，亦或將向量運算子 ∇ 及速度向量 $\boldsymbol{u}$ 在曲線坐標系中之定義代入式 (3–15)、(3–16) 及 (3–17) 而得。常用之曲線坐標系有圓柱體坐標系及球體坐標系，本節中圓柱體坐標系之連續方程式，主要將藉坐標系間之關係自直角坐標系轉換求出，而球體坐標系之連續方程式，則將藉向量分析中之定義，代入式 (3–15) 至 (3–17) 而得。

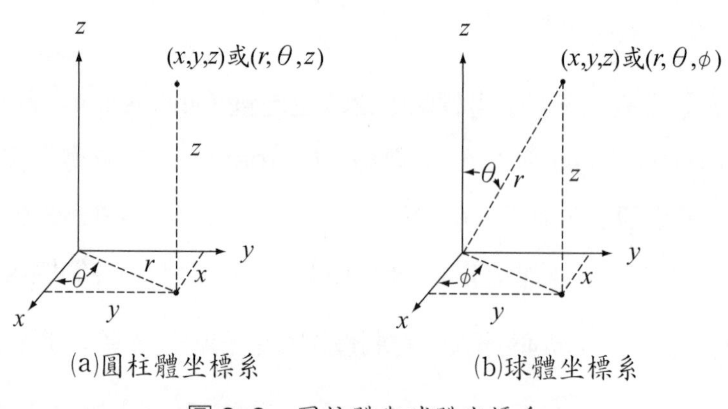

圖 3–2 圓柱體與球體坐標系

1. 圓柱體坐標系

圓柱體坐標系與直角坐標系間之關係為

$$\begin{cases} x = r\cos\theta & (3\text{–}20) \\ y = r\sin\theta & (3\text{–}21) \\ z = z & (3\text{–}22) \end{cases}$$

或

$$\begin{cases} r = \sqrt{x^2 + y^2} & (3\text{–}23) \\ \theta = \tan^{-1}\left(\dfrac{y}{x}\right) & (3\text{–}24) \\ z = z & (3\text{–}25) \end{cases}$$

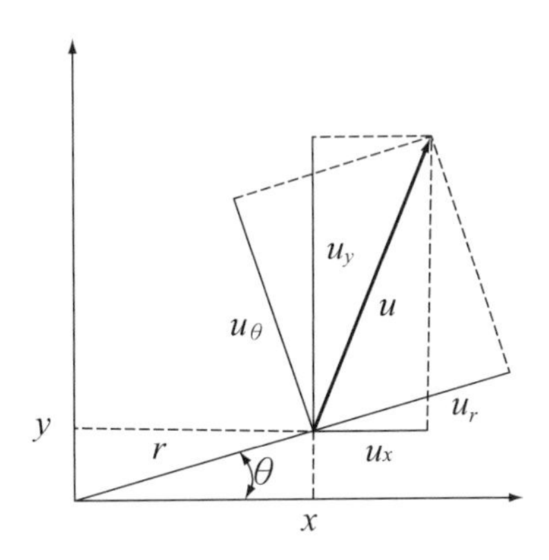

圖 3–3　速度向量在直角坐標系與圓柱體坐標系之分速度

而直角坐標系上分速度與圓柱體坐標系上分速度間之關係，可參閱圖 3–3 上速度向量之分解，寫出如下：

$$u_x = (\cos\theta)u_r + (-\sin\theta)u_\theta + (0)u_z \tag{3–26}$$

$$u_y = (\sin\theta)u_r + (\cos\theta)u_\theta + (0)u_z \tag{3–27}$$

$$u_z = (0)u_r + (0)u_\theta + (1)u_z \tag{3–28}$$

倘應用偏微分連鎖法則，吾人得下面二式：

$$\frac{\partial(\rho u_x)}{\partial x}=\left[\frac{\partial(\rho u_x)}{\partial r}\right]\left(\frac{\partial r}{\partial x}\right)+\left[\frac{\partial(\rho u_x)}{\partial \theta}\right]\left(\frac{\partial \theta}{\partial x}\right)+\left[\frac{\partial(\rho u_x)}{\partial z}\right]\left(\frac{\partial z}{\partial x}\right) \tag{3–29}$$

$$\frac{\partial(\rho u_y)}{\partial y}=\left[\frac{\partial(\rho u_y)}{\partial r}\right]\left(\frac{\partial r}{\partial y}\right)+\left[\frac{\partial(\rho u_y)}{\partial \theta}\right]\left(\frac{\partial \theta}{\partial y}\right)+\left[\frac{\partial(\rho u_y)}{\partial z}\right]\left(\frac{\partial z}{\partial y}\right) \tag{3–30}$$

又微分式 (3–23)，得

$$\left(\frac{\partial r}{\partial x}\right)=\frac{x}{\sqrt{x^2+y^2}}=\frac{x}{r}=\cos\theta \tag{3–31}$$

$$\left(\frac{\partial r}{\partial y}\right)=\frac{y}{r}=\sin\theta \tag{3–32}$$

另微分式 (3–24)，得

$$\left(\frac{\partial \theta}{\partial x}\right)=\frac{-\dfrac{y}{x^2}}{1+\left(\dfrac{y}{x}\right)^2}=\frac{-y}{x^2+y^2}=-\frac{y}{r^2}=-\frac{\sin\theta}{r} \tag{3–33}$$

$$\left(\frac{\partial \theta}{\partial y}\right)=\frac{x}{r^2}=\frac{\cos\theta}{r} \tag{3–34}$$

將式 (3–26)、(3–31) 及 (3–33) 代入式 (3–29)，則

$$\begin{aligned}\frac{\partial(\rho u_x)}{\partial x}&=\left[\frac{\partial}{\partial r}\rho(u_r\cos\theta-u_\theta\sin\theta)\right]\cos\theta+\left[\frac{\partial}{\partial \theta}\rho(u_r\cos\theta-u_\theta\sin\theta)\right]\left(-\frac{\sin\theta}{r}\right)\\&=\frac{\partial(\rho u_r)}{\partial r}\cos^2\theta-\frac{\partial(\rho u_\theta)}{\partial r}\sin\theta\cos\theta\\&\quad-\left(\frac{\sin\theta}{r}\right)\left[\frac{\partial(\rho u_r)}{\partial \theta}\cos\theta-\rho u_r\sin\theta-\frac{\partial(\rho u_\theta)}{\partial \theta}\sin\theta-\rho u_\theta\cos\theta\right]\end{aligned} \tag{3–35}$$

將式 (3–27)、(3–32) 及 (3–34) 代入式 (3–30)，得

$$\frac{\partial(\rho u_y)}{\partial y}=\left[\frac{\partial}{\partial r}\rho(u_r\sin\theta+u_\theta\cos\theta)\right]\sin\theta+\left[\frac{\partial}{\partial\theta}\rho(u_r\sin\theta+u_\theta\cos\theta)\right]\left(\frac{\cos\theta}{r}\right)$$

$$=\frac{\partial(\rho u_r)}{\partial r}\sin^2\theta+\frac{\partial(\rho u_\theta)}{\partial r}\sin\theta\cos\theta$$

$$+\left(\frac{\cos\theta}{r}\right)\left[\frac{\partial(\rho u_r)}{\partial\theta}\sin\theta+\rho u_r\cos\theta+\frac{\partial(\rho u_\theta)}{\partial\theta}\cos\theta-\rho u_\theta\sin\theta\right] \tag{3–36}$$

倘式 (3–35) 與 (3–36) 相加，得

$$\frac{\partial(\rho u_x)}{\partial x}+\frac{\partial(\rho u_y)}{\partial y}=\frac{\partial(\rho u_y)}{\partial r}+\frac{\rho u_r}{r}+\frac{1}{r}\frac{\partial(\rho u_\theta)}{\partial\theta}$$

$$=\frac{1}{r}\frac{\partial(\rho r u_r)}{\partial r}+\frac{1}{r}\frac{\partial(\rho u_\theta)}{\partial\theta} \tag{3–37}$$

最後將上式代入式 (3–10)，得

$$\frac{\partial\rho}{\partial t}=-\left[\frac{1}{r}\frac{\partial(\rho r u_r)}{\partial r}+\frac{1}{r}\frac{\partial(\rho u_\theta)}{\partial\theta}+\frac{\partial(\rho u_z)}{\partial z}\right] \tag{3–38}$$

上式即為圓柱體坐標系之連續方程式。

吾人亦可仿效 3–2 節中直角坐標系之推導方法，應用質量守恆定律求出式 (3–38)，惟此時於流場中所取固定不動之微小控制體，其沿 r、θ 及 z 三方向之三邊應分別為 Δr、$r\Delta r$ 及 Δz，讀者試自行證明之。

又讀者若已學過**向量分析** (vector analysis)，則諒必熟悉下面二關係式：

直角坐標系

$$(\nabla\cdot\rho\boldsymbol{u})=\frac{\partial(\rho u_x)}{\partial x}+\frac{\partial(\rho u_y)}{\partial y}+\frac{\partial(\rho \boldsymbol{u}_z)}{\partial z} \tag{3–39}$$

圓柱體坐標系

$$(\nabla \cdot \rho \boldsymbol{u}) = \frac{1}{r}\frac{\partial(\rho r u_r)}{\partial r} + \frac{1}{r}\frac{\partial(\rho u_\theta)}{\partial \theta} + \frac{\partial(\rho u_z)}{\partial z} \tag{3–40}$$

倘將此二式分別代入式 (3–15)，則分別得式 (3–10) 及 (3–38)。

2. 球體坐標系

考慮球體坐標系時，$\rho\boldsymbol{u}$ 向量之發散，可依向量分析之定義寫成

$$(\nabla \cdot \rho \boldsymbol{u}) = \frac{1}{r^2}\frac{\partial}{\partial r}(\rho r^2 u_r) + \frac{1}{r\sin\theta}\frac{\partial}{\partial \theta}(\rho u_\theta \sin\theta) + \frac{1}{r\sin\theta}\frac{\partial}{\partial \phi}(\rho u_\phi) \tag{3–41}$$

式中 u_r、u_θ 及 u_ϕ 分別表球體坐標軸 (r、θ、ϕ) 上之流體分速度。將上式代入向量型連續方程式，式 (3–15)，得球體坐標系之連續方程式

$$\frac{\partial \rho}{\partial t} = -\left[\frac{1}{r^2}\frac{\partial}{\partial r}(\rho r^2 u_r) + \frac{1}{r\sin\theta}\frac{\partial}{\partial \theta}(\rho u_\theta \sin\theta) + \frac{1}{r\sin\theta}\frac{\partial}{\partial \phi}(\rho u_\phi)\right] \tag{3–42}$$

上式亦可仿效 3–2 節中直角坐標系之方法，應用質量守恆定律求出，此時微小控制體沿 r、θ 及 ϕ 方向之三邊應為 Δr、$r\Delta\theta$ 及 $r\sin\theta\Delta\phi$。式 (3–42) 亦可由直角坐標之連續方程式，式 (3–10)，藉坐標系間之關係轉換而得。轉換坐標系時須應用下列諸關係:

$$\begin{cases} x = r\sin\theta\cos\phi & (3–43) \\ y = r\sin\theta\sin\phi & (3–44) \\ z = r\cos\theta & (3–45) \end{cases}$$

上面關係可逕自圖 3–2 (b)寫出，這些關係又可改寫成

$$\begin{cases} r = \sqrt{x^2 + y^2 + z^2} & (3\text{–}46) \\ \theta = \tan^{-1}\left(\dfrac{\sqrt{x^2 + y^2}}{z}\right) & (3\text{–}47) \\ \phi = \tan^{-1}\left(\dfrac{y}{x}\right) & (3\text{–}48) \end{cases}$$

至於分速度間之關係為

$$u_x = (\sin\theta\cos\phi)u_r + (\cos\theta\cos\phi)u_\theta + (-\sin\phi)u_\phi \tag{3–49}$$

$$u_y = (\sin\theta\sin\phi)u_r + (\cos\theta\sin\phi)u_\theta + (\cos\phi)u_\phi \tag{3–50}$$

$$u_z = (\cos\theta)u_r + (-\sin\theta)u_\theta + (0)u_\phi \tag{3–51}$$

這些關係式可仿照圓柱體系中獲得式 (3–26) 至 (3–28) 之方法，自球體坐標系之分速度關係圖求出。讀者試自行證明之。

綜合 3–2 與 3–3 兩節之結果，吾人可作下面之結論：式 (3–15) 乃適用於任何坐標系之連續方程式；式 (3–10)、(3–38) 與 (3–40) 則分別為直角坐標系、圓柱體坐標系及球體坐標系之連續方程式。當考慮不可壓縮流體時，三連續方程式變為

直角坐標系

$$\frac{\partial u_x}{\partial x} + \frac{\partial u_y}{\partial y} + \frac{\partial u_z}{\partial z} = 0 \tag{3–14}$$

圓柱體坐標系

$$\frac{1}{r}\frac{\partial}{\partial r}(ru_r) + \frac{1}{r}\frac{\partial u_\theta}{\partial \theta} + \frac{\partial u_z}{\partial z} = 0 \tag{3–52}$$

球體坐標系

$$\frac{1}{r^2}\frac{\partial}{\partial r}(r^2 u_r) + \frac{1}{r\sin\theta}\frac{\partial}{\partial \theta}(u_\theta \sin\theta) + \frac{1}{r\sin\theta}\frac{\partial u_\phi}{\partial \phi} = 0 \tag{3–53}$$

須注意者，上面三式適用於穩態及非穩態流動，而討論非穩態流動時，分速度除了為位置之函數外，亦為時間之函數。

3–4 直角坐標系之運動方程式

吾人已於前兩節中應用質量守恆定律，在流場中作微分質量結算，而導出連續方程式；接著在今後兩節中，將應用動量守恆定律作微分動量結算，而導出**運動方程式 (equation of motion)**。非穩態之動量結算方程式可自式 (2–27) 延伸而得

$$\begin{Bmatrix}\text{系內動量}\\\text{累積之速率}\end{Bmatrix}=\begin{Bmatrix}\text{動量輸入}\\\text{系內之速率}\end{Bmatrix}-\begin{Bmatrix}\text{動量輸出}\\\text{系內之速率}\end{Bmatrix}+\begin{Bmatrix}\text{作用於系}\\\text{之合力}\end{Bmatrix} \quad (3\text{–}54)$$

因動量與力皆為向量 (其定義包括大小及方向)，故式 (3–54) 乃一**向量方程式 (vector equation)**，亦即式 (3–54) 僅適用於同一方向之結算。今參閱圖 3–4 先作 x 方向之微分動量結算，以求 x 方向之運動量方程式；x 方向之運動方程式即得，y 與 z 方向之運動方程式可類推寫出。

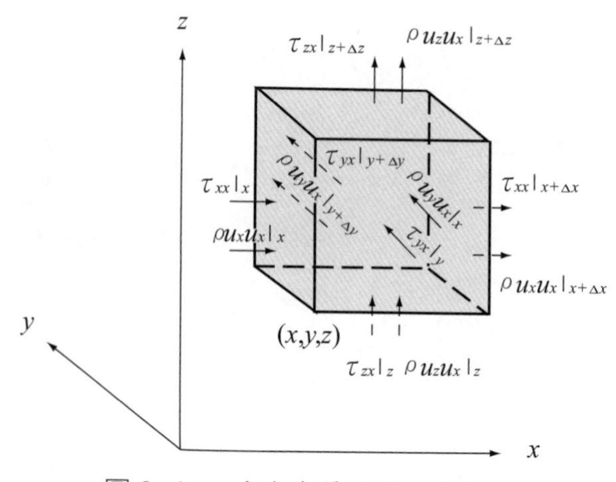

圖 3–4　x 方向動量之輸入與輸出

動量乃藉兩種方式輸入及輸出圖 3–4 中之微小六面控制體，此兩種方式為流體整體之流動及流體之相對運動。流動之流體因有速度而帶動量，故流體流入或流出此六面體，即為動量輸入或輸出之一種方式。因此由於流體之流動而輸入 x 面之 x 方向動量輸送率為 $\left.\frac{\rho u_x u_x}{g_c}\right|_x \Delta y \Delta z$，輸出 $(x+\Delta x)$ 面之 x 方向動量輸送率為 $\left.\frac{\rho u_x u_x}{g_c}\right|_{x+\Delta x} \Delta y \Delta z$。餘此類推，吾人最後得：由於流體整體之流動，經六個面淨輸入 x 方向動量之速率為

$$\Delta y \Delta z \frac{\left(\rho u_x u_x\big|_x - \rho u_x u_x\big|_{x+\Delta x}\right)}{g_c} + \Delta x \Delta z \frac{\left(\rho u_y u_x\big|_y - \rho u_y u_x\big|_{y+\Delta y}\right)}{g_c}$$
$$+ \Delta x \Delta y \frac{\left(\rho u_z u_x\big|_z - \rho u_z u_x\big|_{z+\Delta z}\right)}{g_c} \tag{3–55}$$

流體因帶有黏性，因此相鄰兩層之流體間，速度快者帶動速度慢者，結果產生另一種動量之輸送方式。吾人已於式 (2–15) 中用 τ_{ij} 代表：因相對速度之存在，在 i 方向單位面積上 j 方向動量之輸送率。故此處由於流體之相對速度而輸入 x 面之 x 方向動量輸送率可寫為 $\tau_{xx}\big|_x \Delta y \Delta z$，輸出 $(x+\Delta x)$ 面之 x 方向動量輸送率為 $\tau_{xx}\big|_{x+\Delta x} \Delta y \Delta z$。餘此類推，最後得：由於流體之相對速度，經六個面淨輸入 x 方向動量之輸送率為

$$\Delta y \Delta z \left(\tau_{xx}\big|_x - \tau_{xx}\big|_{x+\Delta x}\right) + \Delta x \Delta z \left(\tau_{yx}\big|_y - \tau_{yx}\big|_{y+\Delta y}\right) + \Delta x \Delta y \left(\tau_{zx}\big|_z - \tau_{zx}\big|_{z+\Delta z}\right) \tag{3–56}$$

一般而言，作用力係指流體所受之壓力及重力，故 x 方向之作用力為

$$\Delta y \Delta z \left(p\big|_x - p\big|_{x+\Delta x}\right) + \left(\rho \frac{g_x}{g_c}\right) \Delta x \Delta y \Delta z \tag{3–57}$$

式中 g_x 為 x 方向之重力分加速度。至於微小六面控制體中 x 方向動量之累積速率為

$$\frac{1}{g_c}\Delta x\Delta y\Delta z\frac{\partial(\rho u_x)}{\partial t} \tag{3–58}$$

須注意者，上面之討論中，動量及作用力皆以正 x 方向為正。將式 (3–55) 至 (3–58) 代入式 (3–54)，然後以 $\Delta x\Delta y\Delta z$ 除等號之兩邊，並令 Δx、Δy 及 Δz 皆趨近於零，則得 x 方向運動方程式如下：

$$\frac{1}{g_c}\frac{\partial}{\partial t}(\rho u_x)=-\frac{1}{g_c}\left(\frac{\partial}{\partial x}\rho u_x u_x+\frac{\partial}{\partial y}\rho u_y u_x+\frac{\partial}{\partial z}\rho u_z u_x\right)-\left(\frac{\partial\tau_{xx}}{\partial x}+\frac{\partial\tau_{yx}}{\partial y}+\frac{\partial\tau_{zx}}{\partial z}\right)-\frac{\partial p}{\partial x}+\rho\frac{g_x}{g_c} \tag{3–59}$$

同理可推導出 y 與 z 方向之運動方程式分別為

$$\frac{1}{g_c}\frac{\partial}{\partial t}(\rho u_y)=-\frac{1}{g_c}\left(\frac{\partial}{\partial x}\rho u_x u_y+\frac{\partial}{\partial y}\rho u_y u_y+\frac{\partial}{\partial z}\rho u_z u_y\right)-\left(\frac{\partial\tau_{xy}}{\partial x}+\frac{\partial\tau_{yy}}{\partial y}+\frac{\partial\tau_{zy}}{\partial z}\right)-\frac{\partial p}{\partial y}+\rho\frac{g_y}{g_c} \tag{3–60}$$

$$\frac{1}{g_c}\frac{\partial}{\partial t}(\rho u_z)=-\frac{1}{g_c}\left(\frac{\partial}{\partial x}\rho u_x u_z+\frac{\partial}{\partial y}\rho u_y u_z+\frac{\partial}{\partial z}\rho u_z u_z\right)-\left(\frac{\partial\tau_{xz}}{\partial x}+\frac{\partial\tau_{yz}}{\partial y}+\frac{\partial\tau_{zz}}{\partial z}\right)-\frac{\partial p}{\partial z}+\rho\frac{g_z}{g_c} \tag{3–61}$$

式中 g_y 與 g_z 分別代表 y 與 z 方向之重力加速度。

展開式 (3–59)，得

$$\frac{\rho}{g_c}\frac{\partial u_x}{\partial t}+\frac{u_x}{g_c}\frac{\partial \rho}{\partial t}$$
$$=-\left[\frac{\rho}{g_c}\left(u_x\frac{\partial u_x}{\partial x}+u_y\frac{\partial u_x}{\partial y}+u_z\frac{\partial u_x}{\partial z}\right)+\frac{u_x}{g_c}\left(\frac{\partial}{\partial x}\rho u_x+\frac{\partial}{\partial y}\rho u_y+\frac{\partial}{\partial z}\rho u_z\right)\right]$$
$$-\left(\frac{\partial}{\partial x}\tau_{xx}+\frac{\partial}{\partial y}\tau_{yx}+\frac{\partial}{\partial z}\tau_{zx}\right)-\frac{\partial p}{\partial x}+\rho\frac{g_x}{g_c} \tag{3-62}$$

此時若引用直角坐標系之真時間導函數定義及連續方程式，即

$$\frac{D}{Dt}=\frac{\partial}{\partial t}+u_x\frac{\partial}{\partial x}+u_y\frac{\partial}{\partial y}+u_z\frac{\partial}{\partial z} \tag{3-13}$$

$$\frac{\partial \rho}{\partial t}=-\left(\frac{\partial}{\partial x}\rho u_x+\frac{\partial}{\partial y}\rho u_y+\frac{\partial}{\partial z}\rho u_z\right) \tag{3-10}$$

則式 (3–62) 可簡化為

$$\frac{\rho}{g_c}\frac{Du_x}{Dt}=-\frac{\partial p}{\partial x}-\left(\frac{\partial \tau_{xx}}{\partial x}+\frac{\partial \tau_{yx}}{\partial y}+\frac{\partial \tau_{zx}}{\partial z}\right)+\rho\frac{g_x}{g_c} \tag{3-63}$$

同理式 (3–60) 及 (3–61) 可仿效上面之演算，重整後分別得

$$\frac{\rho}{g_c}\frac{Du_y}{Dt}=-\frac{\partial p}{\partial y}-\left(\frac{\partial \tau_{xy}}{\partial x}+\frac{\partial \tau_{yy}}{\partial y}+\frac{\partial \tau_{zy}}{\partial z}\right)+\rho\frac{g_y}{g_c} \tag{3-64}$$

$$\frac{\rho}{g_c}\frac{Du_z}{Dt}=-\frac{\partial p}{\partial z}-\left(\frac{\partial \tau_{xz}}{\partial x}+\frac{\partial \tau_{yz}}{\partial y}+\frac{\partial \tau_{zz}}{\partial z}\right)+\rho\frac{g_z}{g_c} \tag{3-65}$$

須注意者，式 (3–59) 至 (3–61) 分別為當流場中微小六面控制體固定不動時，作動量結算所得之 x、y 及 z 方向運動方程式；式 (3–63) 至 (3–65) 則是當控制體隨波逐流浮沉時之相對表示式，這些表示式比前者，即式 (3–59) 至 (3–61)，簡短而使用方便。式 (3–63) 至 (3–65) 更可以合併而用一向量方程式表示

$$\frac{\rho}{g_c}\frac{D\boldsymbol{u}}{Dt} = -\nabla p - [\nabla \cdot \boldsymbol{\tau}] + \rho\frac{\boldsymbol{g}}{g_c} \tag{3–66}$$

式中 $\boldsymbol{\tau}$ 為二階矢量 (second-order tensor)，其包括九個分量 (component)

$$\boldsymbol{\tau} = \begin{pmatrix} \tau_{xx} & \tau_{xy} & \tau_{xz} \\ \tau_{yx} & \tau_{yy} & \tau_{yz} \\ \tau_{zx} & \tau_{zy} & \tau_{zz} \end{pmatrix} \tag{3–67}$$

故 $[\nabla \cdot \boldsymbol{\tau}]$ 為一向量，其定義為

$$[\nabla \cdot \boldsymbol{\tau}] = \boldsymbol{i}\left(\frac{\partial \tau_{xx}}{\partial x} + \frac{\partial \tau_{yx}}{\partial y} + \frac{\partial \tau_{zx}}{\partial z}\right) + \boldsymbol{j}\left(\frac{\partial \tau_{xy}}{\partial x} + \frac{\partial \tau_{yy}}{\partial y} + \frac{\partial \tau_{zy}}{\partial z}\right) + \boldsymbol{k}\left(\frac{\partial \tau_{xz}}{\partial x} + \frac{\partial \tau_{yz}}{\partial y} + \frac{\partial \tau_{zz}}{\partial z}\right) \tag{3–68}$$

而 $\boldsymbol{g}$ 為重力加速度向量，其定義為

$$\boldsymbol{g} = g_x\boldsymbol{i} + g_y\boldsymbol{j} + g_z\boldsymbol{k} \tag{3–69}$$

式 (3–63) 至 (3–65) 中共有三個速度函數 (u_x、u_y 及 u_z) 與九個動量流通量函數 (τ_{ij})，因此僅憑三個關係方程式，無法解出十二個未知函數。故欲使運動方程式能應用於求流體之速度分布及動量流通量分布 (或稱剪應力分布)，須引入動量流通量與速度間之關係。

若考慮牛頓流體，則這些關係 (牛頓黏度定律) 可依直角坐標系寫成

$$\tau_{xx} = -2\frac{\mu}{g_c}\frac{\partial u_x}{\partial x} + \frac{2}{3}\frac{\mu}{g_c}(\nabla \cdot \boldsymbol{u}) \tag{3–70}$$

$$\tau_{yy} = -2\frac{\mu}{g_c}\frac{\partial u_y}{\partial y} + \frac{2}{3}\frac{\mu}{g_c}(\nabla \cdot \boldsymbol{u}) \tag{3–71}$$

$$\tau_{zz}=-2\frac{\mu}{g_c}\frac{\partial u_z}{\partial z}+\frac{2}{3}\frac{\mu}{g_c}(\nabla\cdot\boldsymbol{u}) \tag{3–72}$$

$$\tau_{xy}=\tau_{yx}=-\frac{\mu}{g_c}\left(\frac{\partial u_x}{\partial y}+\frac{\partial u_y}{\partial x}\right) \tag{3–73}$$

$$\tau_{yz}=\tau_{zy}=-\frac{\mu}{g_c}\left(\frac{\partial u_y}{\partial z}+\frac{\partial u_z}{\partial y}\right) \tag{3–74}$$

$$\tau_{zx}=\tau_{xz}=-\frac{\mu}{g_c}\left(\frac{\partial u_z}{\partial x}+\frac{\partial u_z}{\partial z}\right) \tag{3–75}$$

有關上述牛頓黏度定律之描述，因嫌繁長而不在此推導，讀者請參閱 Schlichting 氏所著 *Boundary Layer Theory* 第四版第 50 頁。這些流體剪應力與速度梯度間之關係式，乃牛頓黏度定律在直角坐標系之一般表示式，可適用於多方向之複雜流動問題，而式 (2–15) 僅適用於單向流動問題，故式 (2–15) 乃式 (3–73) 之特例而已。

倘以式 (3–70) 至 (3–75) 代入式 (3–63) 至 (3–65)，並令 ρ 與 μ 不為常數，則得僅含三分速度之牛頓流體運動方程式：

$$\frac{\rho}{g_c}\frac{Du_x}{Dt}=-\frac{\partial p}{\partial x}+\frac{\partial}{\partial x}\left[2\frac{\mu}{g_c}\frac{\partial u_x}{\partial x}-\frac{2}{3}\frac{\mu}{g_c}(\nabla\cdot\boldsymbol{u})\right]+\frac{\partial}{\partial y}\left[\frac{\mu}{g_c}\left(\frac{\partial u_x}{\partial y}+\frac{\partial u_y}{\partial x}\right)\right]$$
$$+\frac{\partial}{\partial z}\left[\frac{\mu}{g_c}\left(\frac{\partial u_z}{\partial x}+\frac{\partial u_x}{\partial z}\right)\right]+\rho\frac{g_x}{g_c} \tag{3–76}$$

$$\frac{\rho}{g_c}\frac{Du_y}{Dt}=-\frac{\partial p}{\partial y}+\frac{\partial}{\partial x}\left[\frac{\mu}{g_c}\left(\frac{\partial u_y}{\partial x}+\frac{\partial u_x}{\partial y}\right)\right]+\frac{\partial}{\partial y}\left[2\frac{\mu}{g_c}\frac{\partial u_y}{\partial y}-\frac{2}{3}\frac{\mu}{g_c}(\nabla\cdot\boldsymbol{u})\right]$$
$$+\frac{\partial}{\partial z}\left[\frac{\mu}{g_c}\left(\frac{\partial u_z}{\partial y}+\frac{\partial u_y}{\partial z}\right)\right]+\rho\frac{g_y}{g_c} \tag{3–77}$$

$$\frac{\rho}{g_c}\frac{Du_z}{Dt} = -\frac{\partial p}{\partial z} + \frac{\partial}{\partial x}\left[\frac{\mu}{g_c}\left(\frac{\partial u_z}{\partial x} + \frac{\partial u_x}{\partial z}\right)\right] + \frac{\partial}{\partial y}\left[\frac{\mu}{g_c}\left(\frac{\partial u_z}{\partial y} + \frac{\partial u_y}{\partial z}\right)\right]$$

$$+\frac{\partial}{\partial z}\left[2\frac{\mu}{g_c}\frac{\partial u_z}{\partial z} - \frac{2}{3}\frac{\mu}{g_c}(\nabla\cdot\boldsymbol{u})\right] + \rho\frac{g_z}{g_c} \quad (3\text{–}78)$$

實際應用時，式 (3–76) 至 (3–78) 甚複雜而不易求出其解。今考慮下面二特殊情形：

⑴若考慮不可壓縮流體（ρ 為定值）且黏度 μ 為定值時，由式 (3–17) 知：$(\nabla\cdot\boldsymbol{u}) = 0$，運動方程式可由式 (3–76) 至 (3–78) 簡化為

x 方向：

$$\frac{\rho}{g_c}\frac{Du_x}{Dt} = -\frac{\partial p}{\partial x} + \frac{\mu}{g_c}\left(\frac{\partial^2 u_x}{\partial x^2} + \frac{\partial^2 u_x}{\partial y^2} + \frac{\partial^2 u_x}{\partial z^2}\right) + \rho\frac{g_x}{g_c} \quad (3\text{–}79)$$

y 方向：

$$\frac{\rho}{g_c}\frac{Du_y}{Dt} = -\frac{\partial p}{\partial y} + \frac{\mu}{g_c}\left(\frac{\partial^2 u_y}{\partial x^2} + \frac{\partial^2 u_y}{\partial y^2} + \frac{\partial^2 u_y}{\partial z^2}\right) + \rho\frac{g_y}{g_c} \quad (3\text{–}80)$$

z 方向：

$$\frac{\rho}{g_c}\frac{Du_z}{Dt} = -\frac{\partial p}{\partial z} + \frac{\mu}{g_c}\left(\frac{\partial^2 u_z}{\partial x^2} + \frac{\partial^2 u_z}{\partial y^2} + \frac{\partial^2 u_z}{\partial z^2}\right) + \rho\frac{g_z}{g_c} \quad (3\text{–}81)$$

上面三式總稱為 Navier-Stokes 方程式 (Navier-Stokes equation)，可合併成下面之向量方程式：

$$\frac{\rho}{g_c}\frac{D\boldsymbol{u}}{Dt} = -\nabla p + \frac{\mu}{g_c}\nabla^2\boldsymbol{u} + \rho\boldsymbol{g} \quad (3\text{–}82)$$

式中 Laplace 運算子 ∇^2 之定義為

$$\nabla^2 = \frac{\partial^2}{\partial x^2} + \frac{\partial^2}{\partial y^2} + \frac{\partial^2}{\partial z^2} \tag{3–83}$$

⑵若考慮理想流體（ρ 為定值，$\mu = 0$）時，運動方程式更可由式 (3–79) 至 (3–82) 簡化為

x 方向：

$$\frac{\rho}{g_c}\frac{Du_x}{Dt} = -\frac{\partial p}{\partial x} + \rho\frac{g_x}{g_c} \tag{3–84}$$

y 方向：

$$\frac{\rho}{g_c}\frac{Du_y}{Dt} = -\frac{\partial p}{\partial y} + \rho\frac{g_y}{g_c} \tag{3–85}$$

z 方向：

$$\frac{\rho}{g_c}\frac{Du_z}{Dt} = -\frac{\partial p}{\partial z} + \rho\frac{g_z}{g_c} \tag{3–86}$$

$$\frac{\rho}{g_c}\frac{D\mathbf{u}}{Dt} = -\nabla p + \rho\mathbf{g} \tag{3–87}$$

上面諸式總稱為 Euler 方程式 (Euler's equation)。

3–5 曲線坐標系之運動方程式

前節所推導之結果，乃直角坐標系之運動方程式，然直角坐標系並非最常用以解工程問題者。例如當吾人考慮流體流經圓管中之流動問題時，若採用直角坐標系，則沿管軸方向之流動速度 u_z，為 x 與 y 之函數，且寫出之管壁邊界條件（$x^2 + y^2 = R^2$ 處，$u_z = 0$），應用起來不方便；此時若改用圓柱體坐標系，則 u_z 僅是 r 之函數，且寫出之管壁邊界條件（$r = R$ 處，$u_z = 0$），應用方便。再者，

研究流體流過一球體時，若採用球體坐標，則所得之向量速度，僅由兩分速度（u_r 與 u_θ）合成而得；惟若採用直角坐標系，則向量速度係由三分速度（u_x、u_y 與 u_z）合成而得。由此可見解某些問題時，採用曲線坐標系比直角坐標系方便，因此曲線坐標系運動方程式之推出，乃當務之急也。

曲線坐標系運動方程式之推導，可仿照前節之方法，在曲線坐標軸上作殼之動量結算而得，或藉坐標系間之關係，逕自直角坐標系運動方程式轉換而成。惟這些運算手續皆甚繁長，故不擬在此多加討論；然最基本且最常用之兩曲線坐標系（圓柱體及球體）運動方程式，將分別於本節中介紹，但不作證明或推導。

1. 圓柱體坐標系

流體流經圓管內外之流動問題，可應用圓柱體坐標系運動方程式解之。今將圓柱體坐標方程式列舉於下：

r 方向：

$$\frac{\rho}{g_c}\left(\frac{\partial u_r}{\partial t}+u_r\frac{\partial u_r}{\partial r}+\frac{u_\theta}{r}\frac{\partial u_r}{\partial \theta}-\frac{u_\theta^2}{r}+u_z\frac{\partial u_r}{\partial z}\right)$$

$$=-\frac{\partial p}{\partial r}-\left[\frac{1}{r}\frac{\partial}{\partial r}(r\tau_{rr})+\frac{1}{r}\frac{\partial \tau_{r\theta}}{\partial \theta}-\frac{\tau_{\theta\theta}}{r}+\frac{\partial \tau_{rz}}{\partial z}\right]+\rho\frac{g_r}{g_c} \tag{3–88}$$

θ 方向：

$$\frac{\rho}{g_c}\left(\frac{\partial u_\theta}{\partial t}+u_r\frac{\partial u_\theta}{\partial r}+\frac{u_\theta}{r}\frac{\partial u_\theta}{\partial \theta}+\frac{u_r u_\theta}{r}+u_z\frac{\partial u_\theta}{\partial z}\right)$$

$$=-\frac{1}{r}\frac{\partial p}{\partial \theta}-\left[\frac{1}{r^2}\frac{\partial}{\partial r}(r^2\tau_{r\theta})+\frac{1}{r}\frac{\partial \tau_{\theta\theta}}{\partial \theta}+\frac{\partial \tau_{\theta z}}{\partial z}\right]+\rho\frac{g_\theta}{g_c} \tag{3–89}$$

z 方向：

$$\frac{\rho}{g_c}\left(\frac{\partial u_z}{\partial t}+u_r\frac{\partial u_z}{\partial r}+\frac{u_\theta}{r}\frac{\partial u_z}{\partial \theta}+u_z\frac{\partial u_z}{\partial z}\right)$$

$$=-\frac{\partial p}{\partial z}-\left[\frac{1}{r}\frac{\partial}{\partial r}(r\tau_{rz})+\frac{1}{r}\frac{\partial \tau_{\theta z}}{\partial \theta}+\frac{\partial \tau_{zz}}{\partial z}\right]+\rho\frac{g_z}{g_c} \tag{3–90}$$

為使上面運動方程式能直接應用於求流體之速度分布，須引入流體剪應力（或動量流通量）與速度間之關係。考慮牛頓流體時，這些關係（牛頓黏度定律）可依圓柱體坐標系，寫出如下：

$$\tau_{rr}=-\frac{\mu}{g_c}\left[2\frac{\partial u_r}{\partial r}-\frac{2}{3}(\nabla\cdot\boldsymbol{u})\right] \tag{3–91}$$

$$\tau_{\theta\theta}=-\frac{\mu}{g_c}\left[2\left(\frac{1}{r}\frac{\partial u_\theta}{\partial \theta}+\frac{u_r}{r}\right)-\frac{2}{3}(\nabla\cdot\boldsymbol{u})\right] \tag{3–92}$$

$$\tau_{zz}=-\frac{\mu}{g_c}\left[2\frac{\partial u_z}{\partial z}-\frac{2}{3}(\nabla\cdot\boldsymbol{u})\right] \tag{3–93}$$

$$\tau_{r\theta}=\tau_{\theta r}=-\frac{\mu}{g_c}\left[r\frac{\partial}{\partial r}\left(\frac{u_\theta}{r}\right)+\frac{1}{r}\frac{\partial u_r}{\partial \theta}\right] \tag{3–94}$$

$$\tau_{\theta z}=\tau_{z\theta}=-\frac{\mu}{g_c}\left[\frac{\partial u_\theta}{\partial z}+\frac{1}{r}\frac{\partial u_z}{\partial \theta}\right] \tag{3–95}$$

$$\tau_{zr}=\tau_{rz}=-\frac{\mu}{g_c}\left[\frac{\partial u_z}{\partial r}+\frac{\partial u_r}{\partial z}\right] \tag{3–96}$$

式中 $(\nabla\cdot\boldsymbol{u})$ 在圓柱體坐標系之定義為

$$(\nabla\cdot\boldsymbol{u})=\frac{1}{r}\frac{\partial}{\partial r}(ru_r)+\frac{1}{r}\frac{\partial u_\theta}{\partial \theta}+\frac{\partial u_z}{\partial z} \tag{3–97}$$

因此若考慮不可壓縮之牛頓流體時，可將式 (3–91) 至 (3–96) 代入式 (3–88) 至 (3–90)，並令 ρ 為定值及 $(\nabla\cdot\boldsymbol{u})=0$，而得一組較實用之圓柱體坐標系運動方程式如下：

r 方向：

$$\frac{\rho}{g_c}\left(\frac{\partial u_r}{\partial t}+u_r\frac{\partial u_r}{\partial r}+\frac{u_\theta}{r}\frac{\partial u_r}{\partial \theta}-\frac{u_\theta^2}{r}+u_z\frac{\partial u_r}{\partial z}\right)$$
$$=-\frac{\partial p}{\partial r}+\frac{\mu}{g_c}\left[\frac{\partial}{\partial r}\left(\frac{1}{r}\frac{\partial}{\partial r}(ru_r)\right)+\frac{1}{r^2}\frac{\partial^2 u_r}{\partial \theta^2}-\frac{2}{r^2}\frac{\partial u_\theta}{\partial \theta}+\frac{\partial^2 u_r}{\partial z^2}\right]+\rho\frac{g_r}{g_c} \qquad (3\text{–}98)$$

θ 方向：

$$\frac{\rho}{g_c}\left(\frac{\partial u_\theta}{\partial t}+u_r\frac{\partial u_\theta}{\partial r}+\frac{u_\theta}{r}\frac{\partial u_\theta}{\partial \theta}+\frac{u_r u_\theta}{r}+u_z\frac{\partial u_\theta}{\partial z}\right)$$
$$=-\frac{1}{r}\frac{\partial p}{\partial \theta}+\frac{\mu}{g_c}\left[\frac{\partial}{\partial r}\left(\frac{1}{r}\frac{\partial}{\partial r}(ru_\theta)\right)+\frac{1}{r^2}\frac{\partial^2 u_\theta}{\partial \theta^2}+\frac{2}{r^2}\frac{\partial u_r}{\partial \theta}+\frac{\partial^2 u_\theta}{\partial z^2}\right]+\rho\frac{g_\theta}{g_c} \qquad (3\text{–}99)$$

z 方向：

$$\frac{\rho}{g_c}\left(\frac{\partial u_z}{\partial t}+u_r\frac{\partial u_z}{\partial r}+\frac{u_\theta}{r}\frac{\partial u_z}{\partial \theta}+u_z\frac{\partial u_z}{\partial z}\right)$$
$$=-\frac{\partial p}{\partial z}+\frac{\mu}{g_c}\left[\frac{1}{r}\frac{\partial}{\partial r}\left(r\frac{\partial u_z}{\partial r}\right)+\frac{1}{r^2}\frac{\partial^2 u_z}{\partial \theta^2}+\frac{\partial^2 u_z}{\partial z^2}\right]+\rho\frac{g_z}{g_c} \qquad (3\text{–}100)$$

2. 球體坐標系

球體坐標系之運動方程式可寫為

r 方向:

$$\frac{\rho}{g_c}\left(\frac{\partial u_r}{\partial t}+u_r\frac{\partial u_r}{\partial r}+\frac{u_\theta}{r}\frac{\partial u_r}{\partial \theta}+\frac{u_\phi}{r\sin\theta}\frac{\partial u_r}{\partial \phi}-\frac{u_\theta^2+u_\phi^2}{r}\right)$$

$$=-\frac{\partial p}{\partial r}-\left(\frac{1}{r^2}\frac{\partial}{\partial r}(r^2\tau_{rr})+\frac{1}{r\sin\theta}\frac{\partial}{\partial\theta}(\tau_{r\theta}\sin\theta)+\frac{1}{r\sin\theta}\frac{\partial\tau_{r\phi}}{\partial\phi}-\frac{\tau_{\theta\theta}+\tau_{\phi\phi}}{r}\right)+\rho\frac{g_r}{g_c}$$

(3–101)

θ 方向:

$$\frac{\rho}{g_c}\left(\frac{\partial u_\theta}{\partial t}+u_r\frac{\partial u_\theta}{\partial r}+\frac{u_\theta}{r}\frac{\partial u_\theta}{\partial \theta}+\frac{u_\phi}{r\sin\theta}\frac{\partial u_\phi}{\partial \phi}+\frac{u_r u_\theta}{r}-\frac{u_\phi^2\cot\theta}{r}\right)$$

$$=-\frac{1}{r}\frac{\partial p}{\partial \theta}-\left(\frac{1}{r^2}\frac{\partial}{\partial r}(r^2\tau_{r\theta})+\frac{1}{r\sin\theta}\frac{\partial}{\partial\theta}(\tau_{\theta\theta}\sin\theta)+\frac{1}{r\sin\theta}\frac{\partial\tau_{\theta\phi}}{\partial\phi}\frac{\tau_{r\theta}}{r}-\frac{\cot\theta}{r}\tau_{\phi\phi}\right)+\rho\frac{g_\theta}{g_c}$$

(3–102)

ϕ 方向:

$$\frac{\rho}{g_c}\left(\frac{\partial u_\phi}{\partial t}+u_r\frac{\partial u_\phi}{\partial r}+\frac{u_\theta}{r}\frac{\partial u_\phi}{\partial \theta}+\frac{u_\phi}{r\sin\theta}\frac{\partial u_\phi}{\partial \phi}+\frac{u_\phi u_r}{r}+\frac{u_\theta u_\phi}{r}\cot\theta\right)$$

$$=-\frac{1}{r\sin\theta}\frac{\partial p}{\partial \phi}-\left(\frac{1}{r^2}\frac{\partial}{\partial r}(r^2\tau_{r\phi})+\frac{1}{r}\frac{\partial\tau_{\theta\phi}}{\partial\theta}+\frac{1}{r\sin\theta}\frac{\partial\tau_{\phi\phi}}{\partial\phi}+\frac{\tau_{r\phi}}{r}+\frac{2\cot\theta}{r}\tau_{\theta\phi}\right)+\rho\frac{g_\phi}{g_c}$$

(3–103)

為使上面運動方程式可直接應用於求流體之速度分布，吾人須引入流體剪應力與速度間之關係。考慮牛頓流體時，這些關係（牛頓黏度定律）可依球體坐標寫成

$$\tau_{rr}=-\frac{\mu}{g_c}\left[2\frac{\partial u_r}{\partial r}-\frac{2}{3}(\nabla\cdot\boldsymbol{u})\right] \qquad (3\text{–}104)$$

$$\tau_{\theta\theta}=-\frac{\mu}{g_c}\left[2\left(\frac{1}{r}\frac{\partial u_\theta}{\partial\theta}+\frac{u_r}{r}\right)-\frac{2}{3}(\nabla\cdot\boldsymbol{u})\right] \tag{3–105}$$

$$\tau_{\phi\phi}=-\frac{\mu}{g_c}\left[2\left(\frac{1}{r\sin\theta}\frac{\partial u_\phi}{\partial\phi}+\frac{u_r}{r}+\frac{u_\theta\cot\theta}{r}\right)-\frac{2}{3}(\nabla\cdot\boldsymbol{u})\right] \tag{3–106}$$

$$\tau_{r\theta}=\tau_{\theta r}=-\frac{\mu}{g_c}\left[r\frac{\partial}{\partial r}\left(\frac{u_\theta}{r}\right)+\frac{1}{r}\frac{\partial u_r}{\partial\theta}\right] \tag{3–107}$$

$$\tau_{\theta\phi}=\tau_{\phi\theta}=-\frac{\mu}{g_c}\left[\frac{\sin\theta}{r}\frac{\partial}{\partial\theta}\left(\frac{u_\phi}{\sin\theta}\right)+\frac{1}{r\sin\theta}\frac{\partial u_\theta}{\partial\phi}\right] \tag{3–108}$$

$$\tau_{\phi r}=\tau_{r\phi}=-\frac{\mu}{g_c}\left[\frac{1}{r\sin\theta}\frac{\partial u_r}{\partial\phi}+r\frac{\partial}{\partial r}\left(\frac{u_\phi}{r}\right)\right] \tag{3–109}$$

式中 $(\nabla\cdot\boldsymbol{u})$ 在球體坐標系中之定義為

$$(\nabla\cdot\boldsymbol{u})=\frac{1}{r^2}\frac{\partial}{\partial r}(r^2u_r)+\frac{1}{r\sin\theta}\frac{\partial}{\partial\theta}(u_\theta\sin\theta)+\frac{1}{r\sin\theta}\frac{\partial u_\phi}{\partial\phi} \tag{3–110}$$

因此若考慮不可壓縮之牛頓流體時，可將式 (3–104) 至 (3–109) 代入式 (3–101) 至 (3–103)，並令 ρ 為定值及 $(\nabla\cdot\boldsymbol{u})=0$，可得一組較實用之球體坐標系運動方程式如下：

r 方向：

$$\frac{\rho}{g_c}\left(\frac{\partial u_r}{\partial t}+u_r\frac{\partial u_r}{\partial r}+\frac{u_\theta}{r}\frac{\partial u_r}{\partial\theta}+\frac{u_\phi}{r\sin\theta}\frac{\partial u_r}{\partial\phi}-\frac{u_\theta^2+u_\phi^2}{r}\right)$$
$$=-\frac{\partial p}{\partial r}+\frac{\mu}{g_c}\left(\nabla^2u_r-\frac{2}{r^2}u_r-\frac{2}{r^2}\frac{\partial u_\theta}{\partial\theta}-\frac{2}{r^2}u_\theta\cot\theta-\frac{2}{r^2\sin\theta}\frac{\partial u_\phi}{\partial\phi}\right)+\rho\frac{g_r}{g_c} \tag{3–111}$$

θ 方向：

$$\frac{\rho}{g_c}\left(\frac{\partial u_\theta}{\partial t}+u_r\frac{\partial u_\theta}{\partial r}+\frac{u_\theta}{r}\frac{\partial u_\theta}{\partial \theta}+\frac{u_\phi}{r\sin\theta}\frac{\partial u_\theta}{\partial \phi}+\frac{u_r u_\theta}{r}-\frac{u_\phi^2\cot\theta}{r}\right)$$

$$=-\frac{1}{r}\frac{\partial p}{\partial \theta}+\frac{\mu}{g_c}\left(\nabla^2 u_\theta+\frac{2}{r^2}\frac{\partial u_r}{\partial \theta}-\frac{u_\theta}{r^2\sin^2\theta}-\frac{2\cos\theta}{r^2\sin^2\theta}\frac{\partial u_\phi}{\partial \phi}\right)+\rho\frac{g_\theta}{g_c} \qquad (3–112)$$

ϕ 方向：

$$\frac{\rho}{g_c}\left(\frac{\partial u_\phi}{\partial t}+u_r\frac{\partial u_\phi}{\partial r}+\frac{u_\theta}{r}\frac{\partial u_\phi}{\partial \theta}+\frac{u_\phi}{r\sin\theta}\frac{\partial u_\phi}{\partial \phi}+\frac{u_\phi u_r}{r}+\frac{u_\theta u_\phi}{r}\cot\theta\right)$$

$$=-\frac{1}{r\sin\theta}\frac{\partial p}{\partial \phi}+\frac{\mu}{g_c}\left(\nabla^2 u_\phi+\frac{u_\phi}{r^2\sin^2\theta}+\frac{2}{r^2\sin\theta}\frac{\partial u_r}{\partial \phi}+\frac{2\cos\theta}{r^2\sin^2\theta}\frac{\partial u_\theta}{\partial \phi}\right)+\rho\frac{g_\phi}{g_c}$$

(3–113)

式中 ∇^2 稱為 Laplace 運算子 (Laplace operator)，其在球體坐標系之定義為

$$\nabla^2=\frac{1}{r^2}\frac{\partial}{\partial r}\left(r^2\frac{\partial}{\partial r}\right)+\frac{1}{r^2\sin\theta}\frac{\partial}{\partial \theta}\left(\sin\theta\frac{\partial}{\partial \theta}\right)+\frac{1}{r^2\sin^2\theta}\left(\frac{\partial^2}{\partial \phi^2}\right) \qquad (3–114)$$

須注意者，若依向量分析之定義將式 (3–98) 至 (3–100) 合併，或將式 (3–111) 至 (3–113) 合併，均可得式 (3–82) 之向量方程式。

3–6 運動方程式之應用

運動方程式乃動量結算之表示式，有了運動方程式，吾人討論動量輸送問題時，就毋須如第二章之方法，屢次處理問題時須先作殼之動量結算，而可直接應用動量方程式解問題，既省時又方便。尤其處理較一般性之複雜問題時，運動方程式之直接應用，更具特效。

例如討論 2–10 節中液膜沿垂直壁之層狀流動問題時，因 $u_x = u_y = 0$，故由連續方程式，式 (3–14)，知 $\frac{\partial u_z}{\partial z} = 0$，即 u_z 不為 z 之函數；又因邊端效應不考慮，因此 u_z 亦不為 y 之函數，即 $u_z = u_z(x)$。在穩定狀態下，$\frac{\partial u_z}{\partial t} = 0$；而沿垂直壁向下方向，$g_z = g$；又在大氣壓力下，$\frac{\partial p}{\partial z} = 0$。將以上的條件引入式 (3–81) 之運動方程式，吾人得

$$0 = \frac{\mu}{g_c}\frac{d^2 u_z}{dx^2} + \rho\frac{g}{g_c} \tag{3–115}$$

將此式連續積分兩次，然後應用兩邊界條件：$x = 0$ 處，$\frac{du_z}{dx} = 0$；$x = \delta$ 處，$u_z = 0$，最後可得式 (2–37) 之速度分布方程式。

又如討論 2–12 節中流體在管內之層狀流動問題時，因 $u_r = u_\theta = 0$，故由連續方程式，式 (3–52)，知 $\frac{\partial u_z}{\partial z} = 0$，即 u_z 不為 z 之函數；又因流動對稱於管軸（z 軸），因此 u_z 亦不為 θ 之函數，即 $u_z = u_z(r)$。在穩定狀態下，$\frac{\partial u_z}{\partial t} = 0$；而管係水平放置，$g_z = 0$；又假設軸向之壓差為 $\frac{\partial p}{\partial z} = \frac{(p_L - p_0)}{L}$。將這些條件引入式 (3–100) 之運動方程式，吾人得

$$0 = \left(\frac{p_0 - p_L}{L}\right) + \frac{\mu}{g_c}\frac{1}{r}\frac{\partial}{\partial r}\left(r\frac{du_z}{dr}\right) \tag{3–116}$$

將上式連續積分兩次，然後應用兩邊界條件：$r = 0$ 處，$\frac{du_z}{dr} = 0$；$r = R$ 處，$u_z = 0$，最後可得式 (2–66) 之速度分布方程式。

例 3-1

今考慮某不可壓縮之牛頓流體，被置於無限長之兩垂直同心圓管間，因內外管之旋轉而產生切線方向之旋轉流動問題。令 r_1 與 r_2 分別表內管之外半徑與外管之內半徑，w_1 與 w_2 表內外管之定角速度。若流體呈層狀穩定流動，且不計邊端效應，

⑴試求流體之速度分布；

⑵若內管不動，求外管對流體之剪應力及傳遞給流體之偶力 (torgue)。

解 此乃套管中之流動問題，故可參考圖 2–9 中之坐標軸討論。因 $u_r = u_z = 0$，由式 (3–52) 知，$\dfrac{\partial u_\theta}{\partial \theta} = 0$，即 u_θ 不為 θ 之函數；又因邊端效應不計，u_z 與垂直方向 (z) 無關，故 $u_\theta = u_\theta(r)$。在穩定狀態下，$\dfrac{\partial u_\theta}{\partial t} = 0$；而管係垂直置放，$g_r = g_\theta = 0, g_z = -g$；又流動係對稱於管軸 ($z$)，壓力不為 θ 之函數，即 $\dfrac{\partial p}{\partial \theta} = 0$。將以上條件代入式 (3–98) 至 (3–100) 之運動方程式，吾人得

r 方向：

$$-\frac{\rho}{g_c}\frac{u_\theta^2}{r} = -\frac{\partial p}{\partial r} \tag{3–117}$$

θ 方向：

$$0 = \frac{d}{dr}\left[\frac{1}{r}\frac{d}{dr}(ru_\theta)\right] \tag{3–118}$$

z 方向：

$$0 = -\frac{\partial p}{\partial z} - \rho\frac{g}{g_c} \tag{3–119}$$

⑴積分式 (3–118)，得

$$u_\theta = C_1 r + \frac{C_2}{r} \tag{3-120}$$

式中積分常數可依下面二邊界條件決定：

$$\text{B.C.1：當 } r = r_1,\ u_\theta = r_1 w_1 \tag{3-121}$$

$$\text{B.C.2：當 } r = r_2,\ u_\theta = r_2 w_2 \tag{3-122}$$

最後得旋轉速度分布如下：

$$u_\theta = \frac{1}{r_2^2 - r_1^2}\left[r(w_2 r_2^2 - w_1 r_1^2) - \frac{r_1^2 r_2^2}{r}(w_2 - w_1) \right] \tag{3-123}$$

速度分布既得，則可應用式 (3–117) 求得 r 方向之壓力梯度。另者，由式 (3–119) 知，$\frac{\partial p}{\partial z} = -\rho \frac{g}{g_c}$，即沿垂直方向之壓力差，乃因流體本身之重量引起。最後，壓力分布 $p(r, z)$ 可由下式積分而得：

$$dp = \frac{\partial p}{\partial r} dr + \frac{\partial p}{\partial z} dz \tag{3-124}$$

(2)倘令內管靜止不動，而外管以定角速度 w_2 旋轉，此乃工程上常見之流動問題，例如**軸承** (bearing) 中之潤滑油因外管之轉動而產生旋轉流動。此時 $w_1 = 0$，代入式 (3–123)，整理後得速度分布為

$$u_\theta = w_2 r_2 \frac{\dfrac{r_1}{r} - \dfrac{r}{r_1}}{\dfrac{r_1}{r_2} - \dfrac{r_2}{r_1}} \tag{3-125}$$

故外管對流體之**剪應力** (shear stress)，可將式 (3–125) 代入式 (3–94) 而得

$$\tau_{r\theta}\Big|_{r=r_2} = -\frac{\mu}{g_c}\left[r\frac{d}{dr}\left(\frac{u_\theta}{r}\right)\right]$$

$$= -\frac{2\mu w_2 r_1^2 r_2^2}{g_c(r_2^2 - r_1^2)r_2^2} \tag{3–126}$$

上式中之負號表示：剪應力（或動量流通量）係沿負的 r 方向傳遞。此時外管傳遞給流體之偶力為

$$M = \left[2\pi r_2 L(-\tau_{r\theta})\Big|_{r=r_2}\right] r_2$$

$$= \frac{4\pi\mu L r_1^2 r_2^2 w_2}{g_c(r_2^2 - r_1^2)} \tag{3–127}$$

式 (3–127) 亦用以測定流體之黏度，此種測定黏度之裝置，稱為 Couette-Hatschek 黏度計 (Couette-Hatschek viscometer)。

3–7 流線與流線函數

於流體力學上吾人常定義一流線 (streamline)，其物理意義為：無流體分子因流動而跨過此線。今考慮一穩態二維不可壓縮之流動，其連續方程式為

$$\frac{\partial u_x}{\partial x} + \frac{\partial u_y}{\partial y} = 0 \tag{3–128}$$

則吾人相信必有一函數 $\psi(x, y)$ 存在，使得

$$u_x = -\frac{\partial \psi}{\partial y} \tag{3–129}$$

$$u_y = \frac{\partial \psi}{\partial x} \tag{3–130}$$

蓋因上面二式滿足連續方程式。此時若將式 (3–129) 與 (3–130) 代入運動方程式，則可消去 u_x 與 u_y 且代之而出的是函數 $\psi(x, y)$。因此接著若配合邊界條件將 $\psi(x, y)$ 解出，最後即可自式 (3–129) 與 (3–130)，求出速度分布。

更有進者，若設 s 為流體流動的途徑，則

$$\frac{d\psi}{ds} = \left(\frac{\partial\psi}{\partial x}\frac{dx}{dt} + \frac{\partial\psi}{\partial y}\frac{dy}{dt}\right)\left(\frac{dt}{ds}\right) \tag{3–131}$$

因 $\frac{dx}{dt} = u_x$，$\frac{dy}{dt} = u_y$，$\frac{ds}{dt} = u = \sqrt{u_x^2 + u_y^2}$。將這些關係以及式 (3–129) 與 (3–130) 代入上式，得

$$\frac{d\psi}{ds} = \frac{(u_y u_x - u_x u_y)}{u} = 0 \tag{3–132}$$

因此函數 $\psi(x, y)$ 沿流體流動之途徑 s 上為定值，故 $\psi(x, y) = c$（常數）即為**流線** (streamline)，而函數 $\psi(x, y)$ 稱為**流線函數** (stream function)。即每一 c 值之 $\psi(x, y)$，代表流場上的每一流線，而每一流線相當於徑賽場上的每一跑道，蓋因每一跑者須在各自的跑道上競跑，而每一流體分子亦須在其特有的流線上流動。

3–8 繞過圓球之緩慢流動

當流體作緩慢流動，或高黏度流體流動時，**黏力** (viscous force) 遠比**慣力** (inertia force) 大；蓋因前者僅含速度之一次方〔例如 $\left(\frac{\mu}{g_c}\right)\frac{\partial^2 u_x}{\partial x^2}$〕，而後者則含有速度之平方〔例如 $u_x\left(\frac{\partial u_x}{\partial x}\right)$〕。此時吾人往往棄去慣力而不計，而稱此類流動問題為**蠕流** (creeping flow)。因雷諾數乃慣力與黏力之比，故緩慢流動之雷諾數極小；由實驗結果知，其值小於 0.1。

今以某不可壓縮之牛頓流體，緩慢繞過一固定不動球體之穩態流動問題為例，說明緩慢流動之解析法。圖 3–5 所示，乃流體以定速度 u_∞ 垂直向上緩慢繞過一半徑為 R 之固定球。顯然，此流動系統與 z 坐標軸成對稱，故 $u_\phi = 0$，且 u_r 與 u_θ 不為 ϕ 之函數。若採用球體坐標系，則連續方程式為

$$\frac{1}{r^2}\frac{\partial}{\partial r}(\rho r^2 u_r) + \frac{1}{r\sin\theta}\frac{\partial}{\partial\theta}(\rho u_\theta \sin\theta) = 0 \tag{3–133}$$

又緩慢流動時，Navier-Stokes 方程式中之慣力項可棄去，而式 (3–111) 與 (3–112) 簡化成

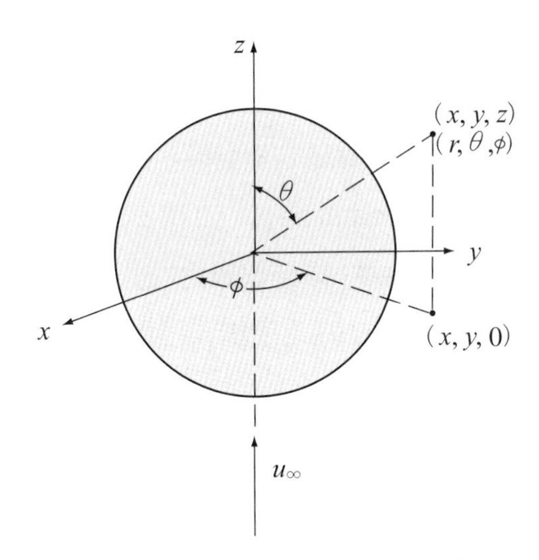

圖 3–5　繞過一圓球之緩慢流動

r 方向：

$$\frac{\partial p}{\partial r} = \frac{\mu}{g_c}\left(\nabla^2 u_r - \frac{2}{r^2}u_r - \frac{2}{r^2}\frac{\partial u_\theta}{\partial\theta} - \frac{2}{r^2}u_\theta\cot\theta\right) - \rho\frac{g}{g_c}\cos\theta \tag{3–134}$$

θ 方向：

$$\frac{1}{r}\frac{\partial p}{\partial\theta} = \frac{\mu}{g_c}\left(\nabla^2 u_\theta + \frac{2}{r^2}\frac{\partial u_r}{\partial\theta} - \frac{u_\theta}{r^2\sin^2\theta}\right) + \rho\frac{g}{g_c}\sin\theta \tag{3–135}$$

式中 ∇^2 由式 (3–114) 簡化為

$$\nabla^2 = \frac{1}{r^2}\frac{\partial}{\partial r}\left(r^2\frac{\partial}{\partial r}\right) + \frac{1}{r^2\sin\theta}\frac{\partial}{\partial\theta}\left(\sin\theta\frac{\partial}{\partial\theta}\right) \tag{3–136}$$

而 $g_r = -g\cos\theta,\ g_\theta = g\sin\theta$。

今可聯立式 (3–133) 至 (3–135) 解 u_r、u_θ 及 p 如下：假設

$$u_r = -\frac{1}{r^2\sin\theta}\frac{\partial}{\partial\theta}\psi(r,\theta) \tag{3–137}$$

$$u_\theta = \frac{1}{r\sin\theta}\frac{\partial}{\partial r}\psi(r,\theta) \tag{3–138}$$

式中函數 $\psi(r,\theta)$ 在流體力學上稱為**流線函數** (stream function)，其物理意義為：$\psi(r,\theta)=$ 常數所表示之線，為穩定流動時流體分子粒子真正之運動軌跡，因此吾人稱此線為**流線** (streamline)。如將式 (3–137) 與 (3–138) 代入式 (3–133) 之左邊，所得之結果為零；即此假設之二分速度滿足連續方程式，而式 (3–137) 與 (3–138) 以及函數 $\psi(r,\theta)$ 之引出，已用掉了式 (3–133) 之關係。

若就 θ 偏微分式 (3–134)，得

$$\frac{\partial^2 p}{\partial r\partial\theta} = \frac{\mu}{g_c}\left[\frac{\partial}{\partial\theta}(\nabla^2 u_r) - \frac{2}{r^2}\frac{\partial u_r}{\partial\theta} - \frac{2}{r^2}\frac{\partial^2 u_\theta}{\partial\theta^2} - \frac{1}{r^2}\frac{\partial}{\partial\theta}(u_\theta\cot\theta)\right] + \rho\frac{g}{g_c}\sin\theta \tag{3–139}$$

接著，以 r 乘式 (3–135) 之兩邊後，就 r 偏微分得

$$\frac{\partial^2 p}{\partial r\partial\theta} = \frac{\mu}{g_c}\left[\frac{\partial}{\partial r}(r^2\nabla^2 u_\theta) + \frac{\partial}{\partial r}\left(\frac{2}{r}\frac{\partial u_r}{\partial\theta}\right) - \frac{1}{\sin^2\theta}\frac{\partial}{\partial r}\left(\frac{u_\theta}{r}\right)\right] + \rho\frac{g}{g_c}\sin\theta \tag{3–140}$$

合併式 (3–139) 與 (3–140) 以消去 $\frac{\partial^2 p}{\partial r\partial\theta}$，並應用式 (3–136) 至 (3–138) 之關係，整理後得 $\psi(r,\theta)$ 之四階線型偏微分方程式

$$\left[\frac{\partial^2}{\partial r^2}+\frac{\sin\theta}{r^2}\frac{\partial}{\partial\theta}\left(\frac{1}{\sin\theta}\frac{\partial}{\partial\theta}\right)\right]^2\psi=0 \tag{3-141}$$

上式之推導繁長，讀者試自行證明之。此時吾人若能自上式解出 $\psi(r,\theta)$，則速度分布遂可藉式 (3–137) 與 (3–138) 獲得，最後將 u_r 與 u_θ 代入式 (3–134) 與 (3–135)，並經過一些積分演算後，即能求出壓力分布。

1. 速度分布

解式 (3–141) 時，$\psi(r,\theta)$ 須滿足下列邊界條件：

B.C.1：$r=R$ 處，$u_r=-\dfrac{1}{r^2\sin\theta}\dfrac{\partial\psi}{\partial\theta}=0$ (3–142)

B.C.2：$r=R$ 處，$u_\theta=+\dfrac{1}{r\sin\theta}\dfrac{\partial\psi}{\partial r}=0$ (3–143)

B.C.3：$r\to\infty$ 處，$\psi\to-\dfrac{1}{2}u_\infty r^2\sin^2\theta$ (3–144)

式 (3–142) 與 (3–143) 乃說明球面上流體之分速度皆為零，至於式 (3–144) 之意義則較不顯明，然吾人因知遠離球處

$$r\to\infty,\ u_r=u_\infty\cos\theta=-\frac{1}{r^2\sin\theta}\frac{\partial\psi}{\partial\theta} \tag{3-145}$$

$$r\to\infty,\ u_\theta=-u_\infty\sin\theta=\frac{1}{r\sin\theta}\frac{\partial\psi}{\partial r} \tag{3-146}$$

則分別就 θ 與 r 偏積分上面二式，得

$$r\to\infty,\ \psi=-\frac{1}{2}u_\infty r^2\sin^2\theta+f_1(r) \tag{3-147}$$

$$r\to\infty,\ \psi=-\frac{1}{2}u_\infty r^2\sin^2\theta+f_2(\theta) \tag{3-148}$$

然後比較上面二式知，$f_1(r) = f_2(\theta) =$ 常數；但在 $r \to \infty$ 處，此常數遠比 $\frac{1}{2}u_\infty r^2 \sin^2\theta$ 項為小而可忽略，故式 (3–144) 確成立。

第三邊界條件之成立同時啟發吾人對流線函數作下面之假設:

$$\psi(r, \theta) = F(r)\sin^2\theta \tag{3–149}$$

將式 (3–149) 代入式 (3–141)，得

$$\left(\frac{d^2}{dr^2} - \frac{2}{r^2}\right)^2 F(r) = 0 \tag{3–150}$$

此為四階 Euler 方程式，其解為

$$F(r) = \frac{c_1}{r} + c_2 r + c_3 r^2 + c_4 r^4 \tag{3–151}$$

故

$$\psi(r, \theta) = \left(\frac{c_1}{r} + c_2 r + c_3 r^2 + c_4 r^4\right)\sin^2\theta \tag{3–152}$$

應用邊界條件 3 於上式，則

$$\left(\frac{c_1}{r} + c_2 r + c_3 r^2 + c_4 r^4\right)\sin^2\theta\Big|_{r\to\infty} = -\frac{1}{2}u_\infty r^2 \sin^2\theta\Big|_{r\to\infty}$$

或改寫為

$$\left(\frac{c_1}{r^3} + \frac{c_2}{r} + c_3 + c_4 r^2\right)\Big|_{r\to\infty} = (c_3 + c_4 r^2)\Big|_{r\to\infty} = -\frac{1}{2}u_\infty$$

比較等號兩邊之係數，得 $c_3 = -\frac{1}{2}u_\infty,\ c_4 = 0$；故式 (3–152) 變為

$$\psi(r,\theta)=\left(\frac{c_1}{r}+c_2r-\frac{u_\infty r^2}{2}\right)\sin^2\theta \tag{3–153}$$

將上式代入式 (3–137) 及 (3–138)，則

$$u_r=-\frac{1}{r^2\sin\theta}\frac{\partial\psi}{\partial\theta}=\left(u_\infty-2\frac{c_1}{r^3}-2\frac{c_2}{r}\right)\cos\theta$$

$$u_\theta=\frac{1}{r\sin\theta}\frac{\partial\psi}{\partial r}=\left(-u_\infty-\frac{c_1}{r^3}+\frac{c_2}{r}\right)\sin\theta$$

再應用邊界條件 1 及 2 於上面二式，得

$$0=u_\infty-2\frac{c_1}{R^3}-2\frac{c_2}{R} \tag{3–154}$$

$$0=-u_\infty-\frac{c_1}{R^3}+\frac{c_2}{R} \tag{3–155}$$

聯立解上面二代數方程式，得 $c_1=-\frac{u_\infty R^3}{4}$, $c_2=\frac{3}{4}u_\infty R$。最後吾人得緩慢繞過圓球之速度分布方程式

$$\frac{u_r}{u_\infty}=\left[1-\frac{3}{2}\left(\frac{R}{r}\right)+\frac{1}{2}\left(\frac{R}{r}\right)^3\right]\cos\theta \tag{3–156}$$

$$\frac{u_\theta}{u_\infty}=-\left[1-\frac{3}{4}\left(\frac{R}{r}\right)-\frac{1}{4}\left(\frac{R}{r}\right)^3\right]\sin\theta \tag{3–157}$$

由上面二分速度分布知

$$r\to\infty,\ u_r=u_\infty\cos\theta,\ u_\theta=-u_\infty\sin\theta,\ u_z=\sqrt{u_r^2+u_\theta^2}=u_\infty$$

故此結果甚為合理。速度分布既得，接著可藉之求流體之動量流通量及壓力分布，最後可得流體在流動方向對圓球之總作用力。今分別求出如下：

2. 流體之剪應力分布

流體之剪應力 $\tau_{r\theta}$，在物理意義上等於 θ 動量在 r 方向之流通量。將式 (3–156) 與 (3–157) 代入式 (3–107)，得

$$\tau_{r\theta} = -\frac{\mu}{g_c}\left[r\frac{\partial}{\partial r}\left(\frac{u_\theta}{r}\right) + \frac{1}{r}\frac{\partial u_r}{\partial \theta}\right]$$

$$= \frac{3}{2}\frac{\mu u_\infty}{g_c R}\left(\frac{R}{r}\right)^4 \sin\theta \quad (3\text{–}158)$$

3. 壓力分布

將速度分布代入式 (3–134)，然後對 r 偏積分，得

$$p = -\frac{\rho g z}{g_c} - \frac{3}{2}\frac{\mu u_\infty}{g_c R}\left(\frac{R}{r}\right)^2 \cos\theta + g_1(\theta) \quad (3\text{–}159)$$

同理，將速度分布代入式 (3–135)，然後對 θ 偏積分，得

$$p = -\frac{\rho g z}{g_c} - \frac{3}{2}\frac{\mu u_\infty}{g_c R}\left(\frac{R}{r}\right)^2 \cos\theta + g_2(r) \quad (3\text{–}160)$$

於獲得式 (3–159) 與 (3–160) 時，吾人曾以 z 代 $r\cos\theta$。比較上面二式知

$$g_1(\theta) = g_2(r) = c \text{（常數）}$$

故式 (3–159) 與 (3–160) 可合併為一式：

$$p = -\frac{\rho g z}{g_c} - \frac{3}{2}\frac{\mu u_\infty}{g_c R}\left(\frac{R}{r}\right)^2 \cos\theta + c \quad (3\text{–}161)$$

今若以 p_0 表水平面上 $(z=0)$ 離球遠處之壓力；即 $z=0$ 與 $r\to\infty$ 處，$p=p_0$。將此關係引入式 (3–161)，得 $c=p_0$，故最後得壓力分布為

$$p = p_0 - \frac{\rho g z}{g_c} - \frac{3}{2}\frac{\mu u_\infty}{g_c R}\left(\frac{R}{r}\right)^2 \cos\theta \tag{3–162}$$

因此距球遠處，流體中之壓力分布方程式為 $p = p_0 - \frac{\rho g z}{g_c}$。

4. 流體在流動方向作用於球面之總力

流體作用於圓球之力，計有剪應力與壓力兩種。欲求流體在流動方向作用於球面之總力，可分別以剪應力與壓力在 z 方向之分力對球表面積分，然後相加即得。

⑴對剪應力積分：球體表面上任何點，皆有一切線方向之剪應力，此力在 z 方向之分力為 $\tau_{r\theta}\sin\theta$。今應用式 (3–158) 於球面上對此分力積分，則

$$\begin{aligned}
F_t &= \iint_S \left(\tau_{r\theta}\Big|_{r=R}\sin\theta\right)dS \\
&= \int_0^{2\pi}\int_0^{\pi}\left[\left(\frac{3}{2}\frac{\mu}{g_c}\frac{u_\infty}{R}\sin\theta\right)\sin\theta\right]R^2\sin\theta d\theta d\phi \\
&= \frac{4\pi\mu R u_\infty}{g_c}
\end{aligned} \tag{3–163}$$

⑵對壓力積分：球面上任一點所受之壓力，係垂直於球面之方向，此壓力在 z 方向之分壓力為 $(-p\cos\theta)$。今應用式 (3–162) 於球面上對此分壓積分，並令 $z = R\cos\theta$（球面上），則

$$\begin{aligned}
F_n &= \iint_S \left(-p\Big|_{r=R}\cos\theta\right)dS \\
&= \int_0^{2\pi}\int_0^{\pi}\left[-\left(p_0 - \frac{\rho g R\cos\theta}{g_c} - \frac{3}{2}\frac{\mu u_\infty}{g_c R}\cos\theta\right)\cos\theta\right]R^2\sin\theta d\theta d\phi \\
&= \frac{4}{3}\pi R^3 \rho \frac{g}{g_c} + \frac{2\pi\mu R u_\infty}{g_c}
\end{aligned} \tag{3–164}$$

因流體在流動方向作用於球面之總力，等於此二分力之和，故

$$F = F_t + F_n = \frac{4}{3}\pi R^3 \rho \frac{g}{g_c} + \frac{6\pi\mu R u_\infty}{g_c} \tag{3–165}$$

上式右邊第一項代表流體對圓球之浮力，第二項代表流體以 u_∞ 之速度流過球體，以致造成對圓球體之作用力；今分別以 F_s 與 F_k 表之，則

$$F_s = \frac{4}{3}\pi R^3 \rho \frac{g}{g_c} \tag{3–166}$$

$$F_k = \frac{6\pi\mu R u_\infty}{g_c} \tag{3–167}$$

式 (3–167) 稱為 Stokes 定律。

考慮流體流過單一固體粒子問題時，因粒子甚小而可視為球體；又因流體緩慢流過單一固體粒子之問題，可與單一固體在流體中沉降之問題類比。因此本節中之理論廣用於**粒子技術** (particle technology) 及**沉積** (sedimentation) 處理工作。

須注意者，Stokes 定律正確適用於雷諾數 $(= \frac{2Ru_\infty\rho}{\mu})$ 小於 0.1 之流動問題。若雷諾數等於 1，則此定律所推算之力，誤差在 10% 之內，尚可適用。

例 3–2

某流體環繞一半徑為 R 之固定球作垂直往上緩慢運動，問在半球水平面上距球多遠處，流體之速度為主流速度之 0.5？

解 流體之速度分布為

$$\frac{u_r}{u_\infty} = \left[1 - \frac{3}{2}\left(\frac{R}{r}\right) + \frac{1}{2}\left(\frac{R}{r}\right)^3\right]\cos\theta$$

$$\frac{u_\theta}{u_\infty} = -\left[1 - \frac{3}{4}\left(\frac{R}{r}\right) - \frac{1}{4}\left(\frac{R}{r}\right)^3\right]\sin\theta$$

在半球水平面上，$\theta = \frac{\pi}{2}, \cos\theta = 0, \sin\theta = 1$，故

$$u_r = 0$$

$$\frac{u_\theta}{u_\infty} = -\left[1 - \frac{3}{4}\left(\frac{R}{r}\right) - \frac{1}{4}\left(\frac{R}{r}\right)^3\right]$$

因在半球水平面上，$u_\theta = -u_z$

$$\therefore \frac{u_z}{u_\infty} = -\frac{u_\theta}{u_\infty} = 1 - \frac{3}{4}\left(\frac{R}{r}\right) - \frac{1}{4}\left(\frac{R}{r}\right)^3$$

以 $\frac{u_z}{u_\infty} = 0.5$ 代入，並令 $\frac{R}{r} = x$，則

$$0.5 = 1 - \frac{3}{4}x - \frac{1}{4}x^3$$

解之得 $x = 0.6$，故該點距球心之距離為球直徑之 0.83 倍 $(r = \frac{R}{0.6})$。

3–9 理想流動

於前節中已討論過雷諾數極小時的流動問題，本節將考慮一極端相反之流動問題。當不可壓縮流體之黏度為零時，稱其為**理想流體 (ideal fluid)**。理想流體流動時，其雷諾數極大，此時慣力遠比黏力為大，故直角坐標系之運動方程式簡化為

x 方向：

$$\frac{\rho}{g_c}\frac{Du_x}{Dt} = -\frac{\partial p}{\partial x} + \rho\frac{g_x}{g_c} \tag{3–84}$$

y 方向：

$$\frac{\rho}{g_c}\frac{Du_y}{Dt} = -\frac{\partial p}{\partial y} + \rho\frac{g_y}{g_c} \tag{3–85}$$

z 方向：

$$\frac{\rho}{g_c}\frac{Du_z}{Dt} = -\frac{\partial p}{\partial z} + \rho\frac{g_z}{g_c} \tag{3–86}$$

上面三式總稱為 Euler 方程式，已於 3–4 節中提過。空氣與水乃最常見之流體，因這兩種流體之黏度極小，故工程應用上有時可視為理想流體。

一般而言，流體靠近靜止之固體面處速度緩慢，此處黏度之效應甚為重要；然遠離固體面處，雷諾數較大，黏度之效應可略而不計。前者屬於**邊界層流動** (boundary layer flow) 問題，將於 3–12 至 3–15 四節中討論；後者屬於理想流動問題，乃本節之課題。理想流體之理論，乃航空工程師最感興趣者，而邊界層流動問題，則為一般工程師所探討的學問。一般理想流體之流動問題，可藉連續方程式及如式 (3–84) 至 (3–86) 之運動方程式，聯立解出 u_x、u_y、u_z 及 p。

3–10 勢流動與 Bernoulli 方程式

1. 理想流體之非旋轉流動

勢流動 (potential flow) 為一較簡單之理想流動問題。圖 3–6 (a)示 x–y 平面上一流體基體 (fluid element) 產生**旋轉流動** (rotational flow) 與**非旋轉流動** (irrotational flow) 前後之情形。

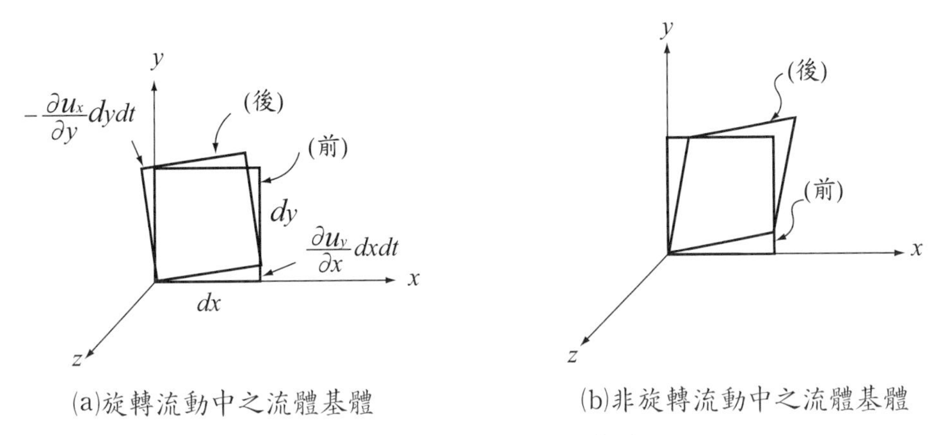

圖 3–6　流動中之流體基體

如圖所示，經過 dt 時間後 dx 邊旋轉之角度為

$$\frac{\left(\frac{\partial u_y}{\partial x}\right)dx\,dt}{dx} = \frac{\partial u_y}{\partial x}dt$$

則 dx 邊之角速度為

$$\frac{\left(\frac{\partial u_y}{\partial x}\right)dt}{dt} = \frac{\partial u_y}{\partial x} \tag{3–168}$$

同理可證 dy 邊之角速度為 $(-\frac{\partial u_x}{\partial y})$，則此流體基體對 z 坐標軸之旋轉角速度為

$$w_z = \frac{1}{2}\left(\frac{\partial u_y}{\partial x} - \frac{\partial u_x}{\partial y}\right) \tag{3–169}$$

同理可證，此流體基體對 x 軸及 y 軸之旋轉角速度為

$$w_x = -\frac{1}{2}\left(\frac{\partial u_z}{\partial y} - \frac{\partial u_y}{\partial z}\right) \tag{3–170}$$

$$w_y = -\frac{1}{2}\left(\frac{\partial u_x}{\partial z} - \frac{\partial u_z}{\partial x}\right) \tag{3–171}$$

若流體之流動為不旋轉者，則 $w_x = w_y = w_z = 0$，稱之為非旋轉流動，如圖 3–6 (b) 所示。

2. 以速度勢解勢流動問題

今設力場中有一**位能** (potential energy)，且若規定正 z 坐標軸係垂直向上，而令 E 表單位質量之位能，則

$$dE = \frac{g_z}{g_c}dz = -\frac{g}{g_c}dz$$

或

$$\frac{g}{g_c} = -\frac{dE}{dz} = -\frac{g_z}{g_c} \tag{3–172}$$

即重力可用**位能梯度** (gradient of potential) 表示出來。仿此，吾人定義一**速度勢** (velocity potential) $\phi(x, y, z)$，而令其在某一方向之梯度為此方向之分速度，即

$$u_x = -\frac{\partial \phi}{\partial x} \tag{3–173}$$

$$u_y = -\frac{\partial \phi}{\partial y} \tag{3–174}$$

$$u_z = -\frac{\partial \phi}{\partial z} \tag{3–175}$$

正如物體係沿位能減小之方向運動一樣，流體亦沿速度勢小之方向流動，因此式 (3–173) 至 (3–175) 之等號右邊取負值。因為

$$\frac{\partial u_y}{\partial x} = -\frac{\partial^2 \phi}{\partial x \partial y} = \frac{\partial u_x}{\partial y}$$

$$\frac{\partial u_z}{\partial y} = -\frac{\partial^2 \phi}{\partial y \partial z} = \frac{\partial u_y}{\partial z}$$

$$\frac{\partial u_x}{\partial z} = -\frac{\partial^2 \phi}{\partial x \partial z} = \frac{\partial u_z}{\partial x}$$

將這些關係代入式 (3–169) 至 (3–171)，得 $w_x = w_y = w_z = 0$。因此勢流動為非旋轉流動，而惟有非旋轉流動才有速度勢之存在。故一般而言，勢流動乃理想流體作非旋轉流動。

倘將式 (3–173) 至 (3–175) 代入連續方程式，則得一 $\phi(x, y, z)$ 之 Laplace 方程式

$$\frac{\partial^2 \phi}{\partial x^2} + \frac{\partial^2 \phi}{\partial y^2} + \frac{\partial^2 \phi}{\partial^2 z} = 0 \tag{3–176}$$

上式乃勢流動問題之質量結算與動量結算的合併式，吾人若知此問題之邊界條件，則由此式可先解出 $\phi(x, y, z)$，然後將之代入式 (3–173) 至 (3–175)，以求 u_x、u_y 與 u_z，最後由 Euler 方程式可得壓力分布。

3. 以流線函數解勢流動問題

勢流動問題亦可應用流線函數解出，今以二維穩態流動為例，說明如下：

二維流動時，其直角坐標之連續方程式為

$$\frac{\partial u_x}{\partial x} + \frac{\partial u_y}{\partial y} = 0 \tag{3–128}$$

因勢流動為非旋轉流動，$w_z = 0$，故由式 (3–169) 知

$$\frac{\partial u_y}{\partial x}=\frac{\partial u_x}{\partial y} \tag{3-177}$$

吾人已於 3–7 節中定義流線函數，其與分速度之關係為

$$u_x=-\frac{\partial \psi}{\partial y} \tag{3-129}$$

$$u_y=\frac{\partial \psi}{\partial x} \tag{3-130}$$

且此關係滿足式 (3–128) 之連續方程式。將式 (3–129) 與 (3–130) 代入式 (3–177)，即得一描述勢流動時有關流線的二階線性偏微分方程式

$$\frac{\partial^2 \psi}{\partial x^2}+\frac{\partial^2 \psi}{\partial y^2}=0 \tag{3-178}$$

或寫成向量型

$$\nabla^2 \psi(x, y)=0 \tag{3-179}$$

因此若配合 $\psi(x, y)$ 之邊界條件而自式 (3–178) 解出 $\psi(x, y)$，則分速度可接著由式 (3–129) 與 (3–130) 求出；最後由 Euler 方程式可得壓力分布。接下來將說明如何由 Euler 方程式求壓力分布。

理想流體之穩態二維運動方程式可自式 (3–84) 與 (3–85) 簡化成

x 方向：

$$\frac{\rho}{g_c}\left(u_x\frac{\partial u_x}{\partial x}+u_y\frac{\partial u_x}{\partial y}\right)=-\frac{\partial p}{\partial x}+\rho\frac{g_x}{g_c} \tag{3-180}$$

y 方向：

$$\frac{\rho}{g_c}\left(u_x\frac{\partial u_y}{\partial x}+u_y\frac{\partial u_y}{\partial y}\right)=-\frac{\partial p}{\partial y}+\rho\frac{g_y}{g_c} \tag{3-181}$$

再將非旋轉流動之條件，即式 (3–177)，代入上面二式，整理後得

$$u_x\frac{\partial u_x}{\partial x}+u_y\frac{\partial u_y}{\partial x}-g_c\frac{\partial E}{\partial x}+\frac{g_c}{\rho}\frac{\partial p}{\partial x}=0 \tag{3–182}$$

$$u_x\frac{\partial u_x}{\partial y}+u_y\frac{\partial u_y}{\partial y}-g_c\frac{\partial E}{\partial y}+\frac{g_c}{\rho}\frac{\partial p}{\partial y}=0 \tag{3–183}$$

式中位能 E 係依式 (3–172) 而定義為

$$\frac{\partial E}{\partial x}=\frac{g_x}{g_c} \tag{3–184}$$

$$\frac{\partial E}{\partial y}=\frac{g_y}{g_c} \tag{3–185}$$

今就 x 積分式 (3–182)，就 y 積分式 (3–183)，其結果分別為

$$\frac{1}{2}(u_x^2+u_y^2)-g_cE+\frac{g_cp}{\rho}=f_1(y) \tag{3–186}$$

$$\frac{1}{2}(u_x^2+u_y^2)-g_cE+\frac{g_cp}{\rho}=f_2(x) \tag{3–187}$$

合併上面二式，得 $f_1(y)=f_2(x)=$ 常數。又因

$$u_x^2+u_y^2=u^2 \tag{3–188}$$

故式 (3–186) 與 (3–187) 合併成

$$\frac{u^2}{2g_c}-E+\frac{p}{\rho}=\text{常數} \tag{3–189}$$

式 (3–189) 稱為**白努利方程式 (Bernoulli's equation)**，而吾人若將速度分布代入此式，即可得壓力分布。

若考慮流場中之兩固定點，則上式可寫為

$$\frac{u_2^2}{2g_c} - E_2 + \frac{p_2}{\rho} = \frac{u_1^2}{2g_c} - E_1 + \frac{p_1}{\rho} \tag{3–190}$$

或

$$\frac{\Delta u^2}{2g_c} - \Delta E + \frac{\Delta p}{\rho} = 0 \tag{3–191}$$

若規定 z 坐標係垂直向上，$\Delta E = \left(\frac{g_z}{g_c}\right)\Delta z = \left(-\frac{g}{g_c}\right)\Delta z$，故

$$\frac{\Delta u^2}{2g_c} + \frac{g}{g_c}\Delta z + \frac{\Delta p}{\rho} = 0 \tag{3–192}$$

3–11　繞過圓柱體之勢流動

今考慮一理想流體，以均勻速度 u_∞ 趨近一水平置放之無限長圓柱體，最後以非旋轉繞過之，如圖 3–7 所示。此時圓柱體附近之流體速度不再是 u_∞，本節旨在討論此穩態勢流動之速度及壓力分布情形。

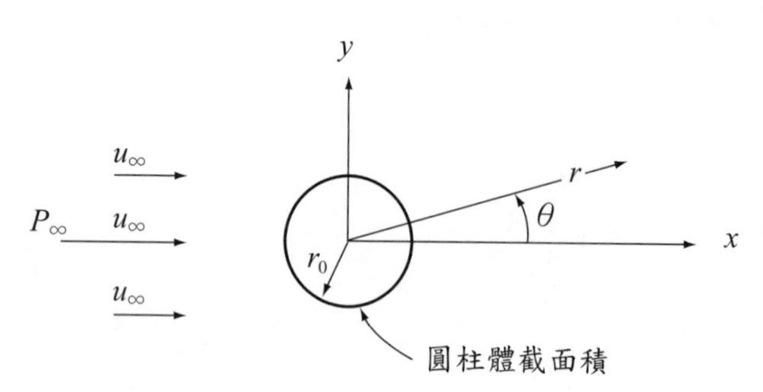

圖 3–7　繞過圓柱體之勢流動

由向量分析知，圓柱體坐標系中二維（r 與 θ）之 Laplace 運算子的定義為

$$\nabla^2 = \frac{\partial^2}{\partial r^2} + \frac{1}{r}\frac{\partial}{\partial r} + \frac{1}{r^2}\frac{\partial^2}{\partial \theta^2} \tag{3–193}$$

此定義可應用坐標軸間之關係，自 $\nabla^2 = \frac{\partial^2}{\partial x^2} + \frac{\partial^2}{\partial y^2}$ 轉換而得。因此式 (3–179) 變為

$$\frac{\partial^2 \psi}{\partial r^2} + \frac{1}{r}\frac{\partial \psi}{\partial r} + \frac{1}{r^2}\frac{\partial^2 \psi}{\partial \theta^2} = 0 \tag{3–194}$$

式中 $\psi(r, \theta)$ 乃表圖 3–7 中之流線函數。二維圓柱體坐標系之理想流體（$\mu = 0$，$\rho =$ 常數）連續方程式，可自式 (3–38) 簡化而得

$$\frac{1}{r}\frac{\partial}{\partial r}(r u_r) + \frac{1}{r}\frac{\partial u_\theta}{\partial \theta} = 0 \tag{3–195}$$

至於分速度與流線函數間之關係，可應用坐標軸間之關係，自式 (3–129) 與 (3–130) 轉換而得

$$u_r = \frac{1}{r}\frac{\partial \psi}{\partial \theta} \tag{3–196}$$

$$u_\theta = -\frac{\partial \psi}{\partial r} \tag{3–197}$$

須注意者，上面之關係已經自動滿足了式 (3–195)。

1. 速度分布

解式 (3–194) 時須配合下列描述此問題之邊界條件：

B.C.1 : $r = r_0$(圓柱體表面，為一流線)，$u_r = 0$，即 $\frac{\partial \psi}{\partial \theta} = 0$

B.C.2: $\theta = 0$（亦為一流線），$u_\theta = 0$，即 $\dfrac{\partial \psi}{\partial r} = 0$

B.C.3: $r \to \infty$，速度為有限值（即不至於無限大），且不為零

B.C.4: $r \to \infty, |u| = \sqrt{u_x^2 + u_y^2} = u_\infty$

上面 B.C.1 與 B.C.2 之物理意義為：流體分子不能跨過流線，而 B.C.4 中之 $|u|$，表速度之大小。

變數分離法 (method of separation of variables) 乃最常用以解此類偏微分方程式的方法之一，此法假設

$$\psi(r, \theta) = R(r)\Theta(\theta) \tag{3–198}$$

其中 R 與 Θ 分別表 r 與 θ 之函數。將式 (3–198) 代入式 (3–194) 並除以 $R\Theta$，整理後得

$$\frac{r^2}{R}\frac{d^2R}{dr^2} + \frac{r}{R}\frac{dR}{dr} = -\frac{1}{\Theta}\frac{d^2\Theta}{d\theta^2} = \alpha^2\text{(待定常數)} \tag{3–199}$$

上式左邊為 r 之函數，右邊為 θ 之函數，而在任何 r 與 θ 時左邊須恆等於右邊之惟一條件為，左右兩邊等於同一常數；若令此常數為 α^2，則式 (3–199) 可寫成二常微分方程式

$$\frac{d^2\Theta}{d\theta^2} + \alpha^2\Theta = 0 \tag{3–200}$$

$$r^2\frac{d^2R}{dr^2} + r\frac{dR}{dr} - \alpha^2 R = 0 \tag{3–201}$$

式 (3–200) 乃一線性常係數之二階常微分方程式，其通解為

$$\Theta(\theta) = c_1\sin\alpha\theta + c_2\cos\alpha\theta \tag{3–202}$$

式 (3–201) 乃一二階之 Euler 方程式，其通解為

$$R(r) = c_3 r^{\alpha} + c_4 r^{-\alpha} \tag{3–203}$$

故

$$\psi(r,\theta) = (c_3 r^{\alpha} + c_4 r^{-\alpha})(c_1 \sin\alpha\theta + c_2 \cos\alpha\theta) \tag{3–204}$$

接著將應用前述之邊界條件，以決定上式中之常數。若應用 B.C.1，則

$$\left.\frac{\partial\psi}{\partial\theta}\right|_{r=r_0,\ \text{任何}\ \theta} = (c_3 r_0^{\alpha} + c_4 r_0^{-\alpha})\alpha(c_1\cos\alpha\theta - c_2\sin\alpha\theta) = 0$$

因此 $c_4 = c_3 r_0^{2\alpha}$，式 (3–204) 變為

$$\psi(r,\theta) = (c_1'\sin\alpha\theta + c_2'\cos\alpha\theta)\left(r^{\alpha} - \frac{r_0^{2\alpha}}{r^{\alpha}}\right) \tag{3–205}$$

其中 $c_1' = c_1 c_3$ 及 $c_2' = c_2 c_3$。再應用 B.C.2，則

$$\left.\frac{\partial\psi}{\partial r}\right|_{\theta=0,\ \text{任何}\ r} = 0 = [c_1'(0) + c_2'(1)]\left(\alpha r^{\alpha-1} + \frac{\alpha r_0^{2\alpha}}{r^{\alpha+1}}\right)$$

因此 $c_2' = 0$，式 (3–205) 變為

$$\psi(r,\theta) = c_1'\sin\alpha\theta\left(r^{\alpha} - \frac{r_0^{2\alpha}}{r^{\alpha}}\right) \tag{3–206}$$

今將式 (3–206) 代入式 (3–196) 與 (3–197)，然後求出速度之大小

$$\begin{aligned} u^2 &= |u|^2 = u_r^2 + u_\theta^2 \\ &= c_1'^2\alpha^2\left[(\cos^2\alpha\theta)\left(r^{\alpha-1} - \frac{r_0^{2\alpha}}{r^{\alpha+1}}\right)^2 + (\sin^2\alpha\theta)\left(r^{\alpha-1} + \frac{r_0^{2\alpha}}{r^{\alpha+1}}\right)^2\right] \end{aligned} \tag{3–207}$$

由上式知，滿足 B.C.3 之惟一條件為 $\alpha = 1$。最後將 $\alpha = 1$ 代入上式，並引用 B.C.4，得 $c_1' = u_\infty$，故

$$\psi(r, \theta) = u_\infty r \sin\theta \left[1 - \left(\frac{r_0}{r}\right)^2\right] \tag{3–208}$$

流線函數即得，吾人可藉式 (3–194) 與 (3–195) 求出速度分布

$$\frac{u_r}{u_\infty} = \cos\theta \left[1 - \left(\frac{r_0}{r}\right)^2\right] \tag{3–209}$$

$$\frac{u_\theta}{u_\infty} = -\sin\theta \left[1 + \left(\frac{r_0}{r}\right)^2\right] \tag{3–210}$$

須注意者，式 (3–199) 中之常數，本來可能為 $+\alpha^2$，亦可能為 $-\alpha^2$，但只有 α^2 適合本問題，因此若當時取 $-\alpha^2$，則解題過程中將會發覺其不適合本問題，讀者試自行驗算之。

2. 壓力分布

前節所導出之 Bernoulli 方程式可用以由已知之速度分布，求壓力分布。式 (3–192) 應用本問題時應改寫為

$$\frac{\Delta u^2}{2g_c} + \frac{g}{g_c}\Delta y + \frac{\Delta p}{\rho} = 0 \tag{3–211}$$

設 $y = 0$ 且遠離圓柱體處，$p = p_\infty$ 及 $u = u_\infty$，則流場中任意點之壓力為

$$p = p_\infty - \rho\frac{g}{g_c}y + \frac{\rho u_\infty^2}{2g_c}\left[1 - \left(\frac{u}{u_\infty}\right)^2\right]$$

今以 $y = r\sin\theta$ 及式 (3–207) 代入上式，並令式 (3–207) 中之 $c_1' = u_\infty, \alpha = 1$，得壓力分布為

$$p(r,\theta)=p_\infty-\rho\left(\frac{g}{g_c}\right)r\sin\theta$$
$$+\frac{\rho u_\infty^2}{2g_c}\left\{1-\cos^2\theta\left[1-\left(\frac{r_0}{r}\right)^2\right]^2-\sin^2\theta\left[1+\left(\frac{r_0}{r}\right)^2\right]^2\right\}$$
(3–212)

而圓柱體表面上 $(r=r_0)$ 之壓力分布為

$$p(r_0,\theta)=p_\infty-\rho\left(\frac{g}{g_c}\right)r_0\sin\theta+\frac{1}{2}\frac{\rho u_\infty^2}{2g_c}(1-4\sin^2\theta) \tag{3–213}$$

3–12 邊界層之形成

今考慮某流體平行流過一平板，見圖 3–8，流體係以一均勻速度 u_∞ 趨近平板。當流體越過平板上時，因黏力效應，板面處流體之速度為零；而速度隨離板面距離的增加而增大；且沿 x 方向各點上皆呈此現象，其速度分布曲線很類似但不一樣。

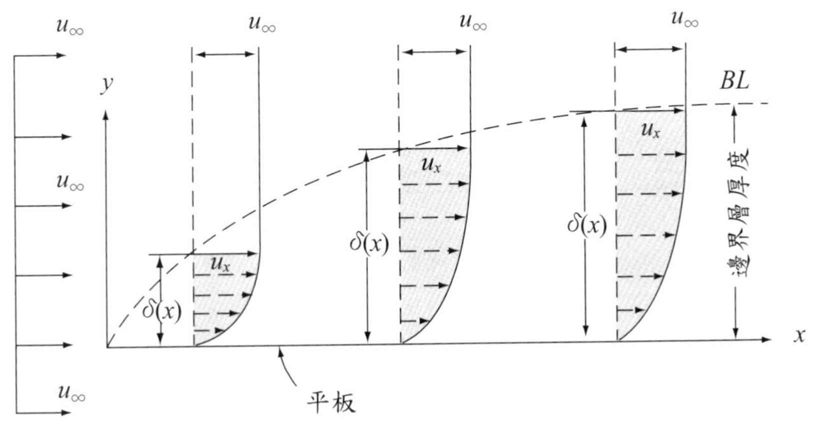

圖 3–8　平板上之邊界層流動

圖 3–8 中介於虛線 BL 與平板間的部分，乃速度變化區域；由圖可見，靠近板處之速度變化甚大，超過 BL 線，則速度幾乎不變。因此 BL 線（實際看不見）將流體分成兩部分，此兩部分之流體各呈不同之流動現象：(1)虛線 BL 外之流體速度，不因垂直方向之位置而改變，且因距板面較遠，黏力效應不重要，故可視為理想流體之流動，此類流動問題可應用 Euler 方程式解出，已於前兩節討論過；(2)介於 BL 線與板面間之流體速度，緊靠板面處為零，愈接近 BL 線處速度愈大，而 BL 線處之速度與流體之整體速度（即虛線外之速度）u_∞ 幾乎相同。吾人稱介於 BL 線與板面間為**邊界層 (boundary layer)**，而流體在此區域內之流動，稱為邊界層流動。因此邊界層乃靠近固體面之區域，在此區域內，流體之流動受黏力之影響甚大，但因邊界層甚薄而特殊，此類問題可由運動方程式，簡化成所謂 Prandtl 方程式後解出。有關 Prandtl 方程式之推導及應用，將於往後兩節裡介紹及討論。

當流體流過如圖 3–8 所示之平板時，平板前端處之邊界層厚度為零，距平板前端愈遠，邊界層厚度 $\delta(x)$ 愈大。此時吾人對雷諾數之定義為 $\frac{xu_\infty\rho}{\mu}$，而 x 為距平板前端之距離。由實驗觀察得知，雷諾數小於 5×10^5 時，流體呈層狀流動；大於 3×10^6 時，呈擾狀流動；雷諾數介於 5×10^5 與 3×10^6 之間時，流體之流動形式不易確定。

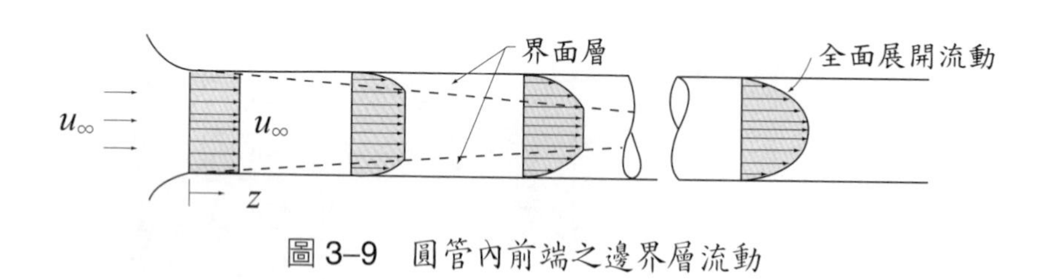

圖 3–9 圓管內前端之邊界層流動

邊界層之形成不僅在平板面上，例如流體若雖以均勻速度流入一圓管，則在管口附近亦將產生一邊界層，如圖 3–9 所示。圖中管口附近，邊界層僅占管斷面之一部分，而管中央部分之流體，則仍然以均勻速度前進；且於邊界層內，管壁處之速度為零，距管壁愈遠，速度愈大。當流體流經一段距離後，邊界層蔓延至管軸（管中央），此時均勻速度部分消失，而整個管子之截面皆進入邊界層內。從此流體之速度分布不再沿軸向改變，此種邊界層流動，稱為**全展開流動 (fully developed flow)**。全展開流動時，沿管軸方向各點截面上之速度分布皆一樣，故其流動方式與管軸方向無關，此時雷諾數之定義為 $\frac{Du_b\rho}{\mu}$，其中 D 表管徑，u_b 表平均速度。由實驗結果知，當雷諾數小於 2 100 時，流體呈層狀流動；大於 4 000 時，則呈擾狀流動。

3–13 Prandtl 邊界層方程式

今以穩態二維之流動（即 $u_z = 0$，u_x 與 u_y 均與 z 坐標無關）為例，說明不可壓縮牛頓流體之邊界層流動問題。見圖 3–8，若平面係水平置放而不考慮重力，則此時邊界層內之運動方程式可寫為

x 方向：

$$u_x\frac{\partial u_x}{\partial x}+u_y\frac{\partial u_x}{\partial y}=-\frac{g_c}{\rho}\frac{\partial p}{\partial x}+\frac{\mu}{\rho}\left(\frac{\partial^2 u_x}{\partial x^2}+\frac{\partial^2 u_x}{\partial y^2}\right) \tag{3–214}$$

y 方向：

$$u_x\frac{\partial u_y}{\partial x}+u_y\frac{\partial u_y}{\partial y}=-\frac{g_c}{\rho}\frac{\partial p}{\partial y}+\frac{\mu}{\rho}\left(\frac{\partial^2 u_y}{\partial x^2}+\frac{\partial^2 u_y}{\partial y^2}\right) \tag{3–215}$$

1904 年，Prandtl 氏指出：邊界層係靠近固體面之微薄流體層，因此邊界層內 u_y 遠比 u_x 為小，而 $\frac{\partial u_x}{\partial y}$ 遠比 $\frac{\partial u_x}{\partial x}$ 為大；換言之，式 (3–214) 中 $u_x\left(\frac{\partial u_x}{\partial x}\right)$、$u_y\left(\frac{\partial u_x}{\partial y}\right)$ 及 $\left(\frac{\mu}{\rho}\right)\left(\frac{\partial^2 u_x}{\partial y^2}\right)$ 三項同等重要，惟 $\left(\frac{\mu}{\rho}\right)\left(\frac{\partial^2 u_x}{\partial x^2}\right)$ 項則可略而不計。Prandtl

並指出：因 u_y 甚小， 式 (3–215) 中含有 u_y 諸項皆可棄去，故得 $\frac{\partial p}{\partial y}=0$；換言之，邊界層內沿垂直於板面方向之壓力變化極小，因此式 (3–214) 中 $\left(\frac{g_c}{\rho}\right)\left(\frac{\partial p}{\partial x}\right)$ 一項可改寫為 $\left(\frac{g_c}{\rho}\right)\left(\frac{dp}{dx}\right)$，且壓力隨 x 方向之變化可由勢流動之理論求得，即此處吾人假設邊界層內外之 $\frac{dp}{dx}$ 相等。故此流動問題之解，可聯立下列 x 方向運動方程式與連續方程式，以及式 (3–192) 之**白努利方程式 (Bernoulli's equation)** 而得：

$$u_x\frac{\partial u_x}{\partial x}+u_y\frac{\partial u_x}{\partial y}=-\frac{g_c}{\rho}\frac{dp}{dx}+\frac{\mu}{\rho}\frac{\partial^2 u_x}{\partial y^2} \tag{3–216}$$

$$\frac{\partial u_x}{\partial x}+\frac{\partial u_y}{\partial y}=0 \tag{3–217}$$

須注意者，考慮邊界層之流動問題時，一般而言，邊界層甚薄，因此 Navier-Stokes 方程式可簡化成 **Prandtl 方程式 (Prandtl's equation)**，故 Prandtl 方程式較適用於高雷諾數之流動問題，蓋因高雷諾數之下，邊界層之厚度較薄。惟若雷諾數極小，則黏度效應至鉅，以致產生之邊界層較厚，此時 Prandtl 方程式不適用。雷諾數極小之流動問題，吾人稱之為緩慢流動或蜒流，已於 3–8 節中討論過。另者，理想流體之流動理論，固然能適用於雷諾數極大之流動問題，惟理想流動之理論，係假設流體之黏度極小，以致運動方程式中之黏力項不重要而棄之，此推理顯然不適用於邊界層內之流動問題。

3–14 越過水平平板之邊界層層狀流動

流體越過一水平平板之層狀流動，乃最簡單之邊界層流動問題。1908 年，Blasius 氏首先應用 Prandtl 的邊界層理論，討論這個問題。

如圖 3–8 所示，令水平平板與 x 坐標平行，且平板前端為 $x=0$。若邊界層外之流體係沿平板之方向流動，且其速度 u_∞ 不沿 x 軸而變，則由 Bernoulli 方程式，式 (3–211) 知：邊界層外沿平行於 x 軸之任一水平線上 $(dy=0)$，$\frac{dp}{dx}=0$。又因邊界層內 u_y 極小，由式 (3–215) 知 $\frac{\partial p}{\partial y}=0$，故吾人不難證明邊界層內 $\frac{dp}{dx}$ 亦為零。此時邊界層內之**變化方程式** (equations of change) 可自 3–13 節重新寫出：

連續方程式：

$$\frac{\partial u_x}{\partial x}+\frac{\partial u_y}{\partial y}=0 \tag{3–217}$$

x 方向之運動方程式：

$$u_x\frac{\partial u_x}{\partial x}+u_y\frac{\partial u_x}{\partial y}=\nu\frac{\partial^2 u_x}{\partial y^2} \tag{3–218}$$

式 (3–218) 中以 ν 代 $\frac{\mu}{\rho}$。吾人若應用下面邊界條件，u_x 與 u_y 即可由上面二式聯立解出：

$$\text{B.C.1}: y=0,\ u_x=0 \tag{3–219}$$

$$\text{B.C.2}: y=0,\ u_y=0 \tag{3–220}$$

$$\text{B.C.3}: y=\infty,\ u_x=u_\infty \tag{3–221}$$

解此問題時，Blasius 氏根據一些推論之結果而作下面流線函數之假設：

$$\psi(x,y)=\sqrt{\nu x u_\infty}\,f(\eta) \tag{3–222}$$

式中

$$\eta = y\sqrt{\frac{u_\infty}{\nu x}} \tag{3–223}$$

則由式 (3–129) 與 (3–130) 流線函數與分速度間之關係得

$$u_x = \frac{\partial \psi}{\partial y} = \sqrt{\nu x u_\infty}\frac{\partial f}{\partial \eta}\frac{\partial \eta}{\partial y} = u_\infty \frac{df'}{d\eta} = u_\infty f' \tag{3–224}$$

$$\begin{aligned} u_y &= -\frac{\partial \psi}{\partial x} = -\frac{1}{2}\sqrt{\frac{\nu u_\infty}{x}}f - \sqrt{\nu x u_\infty}\frac{\partial f}{\partial \eta}\frac{\partial \eta}{\partial x} \\ &= -\frac{1}{2}\sqrt{\frac{\nu u_\infty}{x}}f - \sqrt{\nu x u_\infty}\frac{df}{d\eta}\left(-\frac{1}{2}\frac{\eta}{x}\right) \\ &= \frac{1}{2}\sqrt{\frac{\nu u_\infty}{x}}(\eta f' - f) \end{aligned} \tag{3–225}$$

須注意者，式 (3–224) 中之 $u_x = \frac{\partial \psi}{\partial y}$ 與式 (3–225) 中之 $u_y = -\frac{\partial \psi}{\partial x}$，已滿足式 (3–217)。將式 (3–224) 與 (3–225) 代入式 (3–218)，得

$$-\frac{u_\infty^2}{2x}\eta f' f'' + \frac{u_\infty^2}{2x}(\eta f' - f)f'' = \frac{u_\infty^2}{x}f'''$$

簡化後得

$$ff'' + 2f''' = 0 \tag{3–226}$$

上式為 $f(\eta)$ 之三階非線性常係數常微分方程式 (third-order, non-linear ordinary differential equation with constant coefficients)，其邊界條件應自式 (3–219) 至 (3–221) 改寫成

$$\text{B.C.1}': \eta = 0,\ f' = 0 \tag{3–227}$$

$$\text{B.C.2}': \eta = 0,\ f = 0 \tag{3–228}$$

$$\text{B.C.3}': \eta = \infty,\ f = 1 \tag{3–229}$$

Blasius 氏應用上面三邊界條件解式 (3–226)，而得一**級數解** (series solution) 如下：

$$f=\sum_{n=0}^{\infty}\left(-\frac{1}{2}\right)^{n}\frac{\alpha^{n+1}C_n}{(3n+2)!}\eta^{3n+2} \tag{3–230}$$

式中 $C_0=1$

$C_1=1$

$C_2=11$

$C_3=375$

$C_4=27\,897$

$C_5=3\,817\,137$

$\alpha=f''(0)=0.332$

因此，欲知邊界層內任何位置 (x, y) 之速度 u_x 與 u_y 時，可先自式 (3–230) 求出該位置 (η) 之 f、f' 與 f'' 值，然後將這些值代入式 (3–224) 與 (3–225)，即得。甚者，剪應力亦可由下式求得：

$$\tau_{yx}=\frac{\mu}{g_c}\left(\frac{\partial u_x}{\partial y}\right)=\frac{\mu}{g_c}u_\infty\sqrt{\frac{u_\infty}{\nu x}}f''(\eta) \tag{3–231}$$

表 3–1 列舉一些 f、f' 與 f'' 值，而圖 3–10 示 x 方向分速度之分布情形。

表 3–1　由式 (3–230) 算出之一些 f、f' 與 f'' 值

$\eta=y\sqrt{\frac{u_\infty}{\nu x}}$	f	$f'=\frac{u_x}{u_\infty}$	f''
0	0	0	0.3321
1.0	0.1656	0.3298	0.3230
2.0	0.6500	0.6298	0.2668
3.0	1.3968	0.8461	0.1614
4.0	2.2833	0.9555	0.0642
5.0	2.3058	0.9916	0.0159

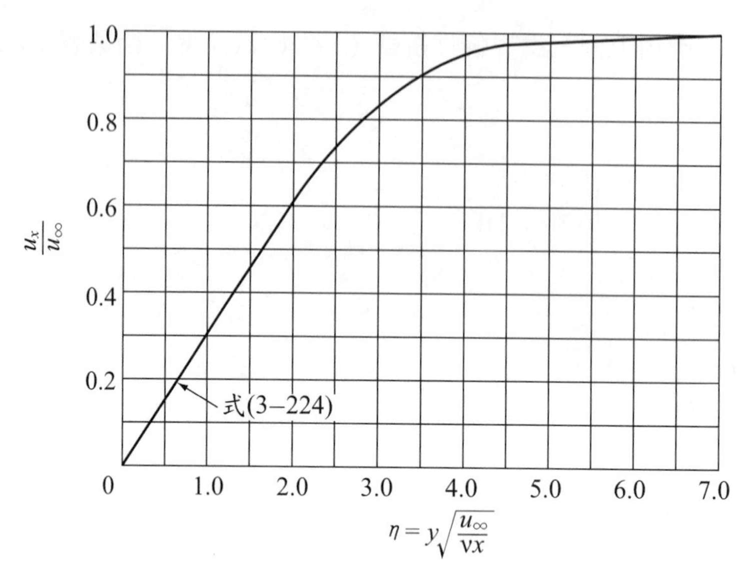

圖 3–10　x 方向之分速度分布

流體對平板面之剪應力，可令式 (3–231) 中之 y 為零 (即 $\eta = 0$)，並應用表 3–1 中之 $f''(0)$ 值而獲得

$$\tau_{yx}\Big|_{y=0} = \frac{\mu}{g_c} u_\infty \sqrt{\frac{u_\infty}{\nu x}} f''(0) = \frac{0.332}{g_c}\sqrt{\frac{\mu\rho u_\infty^3}{x}} \tag{3–232}$$

若 B 表板寬，L 表板長，則流體對整個板面上之**牽引力 (drag force)** 為

$$\begin{aligned} F_d &= \int_0^L B\tau_{yx}\Big|_{y=0} dx = \frac{0.332B\sqrt{\mu\rho u_\infty^3}}{g_c}\int_0^L \frac{dx}{\sqrt{x}} \\ &= \frac{0.664B}{g_c}\sqrt{\mu\rho u_\infty^3 L} \end{aligned} \tag{3–233}$$

因**牽引係數 (drag coefficient)** 之定義為：單位面積之板面上的牽引力除以流體之動能，由式(2–87)

$$C_D = \frac{\tau_{yx}\Big|_{y=0} g_c}{\frac{1}{2}\rho u_\infty^2} \tag{3–234}$$

$$C_D = \frac{\frac{F_d g_c}{BL}}{\frac{1}{2}\rho u_\infty^2} \tag{3–235}$$

將式 (3–232) 代入式 (3–234)，得

$$C_D = 0.664\sqrt{\frac{\nu}{xu_\infty}} \tag{3–236}$$

其在板面上之平均值為

$$C_{Dm} = 1.328\sqrt{\frac{\nu}{Lu_\infty}} \tag{3–237}$$

又因為此時雷諾數之定義為

$$\boldsymbol{Re}_x = \frac{xu_\infty}{\nu} \tag{3–238}$$

即 $\boldsymbol{Re}_L = \frac{Lu_\infty}{\nu}$，故

$$C_D = 0.664\boldsymbol{Re}_x^{-\frac{1}{2}} \tag{3–239}$$

$$C_{Dm} = 1.328\boldsymbol{Re}_L^{-\frac{1}{2}} \tag{3–240}$$

須注意者，本節之推論，僅適用於不可壓縮之牛頓流體於邊界層內之層狀流動問題，且 $\boldsymbol{Re}_L < 5 \times 10^5$。

流體越過平板所形成的邊界層厚度，係隨著離板端的距離愈遠而愈大，惟實際之厚度很不明確。由圖 3–10 可知，當 $\eta = 5$ 時，$\frac{u_x}{u_\infty}$ 約為 0.99；而 $u_x = u_\infty$ 處，距板面甚遠且無法確定。故吾人慣取 $u_x = 0.99u_\infty$ 處至板面間之距離，為邊界層厚度 $\delta(x)$；即 $\eta = 5$ 處，$y = \delta$。將此定義代入式 (3–223)，則

$$5 \approx \delta\sqrt{\frac{u_\infty}{\nu x}}$$

即

$$\delta(x)=5\sqrt{\frac{\nu x}{u_\infty}} \tag{3–241}$$

例 3–3

20°C 之空氣以 2 公尺 / 秒之速度，水平越過一長為 50 厘米、寬為 30 厘米之平板。試求：⑴距板前端 10 厘米處之邊界層厚度；⑵該處邊界層厚度之成長率；⑶整個板面上之牽引力。

解 由附錄 B 中查出：20°C 下空氣之密度與動黏度分別為

$$\rho=1.205 \text{ 千克} / (\text{公尺})^3$$

$$\nu=1.508\times10^{-5}(\text{公尺})^2/\text{秒}$$

因板末端處之雷諾數為

$$\boldsymbol{Re}_L=\frac{u_\infty L}{\nu}=\frac{(2)\left(\frac{50}{100}\right)}{1.508\times10^{-5}}=6.63\times10^4<5\times10^5$$

故整個板面呈層流。

⑴距板端 10 厘米處，$x=\frac{10}{100}$ 公尺，故由式 (3–241)

$$\delta(x)=5\sqrt{\frac{(1.508\times10^{-5})\left(\frac{10}{100}\right)}{2}}=4.34\times10^{-3}\text{ 公尺}=0.434\text{ 厘米}$$

⑵就 x 微分式 (3–241)，得

$$\frac{d\delta}{dx}=\frac{5}{2}\sqrt{\frac{\nu}{u_\infty x}}=\frac{5}{2}\sqrt{\frac{1.508\times10^{-5}}{(2)\left(\frac{10}{100}\right)}}$$

$$=2.17\times10^{-2}\text{ 公尺} / \text{公尺}=0.0217\text{ 厘米} / \text{厘米}$$

(3)由式 (3–233)

$$F_d = \frac{0.664B}{g_c}\sqrt{\nu\rho^2 u_\infty^3 L}$$

$$= \frac{0.664\left(\dfrac{30}{100}\right)}{(1)}\sqrt{(1.508\times10^{-5})(1.205)^2(2)^3\left(\dfrac{50}{100}\right)}$$

$$= 1.864\times10^{-3} \text{ 牛頓}$$

3–15 von Kármán 動量積分方程式及其應用

1. 近似解簡介

應用 Prandtl 邊界層方程式解邊界層流動問題時，往往遇到數學上之困難而得不到其**正確解** (exact solution)。本節將介紹一種解此類問題的**近似解** (approximate solution) 之方法。應用近似解方法所得之結果，難免與實驗值有某程度之誤差，惟吾人有令此誤差盡量減小之可能；縱使不能，所得之結果亦可用以推測正確值。有了此法，總比束手無策，得不到其正確解為佳；故此近似解法，為解邊界層流動問題時最受歡迎之方法。

近似解法之應用可分為兩個步驟：(1)首先根據流動條件（或邊界條件）假設一速度分布函數

$$\frac{u_x}{u_\infty} = f\left[\frac{y}{\delta(x)}\right] \tag{3–242}$$

(2)然後將之代入一所謂**動量積分方程式** (momentum integral equation)，以求邊界層厚度 $\delta(x)$；$\delta(x)$ 即得，速度分布亦得，最後由速度分布計算流體之牽引力。本節後面第二部分將先推導動量積分方程式，然後於第三部分以 3–14 節中之流動問題為例，說明動量積分方程式之應用。

2. 動量積分方程式之推導

今考慮某不可壓縮流體，作穩態層狀之邊界層流動問題。若此系統係**二維流動** (two-dimensional flow)：即 $u_z = 0$，u_x 及 u_y 與 z 坐標軸無關，則 x 方向 Prandtl 邊界層方程式及連續方程式可寫為

$$u_x\frac{\partial u_x}{\partial x} + u_y\frac{\partial u_x}{\partial y} = -\frac{g_c}{\rho}\frac{dp}{dx} + \nu\frac{\partial^2 u_x}{\partial y^2} \tag{3–216}$$

$$\frac{\partial u_x}{\partial x} + \frac{\partial u_y}{\partial y} = 0 \tag{3–217}$$

為使問題較一般性，此處考慮邊界層外（包括邊界層上）沿平行板面方向 (x) 之壓差不為零。因此若不考慮位能之變化而應用式 (3–190) 之 Bernoulli 方程式於邊界層外但靠近邊界層處（或於邊界層上），則

$$\frac{dp}{dx} = -\left(\frac{\rho}{2g_c}\right)\frac{du_\infty^2}{dx} = -\left(\frac{\rho}{g_c}\right)u_\infty\frac{du_\infty}{dx}$$

另者，Prandtl 氏於其邊界層理論中提過：邊界層內沿垂直於板面方向 (y) 之壓差幾乎為零，故甚至於在邊界層內

$$\frac{dp}{dx} = -\frac{\rho}{g_c}u_\infty\frac{du_\infty}{dx} \tag{3–243}$$

即若邊界層外之壓力為 x 之函數，則該處 u_∞ 亦為 x 之函數，且邊界層內之壓力亦為 x 之函數。

將式 (3–243) 代入式 (3–216)，得

$$u_x\frac{\partial u_x}{\partial x} + u_y\frac{\partial u_x}{\partial y} = u_\infty\frac{\partial u_\infty}{\partial x} + \nu\frac{\partial^2 u_x}{\partial y^2} \tag{3–244}$$

u_y 與 u_x 之關係，可應用邊界條件（在 $y=0$ 處，$u_y=0$）自式 (3–217) 積分而得

$$u_y = -\int_0^y \frac{\partial u_x}{\partial x} dy \tag{3–245}$$

再將式 (3–245) 代入式 (3–244)，然後就 y 自 0 積分至 $\delta(x)$，得

$$\int_0^\delta u_x \frac{\partial u_x}{\partial x} dy - \int_0^\delta \left(\int_0^y \frac{\partial u_x}{\partial x} dy \right) \frac{\partial u_x}{\partial y} dy = \int_0^\delta u_\infty \frac{\partial u_\infty}{\partial x} dy + \int_0^\delta \nu \frac{\partial^2 u_x}{\partial y^2} dy \tag{3–246}$$

上式之計算可應用數學上之部分積分法：

$$\int U dV = UV - \int V dU$$

令 $\quad U = \int_0^y \frac{\partial u_x}{\partial x} dy,\ dV = \frac{\partial u_x}{\partial y} dy$

則 $V=u_x$，故再應用邊界條件 ($y=0,\ u_x=0;\ y=\delta,\ u_x=u_\infty;\ \frac{\partial u_x}{\partial y}=0$)，式 (3–246) 變為

$$\int_0^\delta u_x \frac{\partial u_x}{\partial x} dy - \left(u_x \int_0^y \frac{\partial u_x}{\partial x} dy \Big|_0^\delta - \int_0^\delta u_x \frac{\partial u_x}{\partial x} dy \right) = \int_0^\delta u_\infty \frac{du_\infty}{dx} dy + \nu \frac{\partial u_x}{\partial y} \Big|_0^\delta$$

或

$$2\int_0^\delta u_x \frac{\partial u_x}{\partial x} dy - u_\infty \int_0^\delta \frac{\partial u_x}{\partial x} dy = u_\infty \frac{du_\infty}{dx} \int_0^\delta dy - \nu \frac{\partial u_x}{\partial y} \Big|_{y=0}$$

或

$$\left(\frac{d}{dx} \int_0^\delta u_x^2 dy - u_x^2 \Big|_{y=\delta} \frac{d\delta}{dx} \right) - \left(\frac{d}{dx} \int_0^\delta u_\infty u_x dy - \frac{du_\infty}{dx} \int_0^\delta u_x dy - u_\infty u_x \Big|_{y=\delta} \frac{d\delta}{dx} \right)$$

$$= u_\infty \frac{du_\infty}{dx} \int_0^\delta dy - \nu \frac{\partial u_x}{\partial y} \Big|_{y=0}$$

整理後得

$$\frac{d}{dx}\int_0^{\delta} u_x(u_\infty - u_x)dy + \frac{du_\infty}{dx}\int_0^{\delta}(u_\infty - u_x)dy = \nu\frac{\partial u_x}{\partial y}\bigg|_{y=0} = \left(\frac{g_c}{\rho}\right)\tau_{yx}\bigg|_{y=0} \quad (3\text{–}247)$$

上式稱為 von Kármán 邊界層動量積分方程式 (von Kármán boundary layer integral momentum equation)，乃聯立式 (3–216) 與 (3–217) 以消去 u_y，並改成積分型之邊界層內質量與動量結算聯合方程式。若令式 (3–247) 中之 $\frac{du_\infty}{dx}$ 為零，即 $\frac{dp}{dx}=0$，則變為描述 3–14 節之較簡單邊界層流動的積分方程式

$$u_\infty\frac{d}{dx}\int_0^{\delta}\frac{u_x}{u_\infty}\left(1-\frac{u_x}{u_\infty}\right)dy = \nu\frac{\partial\left(\frac{u_x}{u_\infty}\right)}{\partial y}\Bigg|_{y=0} \quad (3\text{–}248)$$

3. 應用——邊界層流動之近似解

今再考慮 3–14 節越過水平平板之邊界層層狀流動問題，惟此處將應用 von Kármán 氏之方法解之，所得之結果為一近似值。假設邊界層內之 x 方向分速度分布為下列之多項式：

$$\frac{u_x}{u_\infty} = a_0 + a_1\left[\frac{y}{\delta(x)}\right] + a_2\left[\frac{y}{\delta(x)}\right]^2 + a_3\left[\frac{y}{\delta(x)}\right]^3,\ 0\le y\le\delta(x) \quad (3\text{–}249)$$

此速度須滿足下列邊界條件：

$$\text{在 } y=0 \text{ 處，} u_x=0 \text{ 及 } u_y=0 \quad (3\text{–}250)$$

$$\text{在 } y=0 \text{ 處，} \frac{\partial^2 u_x}{\partial y^2}=0 \quad (3\text{–}251)$$

$$\text{在 } y=\delta(x) \text{ 處，} u_x=u_\infty \quad (3\text{–}252)$$

$$\text{在 } y=\delta(x) \text{ 處，} \frac{\partial u_x}{\partial y}=0 \tag{3–253}$$

式 (3–250)、(3–252) 與 (3–253) 之成立甚為明顯；至於式 (3–251) 之推導，可將式 (3–250) 代入式 (3–218)〔或式 (3–216)，並令 $\frac{dp}{dx}=0$〕而得。若式 (3–249) 滿足此四邊界條件，則須 $a_0=0$、$a_1=\frac{3}{2}$、$a_2=0$ 及 $a_3=-\frac{1}{2}$；故假設之速度分布變為

$$\frac{u_x}{u_\infty}=\frac{3}{2}\left(\frac{y}{\delta}\right)-\frac{1}{2}\left(\frac{y}{\delta}\right)^3,\ 0\le y\le\delta \tag{3–254}$$

應用上式得

$$\begin{aligned}&\int_0^\delta \frac{u_x}{u_\infty}\left(1-\frac{u_x}{u_\infty}\right)dy\\&=\delta\int_0^1\left[\frac{3}{2}\left(\frac{y}{\delta}\right)-\frac{1}{2}\left(\frac{y}{\delta}\right)^3\right]\left[1-\frac{3}{2}\left(\frac{y}{\delta}\right)+\frac{1}{2}\left(\frac{y}{\delta}\right)^3\right]d\left(\frac{y}{\delta}\right)\\&=\frac{39}{280}\delta\end{aligned} \tag{3–255}$$

$$\left.\frac{\partial\left(\frac{u_x}{u_\infty}\right)}{\partial y}\right|_{y=0}=\frac{3}{2\delta} \tag{3–256}$$

將以上結果代入式 (3–248) 之動量積分方程式，整理後得

$$\delta d\delta=\left(\frac{140}{13}\right)\left(\frac{\nu}{u_\infty}\right)dx$$

積分上式

$$\delta^2=\left(\frac{280\nu}{13u_\infty}\right)x+c$$

式中 c 為積分常數。因 $x=0$ 處 (即平板前端)，$\delta=0$ (邊界層厚度為零)，故 $c=0$。因此，邊界層厚度沿 x 方向之變化情形為

$$\delta = 4.64\sqrt{\frac{\nu x}{u_\infty}} \tag{3–257}$$

而式 (3–254) 所描述之速度分布亦得矣!

因係考慮牛頓流體，故平板單位面積上之牽引力為

$$\tau_{yx}\Big|_{y=0} = \frac{\mu}{g_c}\left(\frac{\partial u_x}{\partial y}\right)_{y=0} = \frac{\mu}{g_c}\left(\frac{3u_\infty}{2\delta}\right) = \frac{3\mu u_\infty}{2g_c}\left(\frac{1}{4.64}\sqrt{\frac{u_\infty}{\nu x}}\right)$$

$$= (\frac{0.322}{g_c})\sqrt{\frac{\rho\mu u_\infty^3}{x}} \tag{3–258}$$

此時之牽引係數為

$$C_D = \frac{\dfrac{g_c F_d}{BL}}{\dfrac{1}{2}\rho u_\infty^2} = \frac{\dfrac{g_c}{BL}\displaystyle\int_0^L B\tau_{yx}\Big|_{y=0}dx}{\dfrac{1}{2}\rho u_\infty^2} = 1.292\boldsymbol{Re}_L^{-\frac{1}{2}} \tag{3–259}$$

式 (3–257) 至 (3–259) 若與 3–14 節中之正確解對應比較，則發現其誤差不超過 3%。因此上面的例子充分證明: 應用 von Kármán 的動量積分方程式，解邊界層之流動問題時，本節所介紹之近似解法甚具威力，尤以無法直接從 Prandtl 方程式獲得正確解時為最。

實際應用上，吾人可假設多種滿足邊界條件之速度分布，以解此類問題之近似解。對於不可壓縮牛頓流體，以穩態層狀越過一水平平板之流動問題，表 3–2 列舉另兩種假設速度分布，這些速度皆滿足式 (3–250) 至 (3–253) 之邊界條件，而表中邊界層厚度 $\delta(x)$ 及牽引係數 C_D，乃仿效本節之方法，應用動量積分方程式所求出者。

表 3–2 近似解與正確解之比較（不可壓縮牛頓流體以穩態層狀越過一水平平板）

速度分布 $\frac{u_x}{u_\infty}$	$\frac{\delta}{x}\sqrt{Re_x}$	$C_D\sqrt{Re_L}$
正確解	5.0	1.328
$\frac{y}{\delta}$	3.46	1.156
$\frac{3}{2}\left(\frac{y}{\delta}\right)-\frac{1}{2}\left(\frac{y}{\delta}\right)^3$	4.64	1.292
$\sin\left(\frac{\pi}{2}\right)\left(\frac{y}{\delta}\right)$	4.80	1.308

表 3–2 中並且列有正確解之結果，可供比較。結果發現：除線型速度分布 $\frac{u_x}{u_\infty}=\frac{y}{\delta}$ 之假設，因太簡陋以致誤差較大外，其餘兩種近似解與正確解甚為接近，尤其以正弦速度分布之假設，更為接近。

3–16 圓管進口處之層狀流動

圓管內前端的速度變化情形，如 3–12 節中圖 3–9 所示，因此圓管進口處之流動，乃屬邊界層問題。Langhaar 氏得下列之速度分布近似解：

$$\frac{u_z}{u_\infty}=\frac{I_0[\phi(z)]-I_0\left[\left(\frac{r}{R}\right)\phi(z)\right]}{I_2[\phi(z)]} \tag{3–260}$$

式中 I_0 及 I_2 乃第一類修正貝斯函數 (the modified Bessel function of the first kind)，其定義為

$$I_p(\xi)=\sum_{k=0}^{\infty}\frac{\left(\frac{\xi}{2}\right)^{2k+p}}{k!(k+p)!} \tag{3–261}$$

其值可由工程數學書中之函數表查出；$\phi(z)$ 之值可由圖 3–11 查得。

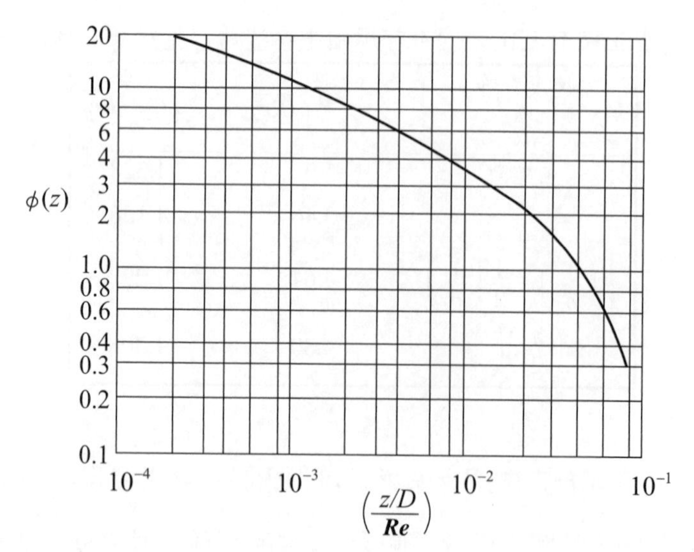

圖 3–11 式 (3–254) 之函數 $\phi(z)$〔摘自 H. L. Langhaar, *trans. Am. Soc. Mech. Eng.*, A64: 55 (1942)〕

式 (3–260) 之適用範圍為

$$\frac{L_e}{D} = 0.0575\, \boldsymbol{Re} \tag{3–262}$$

式中 L_e 表進口效應區之長度，D 表管徑，Re 表雷諾數，其定義為

$$\boldsymbol{Re} = \frac{Du_\infty \rho}{\mu} \tag{3–263}$$

另者，由式 (3–261) 之定義知

$$I_0[\phi(z)] = 1 + \left[\frac{\phi(z)}{2}\right]^2 + \cdots$$

$$I_0\left[\left(\frac{r}{R}\right)\phi(z)\right] = 1 + \left[\left(\frac{r}{R}\right)\frac{\phi(z)}{2}\right]^2 + \cdots$$

$$I_2[\phi(z)] = \frac{\left[\frac{\phi(z)}{2}\right]^2}{2} + \cdots$$

因 $z \gg L_e$ 處為速度全展開區域，因此 $u_\infty \to u_{z,b}$；另由圖 3–11 知，此區域裡

$\left[\dfrac{\left(\frac{z}{D}\right)}{\boldsymbol{Re}} \gg \dfrac{\left(\frac{L_e}{D}\right)}{\boldsymbol{Re}} = 0.0575\right]$, $\phi(z) \to 0$，故式 (3–260) 變為

$$\frac{u_z}{u_{z,b}} = \frac{\left[1 + \dfrac{\phi^2(z)}{4}\right] - \dfrac{\left[1 + \dfrac{\left(\frac{r}{R}\right)^2 \phi^2(z)}{4}\right]}{\dfrac{\phi^2(z)}{8}}}{\dfrac{\phi^2(z)}{8}} = 2\left[1 - \left(\frac{r}{R}\right)^2\right] \tag{3–264}$$

上式即為式 (2–66) 之拋物線速度分布。因此，式 (3–260) 不但描述進口區之速度分布，同時也涵蓋全展開區者。

例 3–4

25°C 之水以層流流進管中，試求進口區 $z = \dfrac{L_e}{4}$ 處之無因次速度分布，$\dfrac{u_z}{u_\infty}$。

解

$$\because \frac{L_e}{D} = 0.0575\,\boldsymbol{Re}$$

$$\therefore \frac{\left(\frac{z}{D}\right)}{\boldsymbol{Re}} = \frac{z}{L_e} \cdot \frac{\left(\frac{L_e}{D}\right)}{\boldsymbol{Re}} = \frac{1}{4}(0.0575) = 0.0144$$

由圖 3–11 查得 $\phi(z) = 2.8$。因速度分布為式 (3–260)，故藉數學表中之函數表，即可求出管截面積上各點之速度。結果如下表所列。

$\frac{r}{R}$	$\left(\frac{r}{R}\right)\phi(z)$	$I_0[\phi(z)]$	$I_0\left[\left(\frac{r}{R}\right)\phi(z)\right]$	$I_2[\phi(z)]$	$\frac{u_z}{u_\infty}$
0	0	4.1574	1.0000	1.7994	1.755
0.20	0.56	4.1574	1.0818	1.7994	1.710
0.40	1.12	4.1574	1.3426	1.7994	1.563
0.50	1.40	4.1574	1.5534	1.7994	1.445
0.60	1.68	4.1574	1.8458	1.7994	1.284
0.70	1.96	4.1574	2.2216	1.7994	1.076
0.80	2.24	4.1574	2.7132	1.7994	0.803
0.90	2.52	4.1574	3.3100	1.7994	0.471
1.00	2.80	4.1574	4.1574	1.7994	0

3–17 非穩態層狀流動

迄今吾人所討論之流動問題，僅限於穩定狀態者，即流動情形與時間無關，此乃一般工程上常見之流動問題。然近年來因**發動** (start-up) 與**控制** (control) 問題之引人注目，**瞬間現象** (transient phenomena) 問題亦為學者爭相研究之對象。瞬間現象之流動問題與時間有關，稱為**非穩態流動** (unsteady flow)。最常見之非穩態流動情形有二：一為當流體由靜止狀態開始運動時；另一為流體作週期運動時。因限於篇幅，此處擬就前者所引起之非穩態流動問題，列舉兩個最簡單之例題，分別敘述如下：

1. 平板上之非穩態層流

今有一無限長平板，水平置於大量之某不可壓縮之牛頓流體中。設此流體之密度為 ρ，黏度為 μ，且平板起初隨流體以定速度 u_∞ 沿水平 (x) 方向漂流。惟突然間 $(t=0)$，平板受外力之阻止而不動，但流體仍以速度 u_∞ 繼續流動。此時由於流體帶有黏性，遂在板面上下附近形成速度邊界層，其厚度隨時間而增大，於是引起流體在 x 方向之非穩態流動，如圖 3–12 所示。

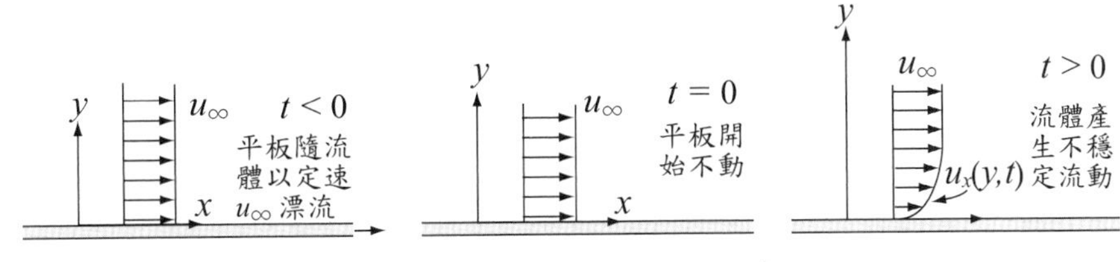

圖 3–12 平板上之非穩態層流

此時 $u_y = u_z = 0$，且流動系統與 z 軸（即垂直於圖面之方向）無關。由式 (3–14) 之連續方程式知，$\frac{\partial u_x}{\partial x} = 0$，即 u_x 亦不為 x 之函數，故 $u_x = u_x(y, t)$。假設沿 x 方向無壓力差及重力，且流體呈層狀流動，則式 (3–79) 之 x 方向動量方程式可簡化為

$$\frac{\partial u_x}{\partial t} = \nu \frac{\partial^2 u_x}{\partial y^2} \tag{3–265}$$

此非穩態系統之初態條件 (I.C.) 及邊界條件 (B.C.) 為

$$\text{I.C.}: t = 0,\ u_x = u_\infty,\ y \geq 0 \tag{3–266}$$

$$\text{B.C.1}: y = 0,\ u_x = 0,\ t > 0 \tag{3–267}$$

$$\text{B.C.2}: y = \infty,\ u_x = u_\infty,\ t \geq 0 \tag{3–268}$$

令

$$\frac{u_\infty - u_x}{u_\infty} = \phi(\eta) \tag{3–269}$$

$$\eta = \alpha t^\beta y \tag{3–270}$$

式中 α 與 β 為待定常數，η 為無因次結合變數，而 $\phi(\eta)$ 為待求函數。將式 (3–269) 與 (3–270) 代入式 (3–265)，整理後得

$$\phi'' = -\left(\frac{1}{2\nu}\right)\alpha^{-2}\beta t^{-2\beta-1}(-2\eta\phi') \tag{3–271}$$

式中 ϕ' 與 ϕ'' 分別表 ϕ 對 η 之第一階與第二階導函數。再令

$$-2\beta - 1 = 0 \tag{3–272}$$

$$-\left(\frac{1}{2\nu}\right)\alpha^{-2}\beta = 1 \tag{3–273}$$

則式 (3–271) 變成函數 $\phi(\eta)$ 之二階常微分方程式

$$\phi'' + 2\eta\phi' = 0 \tag{3–274}$$

且由式 (3–272) 與 (3–273) 知，此時 α 與 β 之值必須選定為：$\beta = -\frac{1}{2}$ 與 $\alpha = \frac{1}{\sqrt{4\nu}}$，而式 (3–270) 之結合變數的結構為

$$\eta = \frac{y}{\sqrt{4\nu t}} \tag{3–275}$$

由上面之演變讀者當可看出：吾人已將變數 y 與 t 結合成一無因次之新變數 η，並將一偏微分方程式簡化為一常微分方程式，此法稱為**變數結合 (combination of variables)**，為解偏微分方程式時甚具威力的方法之一。此時式 (3–266) 至 (3–268) 可改寫成下面二邊界條件：

$$\text{B.C.1}': \eta = 0, \phi = 1 \tag{3–276}$$

$$\text{B.C.2}': \eta = \infty, \phi = 0 \tag{3–277}$$

連續積分式 (3–274) 兩次，並應用上面二邊界條件，得速度分布為

$$\frac{u_\infty - u_x}{u_\infty} = 1 - \frac{\int_0^\eta e^{-\eta^2} d\eta}{\int_0^\infty e^{-\eta^2} d\eta} \tag{3–278}$$

此速度分布尚殘留待積分項，應用時頗感不便；然吾人若應用**數值積分法**

(method of numerical integration)，求出一些 η 與 $\frac{u_x}{u_\infty}$ 之對應值，並將之列成圖表，則應用時較方便。

又若讀者已熟習**特殊函數** (special function)，則必知下面**誤差函數** (error function) 之定義：

$$\operatorname{erf}(\eta) = \frac{2}{\sqrt{\pi}} \int_0^{\eta} e^{-\eta^2} d\eta \tag{3–279}$$

且由定義知

$$\operatorname{erf}(0) = 0 \tag{3–280}$$

$$\operatorname{erf}(\infty) = 1 \tag{3–281}$$

因此式 (3–278) 可寫為

$$\frac{u_x}{u_\infty} = \frac{\frac{2}{\sqrt{\pi}} \int_0^{\eta} e^{-\eta^2} d\eta}{\frac{2}{\sqrt{\pi}} \int_0^{\infty} e^{-\eta^2} d\eta} = \frac{\operatorname{erf}(\eta)}{\operatorname{erf}(\infty)} = \operatorname{erf}(\eta) \tag{3–282}$$

於文獻中經常出現另一特殊函數，其形態擬似誤差函數，其定義為

$$\operatorname{erfc}(\eta) = \frac{2}{\sqrt{\pi}} \int_{\eta}^{\infty} e^{-\eta^2} d\eta \tag{3–283}$$

稱為**補足誤差函數** (complementary error function)，其與誤差函數之關係可由式 (3–283) 引導

$$\begin{aligned} \operatorname{erfc}(\eta) &= \frac{2}{\sqrt{\pi}} \int_0^{\infty} e^{-\eta^2} d\eta - \frac{2}{\sqrt{\pi}} \int_0^{\eta} e^{-\eta^2} d\eta \\ &= \operatorname{erf}(\infty) - \operatorname{erf}(\eta) \\ &= 1 - \operatorname{erf}(\eta) \end{aligned} \tag{3–284}$$

將式 (3–275) 代入式 (3–282)，得速度分布為

$$\frac{u_x}{u_\infty} = \text{erf}\left(\frac{y}{\sqrt{4\nu t}}\right) \tag{3–285}$$

表 3–3 列舉一些誤差函數與補足誤差函數。若讀者已熟習 Laplace 轉換法，則亦可應用此法輕易解出此問題。速度分布既得，吾人將用之以求邊界層厚度與剪應力。

表 3–3 誤差函數與補足誤差函數

η	erf(η)	erfc(η)	η	erf(η)	erfc(η)
0.00	0.0000	1.0000	0.9	0.7969	0.2031
0.01	0.0113	0.9887	1.0	0.8427	0.1573
0.02	0.0226	0.9774	1.1	0.8802	0.1198
0.04	0.0451	0.9549	1.2	0.9103	0.0897
0.06	0.0676	0.9324	1.3	0.9340	0.0660
0.08	0.0901	0.9099	1.4	0.9523	0.0477
0.10	0.1125	0.8875	1.5	0.9661	0.0339
0.20	0.2227	0.7773	1.6	0.9763	0.0237
0.30	0.3286	0.6714	1.8	0.9891	0.0109
0.40	0.4284	0.5716	2.0	0.9953	0.0047
0.50	0.5204	0.4796	2.2	0.9981	0.0019
0.60	0.6039	0.3961	2.5	0.9996	0.0004
0.70	0.6778	0.3222	3.0	1.0000	0.0000
0.80	0.7421	0.2579	4.0	1.0000	0.0000

(1)邊界層厚度：

此非穩態流動乃屬非穩態之邊界層問題，蓋因由於 x 動量沿 y 方向之傳送，遂在板面附近形成一非穩態之邊界層，而邊界層厚度隨時間之增長而增厚。因實際之邊界層厚度不易明確劃定，此處吾人定義 $\frac{u_x}{u_\infty} = 0.99$ 處為邊界層，而該處離板面之距離 y 為邊界層厚度 $\delta(t)$，故由式(3–285)

$$0.99 = \mathrm{erf}\left(\frac{\delta}{\sqrt{4\nu t}}\right)$$

由表 3–3 查得

$$\left(\frac{\delta}{\sqrt{4\nu t}}\right) \approx 1.8$$

故邊界層厚度隨時間之變化關係為

$$\delta(t) = 3.6\sqrt{\nu t} \tag{3–286}$$

⑵剪應力：

牛頓流體之剪應力可由式 (3–282) 之速度及式 (3–279) 之定義求出：

$$\tau_{yx} = +\frac{\mu}{g_c}\left(\frac{\partial u_x}{\partial y}\right) = \frac{\mu u_\infty}{g_c\sqrt{4\nu t}}\frac{d\phi}{d\eta}$$

$$= \frac{\mu u_\infty}{g_c\sqrt{4\nu t}}\left(\frac{2}{\sqrt{\pi}}e^{-\eta^2}\right) = (\frac{\mu u_\infty}{g_c}\sqrt{\pi\nu t})e^{-\eta^2} \tag{3–287}$$

設板長為 L，板寬為 B，則板之牽引力為

$$F_d = (BL)\tau_{yx}\Big|_{y=0} = \frac{BLu_\infty}{g_c}\sqrt{\frac{\mu\rho}{\pi t}} \tag{3–288}$$

故為使平板開始保持靜止不動，所需之作用力與時間之平方根成反比。下面接著介紹另一非穩態層狀流動。

2. 圓管中之非穩態層流

今考慮一長度為 L、半徑為 R 之垂直圓管中，置有密度為 ρ、黏度為 μ 之某不可壓縮牛頓流體。設管之底部起初被封閉，故流體起初靜止不動。惟突然間 $(t = 0)$ 管之底部被打開，此時因重力之存在，於是流體在管中遂產生非穩態

流動而往下流。解此流動問題，宜採用圓柱體坐標；此時 $u_r = u_\theta = 0$，且由連續方程式知，u_z 不為 z 坐標之函數，而流動系統又與 θ 方向呈對稱，故 $u_z = u_z(r, t)$。因此由圓柱體坐標之 z 方向運動方程式得

$$\rho\frac{\partial u_z}{\partial t} = \frac{\mu}{r}\frac{\partial}{\partial r}\left(r\frac{\partial u_z}{\partial r}\right) + \rho g \tag{3–289}$$

穩定狀態時上式變為

$$\frac{\frac{\mu}{r}d\left(\frac{rdu_z}{dr}\right)}{dr} = -\rho g$$

此時之邊界條件為：$r = R$, $u_z = 0$ 及 $r = 0$, $u_z =$ 有限值，解之，得穩態之速度分布為

$$u_z = \left(\frac{\rho g R^2}{4\mu}\right)\left[1 - \left(\frac{r}{R}\right)^2\right] = u_{z,\,\max}\left[1 - \left(\frac{r}{R}\right)^2\right] \tag{3–290}$$

本問題之初態條件及邊界條件分別為

$$\text{I.C.}: t = 0, u_z = 0 \tag{3–291}$$

$$\text{B.C.1}: r = 0, u_z = \text{有限值（非無窮大）} \tag{3–292}$$

$$\text{B.C.2}: r = R, u_z = 0 \tag{3–293}$$

此問題若應用**變數分離法 (method of separation of variables)** 求解，可得一含 Bessel 函數之無窮級數解

$$\phi = (1 - \xi^2) - 8\sum_{n=1}^{\infty}\frac{J_0(\alpha_n\xi)}{\alpha_n^3 J_1(\alpha_n)}e^{-\alpha_n^2\tau} \tag{3–294}$$

式中

$$\phi = \frac{u_z}{u_{z,\max}} = \frac{u_z}{\dfrac{\rho g R^2}{4\mu}} \tag{3–295}$$

$$\xi = \frac{r}{R} \tag{3–296}$$

$$\tau = \frac{\nu t}{R^2} \tag{3–297}$$

$$\alpha_1 = 2.405,\ \alpha_2 = 5.520,\ \alpha_3 = 8.654,\ \cdots$$

而 J_0 與 J_1 則分別為**零階** (zero-order) 與**一階** (first-order) Bessel **函數**。若將式 (3–294) 畫成圖，其結果見圖 3–13。

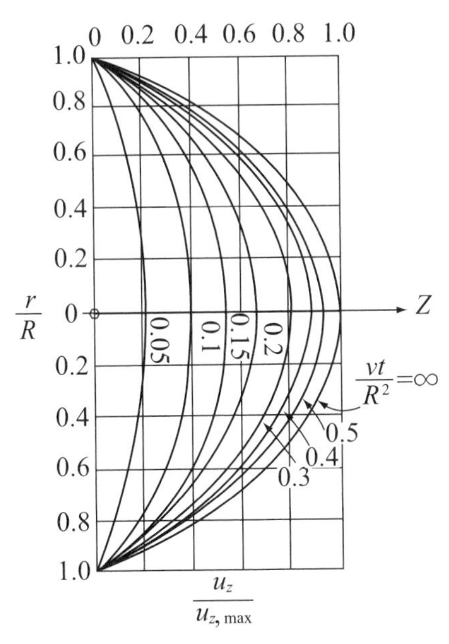

圖 3–13　非穩態管中流動之速度分布

圖 3–13 中 $u_{z,\max}$ 表穩定流動時之最大速度（即管中央之速度），而由式 (3–294) 知，當時間無窮大時（$\tau \to \infty$，穩定流動），$\phi = 1 - \xi^2$，此即為穩態層流之速度分布，見式 (3–290)。

例 3–5

一半徑為 5 厘米之垂直長管底部被封閉，管中填滿靜止不動之重油，其動黏度為 3×10^{-4} (公尺)^2/ 秒。若長管底部突然 $(t=0)$ 被打開，於是重油受重力作用而開始往下流動。試問需耗時多久，管中央之流體速度始為穩定流動時之 90%?

解 由圖 3–13 知，當 $\frac{\nu t}{R^2}=0.45$ 時，管中央處 $(\frac{r}{R}=0)$ 之速度為 $\frac{u_z}{u_{z,\max}}=0.9$，故達到此速度所需之時間為

$$t=\frac{0.45R^2}{\nu}=\frac{(0.45)(0.05)^2}{3\times10^{-4}}=3.75 \text{ 秒}$$

3–18 擾狀流動序論

工程上之流體流動問題中，以擾狀流動為常見。關於層狀流動問題，已於本節前討論過；其中，除一些較簡單者能有正確解外，大多數之問題僅能得近似解。然擾狀流動問題，更難有正確解者，且所得之近似解，乃由理論之導衍再配合實驗數據而得之**半實驗方程式** (semi-empirical equation)。目前，吾人對擾狀流動之研究已有相當之進展；然本書因限於篇幅，在此僅介紹最基本之觀念，俟讀者熟讀本書後，可進一步閱讀更專門之書籍。

於本章前部中，吾人曾討論如何應用連續方程式與運動方程式，以解一些層狀流動問題。雖然現行之該二方程式，亦可代表擾狀流動之質量與動量結算；惟此時式中之速度與壓力乃**瞬時量** (instantaneous quantities)，且隨著時間產生週期性之**波動** (fluctuation)，因此無法直接應用 3–2 至 3–5 諸節中之理論，解擾狀流動問題。

在往後幾節中，吾人將先定義**時間平均量** (time-averaged quantities)，然

後化瞬時連續方程式與瞬時運動方程式為時間平均方程式，最後討論如何聯合時間平均方程式，以解擾狀流動問題。

3–19 擾流中之波動

由 2–7 節中雷諾氏所做實驗之結果知：當流體於管中呈層狀流動時，流體分子皆循自己特有的跑道（流線），有規則地平行流動；惟擾狀流動時，流體分子遂呈不規則之跳動與流動，其流動方向不一。此時因流體分子經常在管徑方向往復跳動，而使管軸與管徑方向之速度均呈振動現象，稱為波動。因此縱使在穩定狀態下，管中某固定點之速度與壓力，均隨時間呈不規則且高頻率之波動，見圖 3–14。

實際上，所有擾狀流動皆為非穩態流動，然吾人若對流場中每一點上之速度與壓力，於適當之週期時間內取平均，則整個流場若非呈現一如圖 3–14 所示之**擬似穩態流動** (quasi-steady flow)，則必呈現一如圖 3–15 所示之**時間平順非穩態流動** (time-smoothing unsteady flow)。此觀念乃解析擾狀流動問題時所依據之主要關鍵，因此，於擾狀流動問題中，不管是穩態流動或非穩態流動，所考慮之速度與壓力，皆指某適當週期內之平均值，稱為**時間平均量** (time-averaged quantities)。

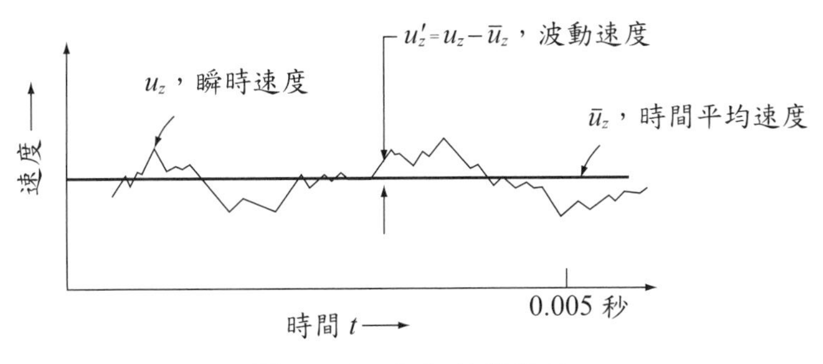

圖 3–14　擬似穩態擾流

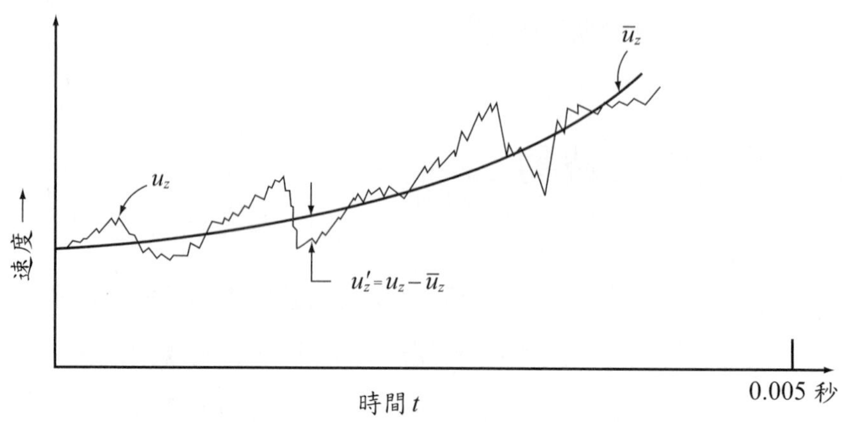

圖 3–15　時間平順非穩態擾流

3–20　擾流中之時間平均量

前節中已敘述過：擾狀流動時，流場中每一固定點上之速度與壓力，其大小與方向皆隨時間起不規則之變化；因此，實際上無穩定狀態之擾流可言。然而吾人可定義 x 方向之時間平均速度如下：

$$\overline{u}_x = \frac{1}{t_0}\int_t^{t+t_0} u_x dt \tag{3–298}$$

式中 u_x 為 x 方向之瞬時速度，$\overline{u}_x$ 為週期時期 t_0 內之 x 方向平均速度。因速度波動之頻率甚高，故所應取之 t_0 只需幾毫秒鐘。至於其他方向之時間平均速度及時間平均壓力，亦可仿效式 (3–298) 定義；若所有的時間平均量皆不隨時間而變，則稱該流動系統為穩態擾流，否則，稱為非穩態擾流。

因此，瞬時量、平均量及波動量間之關係，可分別以下列各式表示：

$$u_x = \overline{u}_x + u_x' \tag{3–299}$$

$$u_y = \bar{u}_y + u'_y \tag{3–300}$$

$$u_z = \bar{u}_z + u'_z \tag{3–301}$$

$$p = \bar{p} + p' \tag{3–302}$$

式中 u'_x、u'_y 及 u'_z 分別表 x、y 及 z 方向之波動速度，p' 則表**波動壓力** (fluctuating pressure)。因此，依式 (3–298) 與 (3–299) 之定義

$$\begin{aligned}\bar{u}'_x &= \frac{1}{t_0}\int_t^{t+t_0} u'_x dt = \frac{1}{t_0}\int_t^{t+t_0} (u_x - \bar{u}_x) dt = \frac{1}{t_0}\int_t^{t+t_0} u_x dt - \frac{\bar{u}_x}{t_0}\int_t^{t+t_0} dt \\ &= \bar{u}_x - \bar{u}_x = 0\end{aligned} \tag{3–303}$$

同理可證，

$$\bar{u}'_x = \bar{u}'_y = \bar{u}'_z = \bar{p}' = 0 \tag{3–304}$$

若考慮一維流動時，$\bar{u}_y = \bar{u}_z = 0$；此時

$$u_x = \bar{u}_x + u'_x \tag{3–305}$$

$$u_y = u'_y \tag{3–306}$$

$$u_z = u'_z \tag{3–307}$$

例 3–6

相距 2 厘米之兩點，在等時間間隔（幾毫秒）連續測得之速度（厘米 / 秒）分別為

$u_{x,a}$	77	78	81	75	70	78	77	73	72
$u_{x,b}$	75	80	85	81	74	79	88	80	74

試求其時間平均速度。

解 式 (3–298) 之計算若採**梯形定律** (The trapezium rule) 之數值積分，則

$$\bar{u}_z = \frac{(t+t_0)-t}{nt_0}\left(\frac{u_{x_0}}{2} + u_{x_1} + u_{x_2} + \cdots + \frac{u_{x_n}}{2}\right)$$

$$= \frac{1}{n}\left(\frac{u_{x_0}}{2} + u_{x_1} + u_{x_2} + \cdots + \frac{u_{x_n}}{2}\right)$$

將已知速度代入上式，得

$\bar{u}_{x,a} = 75.81$ 厘米 / 秒

$\bar{u}_{x,b} = 80.19$ 厘米 / 秒

3–21 擾流三區域

流體越過一固體表面呈擾狀流動時，離固體面較遠處，其速度波動毫無規則；靠近壁面處，沿平行固體面方向之速度波動比沿垂直方向者大；與壁面緊鄰處，則無波動。因此整個流場中呈現三種不同之流動方式，以致必須分成三個流動區域來加以討論。如圖 3–16 所示：與壁面緊鄰處因無速度波動，其流動方式與層狀流動無異，稱為**層狀下層** (laminar sublayer)；遠離壁面處因無層狀流動效應，稱為**全展開擾狀流動區域** (region of fully developed turbulence)。因層狀流動區域與擾狀流動區域無法明確劃分，因此介於其間尚有一區域，該區內雜有層狀流動與擾狀流動效應，此仲介區域稱為**緩衝帶域** (buffer zone)。

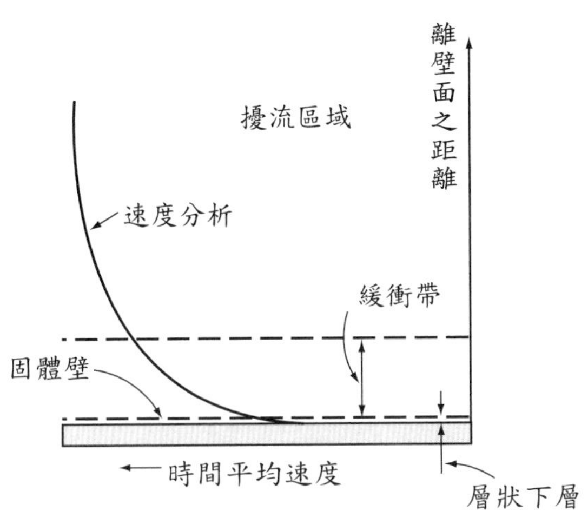

圖 3–16　擾流三區域

3–22　擾流之連續方程式

不可壓縮流體之連續方程式，已於 3–2 節導出，今寫出如下：

$$\frac{\partial u_x}{\partial x}+\frac{\partial u_y}{\partial y}+\frac{\partial u_z}{\partial z}=0 \tag{3–14}$$

考慮擾狀流動時，上式中之 u_x、u_y 與 u_z 皆為瞬時速度，其大小與方向隨時間而波動不定，此時宜採用時間平均速度。將式 (3–299) 至 (3–301) 代入上式，得

$$\frac{\partial \bar{u}_x}{\partial x}+\frac{\partial \bar{u}_y}{\partial y}+\frac{\partial \bar{u}_z}{\partial z}+\frac{\partial u_x'}{\partial x}+\frac{\partial u_y'}{\partial y}+\frac{\partial u_z'}{\partial z}=0$$

今若於上式之等號兩邊各取時間平均，則

$$\overline{\frac{\partial \bar{u}_x}{\partial x}}+\overline{\frac{\partial \bar{u}_y}{\partial y}}+\overline{\frac{\partial \bar{u}_z}{\partial z}}+\overline{\frac{\partial u_x'}{\partial x}}+\overline{\frac{\partial u_y'}{\partial y}}+\overline{\frac{\partial u_z'}{\partial z}}=0 \tag{3–308}$$

式中

$$\overline{\frac{\partial \bar{u}_x}{\partial x}} = \frac{1}{t_0}\int_t^{t+t_0} \frac{\partial \bar{u}_x}{\partial x} dt$$

餘此類推。讀者不難證明下面諸關係成立：

$$\overline{\frac{\partial \bar{u}_x}{\partial x}} = \frac{\partial \bar{u}_x}{\partial x}; \quad \overline{\frac{\partial \bar{u}_y}{\partial y}} = \frac{\partial \bar{u}_y}{\partial y}; \quad \overline{\frac{\partial \bar{u}_z}{\partial z}} = \frac{\partial \bar{u}_z}{\partial z}$$

$$\overline{\frac{\partial u'_x}{\partial x}} = \frac{\partial \bar{u}'_x}{\partial x}; \quad \overline{\frac{\partial u'_y}{\partial y}} = \frac{\partial \bar{u}'_y}{\partial y}; \quad \overline{\frac{\partial u'_z}{\partial z}} = \frac{\partial \bar{u}'_z}{\partial z}$$

最後應用上面諸關係及式 (3–304)，式 (3–308) 變為

$$\frac{\partial \bar{u}_x}{\partial x} + \frac{\partial \bar{u}_y}{\partial y} + \frac{\partial \bar{u}_z}{\partial z} = 0 \tag{3–309}$$

或

$$(\nabla \cdot \bar{\boldsymbol{u}}) = 0 \tag{3–310}$$

故應用於不可壓縮流體作擾狀流動之連續方程式，其型態與式 (3–17) 相同，惟此時式中之速度為時間平均值。此處式 (3–310) 雖自直角坐標系推導而出，但此式在實際應用上已涵蓋所有的坐標系，因此應用於曲坐標系時，只要將式中之向量 $\bar{\boldsymbol{u}}$ 與向量運算子 $(\nabla \cdot)$，依向量在曲坐標系上之定義展開即可。

3–23 擾流之運動方程式

3–4 至 3–5 節所導出之 Navier-Stokes 方程式，亦為擾狀流動之動量結算式，惟此時式中之流體速度與壓力乃瞬時量，故應用於解擾狀流動問題之前，須先將這些瞬時量化為時間平均量，而得一時間平均之運動方程式。

由 3–4 節之結果知，不可壓縮之牛頓流體，其 x 方向之運動方程式為式 (3–79)，而可展開寫成

$$\frac{\partial u_x}{\partial t}+u_x\frac{\partial u_x}{\partial x}+u_y\frac{\partial u_y}{\partial y}+u_z\frac{\partial u_z}{\partial z}=-\frac{g_c}{\rho}\frac{\partial p}{\partial x}+\frac{\mu}{\rho}\left(\frac{\partial^2 u_x}{\partial x^2}+\frac{\partial^2 u_x}{\partial y^2}+\frac{\partial^2 u_x}{\partial z^2}\right)+g_x \tag{3–311}$$

因若應用式 (3–14) 可證明下式成立：

$$\begin{aligned}\frac{\partial (u_x)^2}{\partial x}+\frac{\partial (u_x u_y)}{\partial y}+\frac{\partial (u_x u_z)}{\partial z}&=u_x\frac{\partial u_x}{\partial x}+u_y\frac{\partial u_x}{\partial y}+u_z\frac{\partial u_x}{\partial z}+u_x\left(\frac{\partial u_x}{\partial x}+\frac{\partial u_y}{\partial y}+\frac{\partial u_z}{\partial z}\right)\\&=u_x\frac{\partial u_x}{\partial x}+u_y\frac{\partial u_x}{\partial y}+u_z\frac{\partial u_x}{\partial z}\end{aligned} \tag{3–312}$$

故式 (3–311) 可改寫為

$$\frac{\partial u_x}{\partial t}+\frac{\partial (u_x)^2}{\partial x}+\frac{\partial (u_x u_y)}{\partial y}+\frac{\partial (u_x u_z)}{\partial z}=-\frac{g_c}{\rho}\frac{\partial p}{\partial x}+\frac{\mu}{\rho}\left(\frac{\partial^2 u_x}{\partial x^2}+\frac{\partial^2 u_x}{\partial y^2}+\frac{\partial^2 u_x}{\partial z^2}\right)+g_x \tag{3–313}$$

今若於上式等號之兩邊取時間平均，則

$$\overline{\frac{\partial u_x}{\partial t}}+\overline{\frac{\partial (u_x)^2}{\partial x}}+\overline{\frac{\partial (u_x u_y)}{\partial y}}+\overline{\frac{\partial (u_x u_z)}{\partial z}}=-\overline{\frac{g_c}{\rho}\frac{\partial p}{\partial x}}+\overline{\frac{\mu}{\rho}\left(\frac{\partial^2 u_x}{\partial x^2}+\frac{\partial^2 u_x}{\partial y^2}+\frac{\partial^2 u_x}{\partial z^2}\right)}+\bar{g}_x \tag{3–314}$$

式中

$$\overline{\frac{\partial u_x}{\partial t}}=\frac{1}{t_0}\int_t^{t+t_0}\frac{\partial u_x}{\partial t}dt$$

餘此類推。今計算式 (3–314) 中諸項如下：

$$\overline{\frac{\partial u_x}{\partial t}} = \frac{\partial \bar{u}_x}{\partial t} \tag{3–315}$$

$$\begin{aligned}
\overline{\frac{\partial (u_x)^2}{\partial x}} &= \frac{\partial \overline{(\bar{u}_x + u'_x)^2}}{\partial x} = \frac{\partial}{\partial x}\overline{(\bar{u}_x^2 + 2\bar{u}_x u'_x + u'^2_x)} \\
&= \frac{\partial}{\partial x}(\bar{u}_x^2 + 2\bar{u}_x \bar{u}'_x + \overline{u'^2_x}) \\
&= \frac{\partial \bar{u}_x^2}{\partial x} + \frac{\partial \overline{u'^2_x}}{\partial x}
\end{aligned} \tag{3–316}$$

$$\begin{aligned}
\overline{\frac{\partial (u_x u_y)}{\partial y}} &= \frac{\partial}{\partial y}\overline{(\bar{u}_x + u'_x)(\bar{u}_y + u'_y)} \\
&= \frac{\partial}{\partial y}\overline{(\bar{u}_x \bar{u}_y + u'_x \bar{u}_y + \bar{u}_x u'_y + u'_x u'_y)} \\
&= \frac{\partial (\bar{u}_x \bar{u}_y)}{\partial y} + \frac{\partial \overline{(u'_x u'_y)}}{\partial y}
\end{aligned} \tag{3–317}$$

$$\overline{\frac{\partial (u_x u_z)}{\partial z}} = \frac{\partial (\bar{u}_x \bar{u}_z)}{\partial z} + \frac{\partial \overline{(u'_x u'_z)}}{\partial z} \tag{3–318}$$

$$\overline{\frac{g_c}{\rho}\frac{\partial p}{\partial x}} = \frac{g_c}{\rho}\frac{\partial \bar{p}}{\partial x} \tag{3–319}$$

$$\overline{\frac{\mu}{\rho}\left(\frac{\partial^2 u_x}{\partial x^2} + \frac{\partial^2 u_x}{\partial y^2} + \frac{\partial^2 u_x}{\partial z^2}\right)} = \frac{\mu}{\rho}\left(\frac{\partial^2 \bar{u}_x}{\partial x^2} + \frac{\partial^2 \bar{u}_x}{\partial y^2} + \frac{\partial^2 \bar{u}_x}{\partial z^2}\right) \tag{3–320}$$

$$\bar{g}_x = g_x \quad (g_x \text{ 本來就與時間無關}) \tag{3–321}$$

須注意者，$\bar{u}'_x = 0$，但 $\overline{u'^2_x} \neq 0$ 及 $\overline{u'_x u'_y} \neq 0$。將式 (3–315) 至 (3–321) 代入式 (3–314)，得

$$\begin{aligned}
&\frac{\partial \bar{u}_x}{\partial t} + \frac{\partial \bar{u}_x^2}{\partial x} + \frac{\partial (\bar{u}_x \bar{u}_y)}{\partial y} + \frac{\partial (\bar{u}_x \bar{u}_z)}{\partial z} + \frac{\partial \overline{u'^2_x}}{\partial x} + \frac{\partial \overline{(u'_x u'_y)}}{\partial y} + \frac{\partial \overline{(u'_x u'_z)}}{\partial z} \\
&= -\frac{g_c}{\rho}\frac{\partial \bar{p}}{\partial x} + \frac{\mu}{\rho}\left(\frac{\partial^2 \bar{u}_x}{\partial x^2} + \frac{\partial^2 \bar{u}_x}{\partial y^2} + \frac{\partial^2 \bar{u}_x}{\partial z^2}\right) + g_x
\end{aligned} \tag{3–322}$$

仿效式 (3–312) 之推導並應用式 (3–309)，讀者不難證明下式成立：

$$\frac{\partial \bar{u}_x^2}{\partial x}+\frac{\partial(\bar{u}_x\bar{u}_y)}{\partial y}+\frac{\partial(\bar{u}_x\bar{u}_z)}{\partial z}=\bar{u}_x\frac{\partial \bar{u}_x}{\partial x}+\bar{u}_y\frac{\partial \bar{u}_x}{\partial y}+\bar{u}_z\frac{\partial \bar{u}_x}{\partial z} \tag{3–323}$$

因此若引用式 (3–13) 真時間導函數之定義而將式 (3–323) 代入式 (3–322)，得

$$\frac{D\bar{u}_x}{Dt}=-\frac{g_c}{\rho}\frac{\partial \bar{p}}{\partial x}+\frac{\mu}{\rho}\left(\frac{\partial^2\bar{u}_x}{\partial x^2}+\frac{\partial^2\bar{u}_x}{\partial y^2}+\frac{\partial^2\bar{u}_x}{\partial z^2}\right)-\left[\frac{\partial \overline{u_x'^2}}{\partial x}+\frac{\partial(\overline{u_x'u_y'})}{\partial y}+\frac{\partial(\overline{u_x'u_z'})}{\partial z}\right]+g_x \tag{3–324}$$

若定義

$$\bar{\tau}_{xx}^{(t)}=\frac{\rho\overline{u_x'^2}}{g_c} \tag{3–325}$$

$$\bar{\tau}_{yy}^{(t)}=\frac{\rho\overline{u_y'^2}}{g_c} \tag{3–326}$$

$$\bar{\tau}_{zz}^{(t)}=\frac{\rho\overline{u_z'^2}}{g_c} \tag{3–327}$$

$$\bar{\tau}_{xy}^{(t)}=\bar{\tau}_{yx}^{(t)}=\frac{\rho\overline{u_x'u_y'}}{g_c} \tag{3–328}$$

$$\bar{\tau}_{yz}^{(t)}=\bar{\tau}_{zy}^{(t)}=\frac{\rho\overline{u_y'u_z'}}{g_c} \tag{3–329}$$

$$\bar{\tau}_{zx}^{(t)}=\bar{\tau}_{xz}^{(t)}=\frac{\rho\overline{u_x'u_z'}}{g_c} \tag{3–330}$$

$$\bar{\tau}_{xx}^{(\ell)}=-2\frac{\mu}{g_c}\frac{\partial \bar{u}_x}{\partial x} \tag{3–331}$$

$$\bar{\tau}_{yy}^{(\ell)}=-2\frac{\mu}{g_c}\frac{\partial \bar{u}_y}{\partial y} \tag{3–332}$$

$$\overline{\tau}_{zz}^{(\ell)} = -2\frac{\mu}{g_c}\frac{\partial \overline{u}_z}{\partial z} \tag{3–333}$$

$$\overline{\tau}_{xy}^{(\ell)} = \overline{\tau}_{yx}^{(\ell)} = -\frac{\mu}{g_c}\left(\frac{\partial \overline{u}_x}{\partial y} + \frac{\partial \overline{u}_y}{\partial x}\right) \tag{3–334}$$

$$\overline{\tau}_{yz}^{(\ell)} = \overline{\tau}_{zy}^{(\ell)} = -\frac{\mu}{g_c}\left(\frac{\partial \overline{u}_y}{\partial z} + \frac{\partial \overline{u}_z}{\partial y}\right) \tag{3–335}$$

$$\overline{\tau}_{zx}^{(\ell)} = \overline{\tau}_{xz}^{(\ell)} = -\frac{\mu}{g_c}\left(\frac{\partial \overline{u}_z}{\partial x} + \frac{\partial \overline{u}_x}{\partial z}\right) \tag{3–336}$$

且

$$\overline{\tau}_{ij} = \overline{\tau}_{ij}^{(\ell)} + \overline{\tau}_{ij}^{(t)} \tag{3–337}$$

接著，令式 (3–324) 減以式 (3–309)，然後引入式 (3–325) 至 (3–337) 之關係，最後得擾狀流動時 x 方向之時間平均運動方程式為

$$\frac{\rho}{g_c}\frac{D\overline{u}_x}{Dt} = -\frac{\partial \overline{p}}{\partial x} - \left(\frac{\partial \overline{\tau}_{xx}}{\partial x} + \frac{\partial \overline{\tau}_{yx}}{\partial y} + \frac{\partial \overline{\tau}_{zx}}{\partial z}\right) + \rho\frac{g_x}{g_c} \tag{3–338}$$

同理可證 y 與 z 方向之時間平均運動方程式為

$$\frac{\rho}{g_c}\frac{D\overline{u}_y}{Dt} = -\frac{\partial \overline{p}}{\partial y} - \left(\frac{\partial \overline{\tau}_{xy}}{\partial x} + \frac{\partial \overline{\tau}_{yy}}{\partial y} + \frac{\partial \overline{\tau}_{zy}}{\partial z}\right) + \rho\frac{g_y}{g_c} \tag{3–339}$$

$$\frac{\rho}{g_c}\frac{D\overline{u}_z}{Dt} = -\frac{\partial \overline{p}}{\partial z} - \left(\frac{\partial \overline{\tau}_{xz}}{\partial x} + \frac{\partial \overline{\tau}_{yz}}{\partial y} + \frac{\partial \overline{\tau}_{zz}}{\partial z}\right) + \rho\frac{g_z}{g_c} \tag{3–340}$$

須注意者，式 (3–325) 至 (3–330) 中之 $\overline{\tau}_{ij}^{(t)}$，乃波動速度而引起之動量流通量；式 (3–331) 至 (3–336) 中之 $\overline{\tau}_{ij}^{(\ell)}$，則為黏度效應所引起之動量流通量。$\overline{\tau}_{ij}^{(t)}$ 稱為**雷諾應力 (Reynolds stress)**，將於下一節作進一步討論。

合併式 (3–338) 至 (3–340)，可得一向量型之運動量方程式

$$\frac{\rho}{g_c}\frac{D\bar{\boldsymbol{u}}}{Dt} = -\nabla\bar{p} - [\nabla\cdot\bar{\boldsymbol{\tau}}] + \rho\boldsymbol{g} \tag{3–341}$$

故應用於不可壓縮流體作擾狀流動之運動方程式，其型態與式 (3–66) 相同，惟此時式中之速度、壓力及動量流通量為時間平均量。此處式 (3–341) 雖自直角坐標系推導而出，但此式在實際應用上已涵蓋所有的坐標系，因此應用於曲坐標系時，只要將式中之向量 ($\bar{\boldsymbol{u}}$ 與 $\boldsymbol{g}$)、向量運算子〔∇ 與 $(\nabla\cdot)$〕以及矢量 (tensor, $\bar{\boldsymbol{\tau}}$) 等，依向量與矢量在曲坐標系上之定義展開即可。至於 $\boldsymbol{\tau}$ 與 $[\nabla\cdot\boldsymbol{\tau}]$ 在直角坐標之定義，請參考式 (3–67) 與 (3–68)。

由以上之結果，吾人可對本節作如此之結論：3–3 與 3–4 節中所推導之連續方程式，以及 3–5 與 3–6 節中所推導之運動方程式，亦可用於解擾流問題，惟此時須將 $\boldsymbol{u}$ 改為 $\bar{\boldsymbol{u}}$，$\boldsymbol{\tau}$ 改為 $\bar{\boldsymbol{\tau}} = \bar{\boldsymbol{\tau}}^{(\ell)} + \bar{\boldsymbol{\tau}}^{(t)}$，以及 p 改為 $\bar{\boldsymbol{p}}$。

3–24 雷諾應力之半實驗式

應用式 (3–338) 至 (3–340)，或式 (3–341) 求擾狀流動之流體速度分布時，須知雷諾應力 $\tau_{ij}^{(t)}$ 與速度梯度間之關係。下面列舉一些常用之實驗式：

1. Boussinesq 渦流黏度

式 (3–342) 乃仿效牛頓黏度定律而寫成

$$\bar{\tau}_{yx}^{(t)} = -\frac{\mu^t}{g_c}\frac{d\bar{u}_x}{dy} \tag{3–342}$$

為最早被建議使用之關係式，式中 μ^t 稱為**渦流黏度 (eddy viscosity)**，與位置有關。

2. Prandtl 混合長度

Prandtl 氏建議使用下面關係式：

$$\overline{\tau}_{yx}^{(t)} = -\frac{\rho \ell^2}{g_c}\left|\frac{d\overline{u}_x}{dy}\right|\frac{d\overline{u}_x}{dy} \tag{3–343}$$

式中 ℓ 稱為**混合長度 (mixing length)**，與位置有關；Prandtl 氏並指出，$\ell = k_1 y$，k_1 為常數，y 為離固體表面之距離。

3. von Kármán 相似假說

von Kármán 氏建議以下式表示雷諾應力：

$$\overline{\tau}_{yx}^{(t)} = -\frac{\rho k_2^2}{g_c}\left|\frac{\left(\dfrac{d\overline{u}_x}{dy}\right)^3}{\left(\dfrac{d^2 u_x}{dy^2}\right)^2}\right|\frac{d\overline{u}_x}{dy} \tag{3–344}$$

式中 k_2 乃**通用常數 (universal constant)**，此常數曾由學者們以管中流動之速度分布實驗數據定出，惟所得之值不一，或曰 0.40，或曰 0.36。

4. Deissler 實驗式

當考慮接近固體表面部分之流動問題時，Prandtl 與 von Kármán 二氏之半實驗式不能適用。Deissler 氏建議此時宜採用

$$\tau_{yx}^{(t)} = -\frac{\rho}{g_c} n^2 \overline{u}_x y\left[1 - \exp\left(-\frac{n^2 \overline{u}_x y}{\nu}\right)\right]\frac{d\overline{u}_x}{dy} \tag{3–345}$$

式中 n 為常數，Deissler 氏指出，$n = 0.124$。

3–25 平滑管內之擾狀流動

吾人已於 2–12 節中討論過不可壓縮流體在圓管內呈穩態層狀之流動問題；其動量結算式為

$$\frac{d}{dr}(r\tau_{rz}) = \left(\frac{p_0 - p_L}{L}\right)r \tag{2–60}$$

此時若考慮擾狀流動，則根據 3–22 與 3–23 節之推論，其動量結算方程式可仿效上式寫成

$$\frac{d}{dr}(r\overline{\tau}_{rz}) = \left(\frac{p_0 - p_L}{L}\right)r \tag{3–346}$$

其中 $\overline{\tau}_{rz} = \overline{\tau}_{rz}^{(\ell)} + \overline{\tau}_{rz}^{(t)}$。積分上式並應用邊界條件：$r = 0$ 處 τ_{rz} 不為無窮大，則

$$\overline{\tau}_{rz} = \frac{(p_0 - p_L)r}{2L} \tag{3–347}$$

因此管壁處之剪應力為

$$\tau_s = \frac{(p_0 - p_L)R}{2L} \tag{3–348}$$

而式 (3–347) 可改寫為

$$\overline{\tau}_{rz} = \frac{(p_0 - p_L)R}{2L} \cdot \frac{r}{R} = \tau_s \frac{r}{R}$$

故動量流通量（或剪應力）係隨離管中央距離之增大而遞增。若令 s 表離管壁之距離，則 $s = R - r$，上式可重寫為

$$\bar{\tau}_{rz} = \tau_s\left(1 - \frac{s}{R}\right) \tag{3–349}$$

於 3–21 節中已提及，流體越過一固體呈擾狀流動時，整個流場可分為三種不同流動情形之區域，故研究擾狀流動問題時，須分區討論其流動現象。今分別求出三區域內之速度分布如下：

1. 擾狀流動區域

流體於管中呈擾狀流動時，管中央部分為完全展開擾流區域，故 $\bar{\tau}_{rz} = \bar{\tau}_{rz}^{(t)}$。此時若應用 Prandtl 混合長度理論於圓柱體坐標系，則式 (3–343) 應改寫為

$$\bar{\tau}_{rz}^{(t)} = \frac{\rho}{g_c}k_1^2 s^2\left(\frac{d\bar{u}_z}{ds}\right)^2 \tag{3–350}$$

其中曾以 s 代 y，$k_1 s$ 代 ℓ，$\bar{\tau}_{rz}^{(t)}$ 代 $(-\bar{\tau}_{sz}^{(t)})$。將上式代入式 (3–349)，並令 $\bar{\tau}_{rz} = \bar{\tau}_{rz}^{(t)}$，得

$$\frac{\rho}{g_c}k_1^2 s^2\left(\frac{d\bar{u}_z}{ds}\right)^2 = \tau_s\left(1 - \frac{s}{R}\right) \tag{3–351}$$

此處 Prandtl 氏為了數學解題之方便，曾經作一極不合理之假設而解出上式，其結果卻可適用於某範圍之擾狀流動問題。Prandtl 氏假設式 (3–351) 之右邊趨近於 τ_s，即令 $\frac{s}{R} \ll 1$；然吾人正討論管中央部分之擾狀流動，該處 $\frac{s}{R}$ 顯然不小，更不為零，故此乃一極不合理之假設。惟若根據此假設，式 (3–351) 可整理成

$$\frac{d\bar{u}_z}{ds} = \frac{1}{k_1}u^*\frac{1}{s} \tag{3–352}$$

式中令

$$u^* = \sqrt{\frac{\tau_s g_c}{\rho}} \tag{3–353}$$

其因次與速度相同。因反正 k_1 為待定常數，故由式 (3–351) 開平方得式 (3–352) 時，僅取正號。若令 s_1 表管中緩衝帶區域與擾流區域之交界點，$\bar{u}_{z_1}$ 表該點上之流體速度，則積分式 (3–352)，得

$$\bar{u}_z - \bar{u}_{z_1} = \frac{1}{k_1} u^* \ln\frac{s}{s_1},\ s \geq s_1 \tag{3–354}$$

若引出下面二無因次變數：

$$u^+ = \frac{\bar{u}_z}{u^*} \tag{3–355}$$

$$s^+ = \frac{s u^* \rho}{\mu} \tag{3–356}$$

則式 (3–354) 可改寫為

$$u^+ - u_1^+ = \frac{1}{k_1} \ln\frac{s^+}{s_1^+} \tag{3–357}$$

Deissler 氏根據實驗數據而找出下面待定常數之最適當值：

$$k_1 = 0.36,\ s_1^+ = 26,\ u_1^+ = 12.85$$

故擾狀流動區域之無因次速度分布為

$$u^+ = \frac{1}{0.36} \ln s^+ + 3.8,\ s^+ \geq 26 \tag{3–358}$$

2. 層狀下層

考慮層狀下層時，$s \to 0,\ \bar{\tau}_{rz} = \tau_{rz}^{(\ell)}$，再應用牛頓黏度定律，式 (3–349) 變為

$$\tau_s = \bar{\tau}_{rz} = \bar{\tau}_{rz}^{(\ell)} = -\frac{\mu}{g_c}\frac{d\bar{u}_z}{dr} = \frac{\mu}{g_c}\frac{d\bar{u}_z}{ds} \tag{3–359}$$

改成無因次式，得

$$du^+ = ds^+ \tag{3–360}$$

自 $s^+ = 0$（與 $u^+ = 0$）積分至 $s^+ = s^+$(與 $u^+ = u^+$)，得層狀下層之速度分布為

$$u^+ = s^+, 0 \le s^+ \le 5 \tag{3–361}$$

由實驗測知，層狀下層之無因次厚度為 $s^+ = 5$。

3. 緩衝帶域

因為在緩衝帶域內雜有層狀與擾狀流動，故 $\bar{\tau}_{rz} = \bar{\tau}_{rz}^{(\ell)} + \bar{\tau}_{rz}^{(t)}$。又因緩衝帶域與層狀下層緊鄰而靠近管壁，因此 Deissler 氏之雷諾應力關係可適用，且 $\frac{s}{R} \ll 1$，故式 (3–349) 變為

$$\tau_s = \bar{\tau}_{rz} = \bar{\tau}_{rz}^{(\ell)} + \bar{\tau}_{rz}^{(t)} = \bar{\tau}_{rz}^{(\ell)} - \bar{\tau}_{sz}^{(t)} = \frac{\mu}{g_c}\frac{d\bar{u}_z}{ds} + \frac{\rho}{g_c}\eta^2\bar{u}_z s\left[1 - \exp\left(\frac{-\eta^2\bar{u}_z s}{\nu}\right)\right]\frac{d\bar{u}_z}{ds} \tag{3–362}$$

因層狀下層之無因次厚度為 $s^+ = 5$，由式 (3–361) 知，此處之無因次速度為 $u^+ = 5$，因此緩衝帶域之速度分布，可自 $s^+ = 5$（與 $u^+ = 5$）至 $s^+ = s^+$(與 $u^+ = u^+$)，積分上式而得

$$u^+ = 5 + \int_5^{s^+} \frac{ds^+}{1 + \eta^2 u^+ s^+[1 - \exp(-\eta^2 u^+ s^+)]}, 5 \le s^+ \le 26 \tag{3–363}$$

因緩衝帶域與擾流區域之交界點為 $s^+ = 26$，因此上式之適用範圍為 $5 \le s^+ \le 26$。上式可應用數值分析法計算之。

式 (3–358)、(3–363) 與 (3–361) 分別表不可壓縮牛頓流體在平滑管中呈擾流時，層狀下層、緩衝帶域與擾流區域之速度分布，其分布情形見圖 3–17；由實驗證明，當 $\boldsymbol{Re}_D\ (=\dfrac{Du_b\rho}{\mu}) > 20\,000$ 時，這些速度分布式之計算值，與實驗結果吻合。

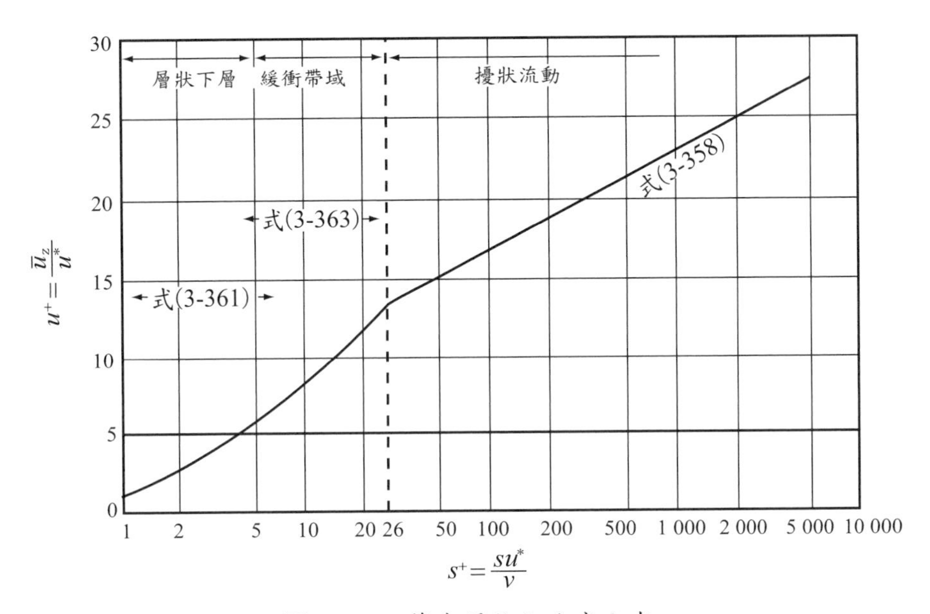

圖 3–17　管中擾狀之速度分布

前面所得之速度分布僅適用於 $\boldsymbol{Re}_D > 20\,000$，Prandtl 與 von Kármán 二氏另由實驗數據，獲得應用範圍較廣泛之速度分布方程式：

$$u^+ = s^+,\ 5 \ge s^+ \ge 0 \tag{3–364}$$

$$u^+ = 5\ \ln s^+ - 3.05,\ 30 \ge s^+ \ge 5 \tag{3–365}$$

$$u^+ = 2.5\ \ln s^+ + 5.5,\ s^+ \ge 30 \tag{3–366}$$

此速度分布可適用於雷諾數介於 4 000 至 3.2×10^6 之間，稱為**通用速度分布** (universal velocity distribution)。

例 3–7

流體沿平滑管中呈擾狀流動時，速度分布亦有下面之表示式：

$$\frac{\bar{u}_z}{\bar{u}_{z,\,\max}} = (1 - \frac{r}{R})^{\frac{1}{n}} \tag{3–367}$$

式中之 n 值為

Re_D	4×10^3	1.1×10^5	3.2×10^6
n	6	7	10

試求各雷諾數之 $\frac{\bar{u}_{z,\,b}}{\bar{u}_{z,\,\max}}$ 值。

解 依管中平均速度之定義

$$\frac{\bar{u}_{z,\,b}}{\bar{u}_{z,\,\max}} = \frac{1}{\pi R^2}\int_0^R \frac{\bar{u}_z}{\bar{u}_{z,\,\max}} 2\pi r dr = 2\int_0^1 \left(1 - \frac{r}{R}\right)^{\frac{1}{n}} \left(\frac{r}{R}\right) d\left(\frac{r}{R}\right)$$

令 $1 - \frac{r}{R} = \xi, d(\frac{r}{R}) = -d\xi$，則

$$\frac{\bar{u}_{z,\,b}}{\bar{u}_{z,\,\max}} = 2\int_1^0 \xi^{\frac{1}{n}}(1 - \xi)(-d\xi) = 2\int_0^1 \xi^{\frac{1}{n}}(1 - \xi)d\xi$$

$$= 2\left[\frac{\xi^{1+\frac{1}{n}}}{1 + (\frac{1}{n})} - \frac{\xi^{2+\frac{1}{n}}}{2 + (\frac{1}{n})}\right]\Bigg|_0^1 = 2\left(\frac{n}{n+1} - \frac{n}{2n+1}\right)$$

$$= \frac{2n^2}{(n+1)(2n+1)}$$

將 $n = 6$、7 與 10 代入上式，得

Re_D	4×10^3	1.1×10^5	3.2×10^6
$\frac{u_z}{u_{z,\,\max}}$	0.79	0.82	0.87

例 3–8

密度為 1×10^3 千克/(公尺)^3，動黏度為 1.02×10^{-6}（公尺)^2/秒之水，以穩態擾流通過一半徑為 7.62 厘米之圓管。若管壁上之剪應力為 0.163 牛頓/(公尺)^2，試求離管壁 $\frac{R}{3}$ 處之 $\frac{\mu^t}{\mu}$ 比。

解 渦流黏度之定義為

$$\bar{\tau}_{rz} = \bar{\tau}_{rz}^{(\ell)} + \bar{\tau}_{rz}^{(t)} = -\frac{\mu}{g_c}\frac{d\bar{u}_z}{dr} - \frac{\mu^t}{g_c}\frac{d\bar{u}_z}{dr}$$
$$= +\left(\frac{\mu+\mu^t}{g_c}\right)\frac{d\bar{u}_z}{ds}$$

應用式 (3–349) 重整上式，得渦流黏度與牛頓黏度之比的表示式

$$\frac{\mu^t}{\mu} = \frac{1}{\mu}\frac{\bar{\tau}_{rz}g_c}{\frac{d\bar{u}_z}{ds}} - 1 = \frac{1}{\mu}\frac{\tau_s g_c\left(1-\frac{s}{R}\right)}{\frac{d\bar{u}_z}{ds}} - 1$$
$$= \frac{1-\frac{s}{R}}{\frac{du^+}{ds^+}} - 1$$

在 $s = \frac{R}{2}$ 處

$$s^+ = \frac{su^*\rho}{\mu} = \frac{(\frac{R}{2})\sqrt{\frac{\tau_s g_c}{\rho}}}{\nu}$$
$$= \frac{\left(\frac{0.0762}{3}\right)\sqrt{\frac{(0.163)(1)}{1\times10^3}}}{1.18\times10^{-6}} = 275 > 30$$

因 $s^+ > 30$，故 $s = \frac{R}{3}$ 處已屬完全擾流區域，而此區域之速度分布方程

式為

$$u^{+} = 2.5 \ln s^{+} + 5.5 \tag{3–366}$$

因此

$$\frac{du^{+}}{ds^{+}} = \frac{2.5}{s^{+}} = \frac{2.5}{275} = 9 \times 10^{-3}$$

最後求出黏度比為

$$\frac{\mu^{t}}{\mu} = \frac{1 - \frac{1}{3}}{9 \times 10^{-3}} - 1 = 73$$

可見完全擾流區域內，渦流黏度效應遠比牛頓黏度效應為大。本題之完全擾流區域內 $\frac{s}{R} > \frac{1}{27.5}$ $(s^{+} > 30)$，而層狀下層與緩衝帶區之總厚度才 $\frac{R}{27.5} = 0.277$ 厘米，速度又小，故一般計算擾狀流動之平均速度時，若此兩區域之速度略而不計，其誤差不大。

3–26 越過平板之擾狀流動

於 3–14 節曾經介紹如何應用邊界層理論，解越過平板之穩態層狀流動問題。由結果知雷諾數與板長 L 成正比，故一般而言，靠近平板前端部分之流動為層流（$\boldsymbol{Re}_x = \frac{u_\infty x}{\nu} < 5 \times 10^5$），離平板前端較遠處為擾流（$\boldsymbol{Re}_x = \frac{u_\infty x}{\nu} > 5 \times 10^5$）。解擾狀流動問題時，亦可仿效 3–14 節之方法，藉 3–22 與 3–23 兩節導出之時間平均連續方程式與時間連續運動方程式，求出其速度分布及板面之剪應力。然於 3–14 節中吾人雖能得層狀流動之**正確解** (exact solution)，但其演算過程相當繁雜困難，因此此處擾流問題若仍仿效 3–15 節之方法來解時間平均運動方程式，會因多了雷諾應力之存在，而導致遭遇到更繁難之演算，故此處擬介紹如何應用 von Kármán 邊界層近似法，以解越過平板之穩態擾流問題。

3–15 節中導出之動量積分方程式，亦可應用於擾流之邊界層流動；惟此時式中之速度及壓力乃代表瞬時量，故應用之前應將之變為時間平均值。若仿效 3–20 節之方法，將式 (3–248) 取時間平均，並令 $\dfrac{\overline{u_x'^2}}{u_\infty^2} \approx 0$，則得一與式 (3–248) 型態不變，但以時間平均量取代瞬時量之運動量積分方程式

$$\frac{d}{dx} u_\infty^2 \int_0^\delta \frac{\bar{u}_x}{u_\infty}\left(1 - \frac{\bar{u}_x}{u_\infty}\right) dy = \nu \frac{\partial \bar{u}_x}{\partial y}\bigg|_{y=0} \tag{3–368}$$

Prandtl 氏假設越過平板之擾流速度分布如下：

$$\frac{\bar{u}_x}{u_\infty} = \left[\frac{y}{\delta(x)}\right]^{\frac{1}{7}},\ 0 \le y \le \delta(x) \tag{3–369}$$

$$\frac{\bar{u}_x}{u_\infty} = 1,\ y \ge \delta(x) \tag{3–370}$$

此速度分布之適用範圍為雷諾數介於 5×10^5 與 10^7 之間。由式 (3–369) 知，$\dfrac{d\bar{u}_x}{dy}\bigg|_{y=0} = \infty$，故式 (3–369) 不適用於求板面上之剪應力。

Blasius 氏由實驗結果得：當流體越過平板呈擾狀流動時，若雷諾數介於 5×10^5 與 10^7 之間，其板面剪應力為

$$\tau_s = \frac{\mu}{g_c}\frac{d\bar{u}_x}{dy}\bigg|_{y=0} = 0.0228\frac{\rho}{g_c}u_\infty^2\left(\frac{\nu}{u_\infty\delta}\right)^{\frac{1}{4}} \tag{3–371}$$

將式 (3–369) 與 (3–371) 分別代入式 (3–368) 之左右兩邊，得

$$\frac{d}{dx}\int_0^\delta \left(\frac{y}{\delta}\right)\left[1 - \left(\frac{y}{\delta}\right)^{\frac{1}{7}}\right] dy = 0.0228\left(\frac{\nu}{u_\infty\delta}\right)^{\frac{1}{4}} \tag{3–372}$$

積分後得

$$\frac{7}{72}\frac{d\delta}{dx}=0.0228\left(\frac{\nu}{u_{\infty}\delta}\right)^{\frac{1}{4}} \tag{3–373}$$

分離變數後得

$$\delta^{\frac{1}{4}}d\delta=0.0228\times\frac{72}{7}\left(\frac{\nu}{u_{\infty}}\right)^{\frac{1}{4}}dx \tag{3–374}$$

Prandtl 氏假設：$x=0$ 處，$\delta=0$。積分上式得

$$\delta=0.376\left(\frac{\nu}{u_{\infty}}\right)^{\frac{1}{5}}x^{\frac{4}{5}} \tag{3–375}$$

或寫成無因次式

$$\frac{\delta}{x}=\frac{0.376}{\left(\frac{u_{\infty}x}{\nu}\right)^{\frac{1}{5}}}=0.376\boldsymbol{Re}_x^{-\frac{1}{5}} \tag{3–376}$$

最後板面上之牽引係數可引用式 (3–237)、(3–371) 與 (3–376)，計算而得

$$C_D=\frac{F_d\frac{g_c}{BL}}{\frac{1}{2}\rho u_{\infty}^2}=\frac{\left(\int_0^L\tau_s B dx\right)\frac{g_c}{BL}}{\frac{1}{2}\rho u_{\infty}^2}=0.0582\frac{1}{L}\int_0^L\boldsymbol{Re}_x^{-\frac{1}{5}}dx=0.0728\ \boldsymbol{Re}_L \tag{3–377}$$

因雷諾數 $(\frac{u_{\infty}x}{\nu})$ 小於 5×10^5 時為層流，故事實上越過平板之擾流問題中，板前端 (x) 部分仍為層流。設層流與擾流之分界點為 x_c，該處邊界層厚度為 δ_c，則重新積分式 (3–374)，得

$$\delta=\left[\delta_c^{\frac{5}{4}}+0.2345\left(\frac{\nu}{u_{\infty}}\right)^{\frac{1}{4}}(x-x_c)\right]^{\frac{4}{5}} \tag{3–378}$$

式中交界點為

$$x_c = \frac{\boldsymbol{Re}_{x_c}}{\frac{u_\infty}{\nu}} = 5 \times 10^5 (\frac{\nu}{u_\infty})$$

而該處之邊界層厚度可藉式 (3–241) 計算

$$\delta_c = 5\sqrt{\frac{\nu x_c}{u_\infty}} = 354\left(\frac{\nu}{u_\infty}\right) \tag{3–379}$$

3–27 圓管中擾流之牽引係數

管面有平滑與粗糙之分，平滑面之製造精密，以致造價昂貴，但流體流動之牽引力（摩擦力）小；反之，粗糙面之製造簡陋，因此造價便宜，惟牽引力大。

1. 平滑管

平滑管中層狀流動之牽引係數（或稱摩擦因數），已於 2–15 節中討論過，其與雷諾數之關係為

$$f = \frac{16}{\boldsymbol{Re}_D} \tag{2–98}$$

至於擾狀流動之牽引係數，將循 2–15 節中牽引係數之定義，推導如下。

Prandtl 與 von Kármán 二氏之通用速度分布應用於管中擾狀流動時，不但範圍較廣，$4000 < \boldsymbol{Re}_D < 3.2 \times 10^6$，運算也較方便。又因整個管的截面積上，絕大部分為全展開擾流區，因此求平均速度時，以式 (3–366) 代表整個截面積上之速度分布，諒不會導致嚴重之誤差。為計算之方便，今將式 (3–366) 寫為

$$u^+ = \frac{1}{k}\ln s^+ + c \tag{3–380}$$

式中 $k = 0.4$, $c = 5.5$。則最大速度為

$$u^+_{\max} = \frac{1}{k}\ln s^+_{\max} + c \tag{3–381}$$

式中 $u^+_{\max} = \dfrac{\bar{u}_{z,\max}}{u^*}$, $s^+_{\max} = \dfrac{Ru^*}{\nu}$。合併上面二式，得

$$\bar{u}_{z,\max} - \bar{u}_z = \frac{u^*}{k}\ln\frac{R}{s} \tag{3–382}$$

圓管中平均速度之定義為

$$\bar{u}_{z,b} = \frac{1}{\pi R^2}\int_0^R 2\pi r\bar{u}_z dr = \frac{2}{R^2}\int_0^R (R-s)\bar{u}_z ds \tag{3–383}$$

今以 $[\dfrac{2(R-s)}{R^2}]ds$ 乘式 (3–382) 中諸項，然後就 s 從 0 積分至 R，得

$$\bar{u}_{z,\max} - \bar{u}_{z,b} = \frac{2}{R^2}\int_0^R (R-s)\frac{u^*}{k}\ln\frac{R}{s}ds = \frac{3u^*}{2k} \tag{3–384}$$

或寫為

$$u^+_{\max} - \frac{\bar{u}_{z,b}}{u^*} = \frac{3}{2k} \tag{3–385}$$

若以式 (3–381) 代入上式，則

$$\frac{1}{k}\ln\frac{Ru^*}{\nu} + c - \frac{\bar{u}_{z,b}}{u^*} = \frac{3}{2k} \tag{3–386}$$

重整後得

$$\frac{1}{k}\ln\left(\frac{D\bar{u}_{z,b}}{\nu}\cdot\frac{u^*}{2u_{z,b}}\right)+c-\frac{3}{2k}=\frac{\bar{u}_{z,b}}{u^*} \tag{3–387}$$

因管中流動時，慣以 f 代 C_D 表牽引（摩擦）係數，故由式 (2–95)

$$f=\frac{\tau_s g_c}{\frac{\rho\bar{u}_{z,b}^2}{2}}=2\left(\frac{u^*}{\bar{u}_{z,b}}\right)^2 \tag{3–388}$$

將式 (3–388) 代入式 (3–387)，得

$$\frac{1}{k}\ln\left(\boldsymbol{Re}_D\sqrt{\frac{f}{8}}\right)+c-\frac{3}{2k}=\sqrt{\frac{2}{f}} \tag{3–389}$$

因 $k=0.4$, $c=5.5$，重整上式並引用 $\ln A=2.303\log A$ 之關係，得

$$\frac{1}{\sqrt{f}}=4.06\log\left(\boldsymbol{Re}_D\sqrt{f}\right)-0.60 \tag{3–390}$$

上式為不可壓縮牛頓流體，沿平滑管中呈擾流時之牽引係數。

Blasius 氏由實驗結果得一較簡單之實驗式

$$f=0.079\boldsymbol{Re}_D^{-\frac{1}{4}} \tag{3–391}$$

下式亦經常出現於化工文獻中：

$$f=0.046\boldsymbol{Re}_D^{-\frac{1}{5}} \tag{3–392}$$

2. 粗面管

當流體於粗面管中呈擾狀流動時，因粗面度之不同，以及層狀下層厚度之差異，流動形式可分為**水力平滑** (hydraulically smooth) 及**完全粗面** (completely rough) 兩種。若以 e 表粗面管壁上**突出** (protuterance) 之平均高度，D 表管徑，則**相對粗面度** (relative roughness) 之定義為 $\frac{e}{D}$。當流體於粗面管中呈層狀流動時，管壁突出間的部分填滿流體，此時相當於流體在管徑為 $(D-2e)$ 之平滑管中流動。於擾狀流動時，若管壁上突出之平均高度小於層狀下層之厚度，則此時管壁之粗面度亦可忽略，而稱此圓管為水力平滑；然若層狀下層之厚度小於管壁上突出之平均高度，則粗面之效應存在，以致壓力落差及管壁之摩擦損失增大，稱此圓管為完全粗面。故導管為水力平滑或完全粗面，不但與管壁粗面度有關，流動情形亦影響甚鉅。換言之，若一圓管在某流速下為水力平滑，換另一流速，可能變為完全粗面。流體在粗面管中呈層流時，其牽引係數與在平滑管中者相同。

流體沿水力平滑管中呈擾流之速度分布，可依 3–25 節中所得之結果計算，由實驗結果知，此時 $\frac{eu^*}{\nu}<5$；若為完全粗面管，$\frac{eu^*}{\nu}>70$，其速度分布為

$$u^+ = 2.5\ \ln\frac{s}{e} + 8.5 \tag{3–393}$$

而其牽引係數可仿效平滑管部分求出

$$\frac{1}{\sqrt{f}} = 4.06\ \log\frac{R}{e} + 3.36 \tag{3–394}$$

讀者試自行證明之。由以上之結果知，平滑管中呈擾流時，牽引係數與雷諾數有關，而與相對粗面度無關；惟粗面管中呈擾狀流動時，f 與雷諾數無關，而與相對粗面度有關。

例 3–9

20°C 之水以 15.24 公尺 / 秒之速度，沿一內徑為 5.08 厘米之水平管中流動，試分別考慮(1)平滑管與(2)粗面管 ($\frac{e}{R}=0.01$) 之下，求距管壁 1.27 厘米處之速度、剪應力、渦流黏度及混合長度。

【解】

$$Re_D = \frac{D\bar{u}_{z,b}\rho}{\mu} = \frac{(5.08 \times 10^{-2})(15.24)(1 \times 10^{3})}{(1 \times 10^{-3})}$$

$$= 774\,200 > 2\,100$$

故為擾狀流動。

(1)考慮水力平滑管時，由式 (3–391)

$$f = 0.079 Re_D^{-\frac{1}{4}} = 0.079(774\,200)^{-\frac{1}{4}} = 0.00266$$

$$u^* = \bar{u}_{z,b}\sqrt{\frac{f}{2}} = (15.24)\sqrt{\frac{0.00266}{2}} = 0.556 \text{ 公尺 / 秒}$$

因為

$$s^+ = \frac{su^*\rho}{\mu} = \frac{(1.27 \times 10^{-2})(0.556)(1 \times 10^{3})}{1 \times 10^{-3}} = 7\,060 > 30$$

故 $s = 1.27 \times 10^{-2}$ 公尺之點位於完全擾流區內，而速度分布式為

$$u^+ = 2.5 \ln s^+ + 5.5 = 2.5 \ln(7\,060) + 5.5 = 27.66$$

因此，速度為

$$\bar{u}_z = u^* u^+ = (0.556)(27.66) = 15.38 \text{ 公尺 / 秒}$$

剪應力分布方程式為

$$\bar{\tau}_{rz} = \tau_s(1 - \frac{s}{R})$$

其中

$$\tau_s = \frac{u^{*2}\rho}{g_c} = \frac{(0.556)^2(1 \times 10^{3})}{(1)} = 309 \text{ 牛頓 /(公尺)}^2$$

故剪應力為

$$\bar{\tau}_{rz} = 309\left(1 - \frac{1.27 \times 10^{-2}}{2.54 \times 10^{-2}}\right) = 155 \text{ 牛頓}/(\text{公尺})^2$$

一般而言，$\bar{\tau}_{rz} = \bar{\tau}_{rz}^{(\ell)} + \bar{\tau}_{rz}^{(t)}$，故若雷諾應力採 Boussinesq 氏之渦流黏度定律，則

$$\bar{\tau}_{rz} = -\frac{\mu}{g_c}\frac{d\bar{u}_z}{dr} - \frac{\mu^t}{g_c}\frac{d\bar{u}_z}{dr} = \frac{\mu}{g_c}(\mu + \mu^t)\frac{d\bar{u}_z}{ds}$$

因在完全擾狀區域分子黏力可以忽略，即 $\mu \ll \mu^t$，故上式可簡化整理為

$$\mu^t = \frac{g_c\bar{\tau}_{rz}}{\dfrac{d\bar{u}_z}{ds}}$$

又因

$$\frac{d\bar{u}_z}{ds} = \frac{d\bar{u}_z}{du^+}\frac{du^+}{ds^+}\frac{ds^+}{ds} = u^*\left(\frac{2.5}{s^+}\right)\frac{u^*}{\nu} = 2.5\frac{u^*}{s}$$

$$= \frac{(2.5)(0.556)}{(1.27 \times 10^{-2})} = 109 / \text{秒}$$

故渦流黏度為

$$\mu^t = \frac{(1)(155)}{109} = 1.42 \text{ 千克}/(\text{公尺})(\text{秒})$$

若雷諾應力採 Prandtl 氏之混合長度模式，則在完全擾流區域內

$$\bar{\tau}_{rz} = \tau_s\left(1 - \frac{s}{R}\right) \doteqdot \bar{\tau}_{rz}^{(t)} = -\bar{\tau}_{sz}^{(t)} = +\frac{\rho\ell^2}{g_c}\left(\frac{d\bar{u}_z}{ds}\right)^2$$

$$\ell^2 = \frac{g_c\tau_s\left(1 - \dfrac{s}{R}\right)}{\rho\left(\dfrac{d\bar{u}_z}{ds}\right)^2} = \frac{(1)(309)\left(1 - \dfrac{1.27 \times 10^{-2}}{2.54 \times 10^{-2}}\right)}{(1 \times 10^3)(109)^2}$$

計算後得混合長度為

$$\ell = 0.00361 \text{ 公尺} = 0.361 \text{ 厘米}$$

(2)考慮粗面管時 ($\frac{eu^*}{\nu} > 70$)

$$\frac{1}{\sqrt{f}} = 4.06 \log\frac{R}{e} + 3.36 = 4.06 \log\left(\frac{1}{0.01}\right) + 3.36$$

故 $f = 0.00758$。因此

$$u^* = \bar{u}_{z,b}\sqrt{\frac{f}{2}} = (15.24)\sqrt{\frac{0.00758}{2}} = 0.938 \text{ 公尺 / 秒}$$

$$\frac{eu^*}{\nu} = \frac{(0.01R)u^*}{\frac{\mu}{\rho}} = \frac{(0.01\times 0.0254)(0.938)}{\frac{(1\times 10^{-3})}{(1\times 10^{3})}} = 238 > 70$$

故完全粗面之假設正確。於是速度、剪應力及混合長度可計算如下:

$$\bar{u}_z = u^*[(2.5)\ln(\frac{s}{e}) + 8.5]$$

$$= (0.938)\left\{(2.5)\ln\left[\frac{0.0127}{(0.01\times 0.0254)}\right] + 8.5\right\}$$

$$= 17.15 \text{ 公尺 / 秒}$$

$$\bar{\tau}_{rz} = \tau_s\left(1 - \frac{s}{R}\right)$$

$$= \frac{u^{*2}\rho}{g_c}\left(1 - \frac{s}{R}\right) = \frac{(0.938)^2(1\times 10^3)}{(1)}\left(1 - \frac{1.27}{2.54}\right)$$

$$= 440 \text{ 牛頓 /(公尺)}^2$$

$$\mu^t = \frac{g_c\bar{\tau}_{rz}}{\frac{d\bar{u}_z}{ds}} = \frac{g_c\bar{\tau}_{rz}}{\frac{u^*(2.5)}{s}} = \frac{(1)(440)}{\frac{(0.938)(2.5)}{(0.0127)}} = 2.38 \text{ 千克 /(公尺)(秒)}$$

$$\ell^2 = \frac{g_c\tau_s(1-\frac{s}{R})}{\rho\left(\frac{d\bar{u}_z}{ds}\right)^2} = \frac{g_c\bar{\tau}_{rz}}{\rho\left[\frac{u^*(2.5)}{s}\right]^2}$$

$$= \frac{(1)(440)}{(1\times10^3)\left[\frac{(0.938)(2.5)}{0.0127}\right]^2}$$

$$= 1.29\times10^{-5}\ (\text{公尺})^2$$

$$\therefore \ell = 0.00359 \text{ 公尺} = 0.359 \text{ 厘米}$$

3–28 其他流動系統之牽引係數

於第 2 章與本章中，吾人曾經應用微分動量結算方程式，解出一些流動問題。解這些問題時，先根據題意將運動方程式簡化，然後積分而得。惟一般工程中之流動問題，均甚繁雜，以致簡化後之運動方程式尚不易積分。例如，藉運動方程式可以解流體沿管中或越過平板之流動問題，但甚難求出繞過一圓管或一圓球之流動問題，以及解出通過管群或球粒床之流動問題，尤其更難獲得擾流問題之解。所幸這些繁雜之流動問題，可先藉因次分析法，定出有關之無因次群，然後配合實驗數據，往往可得一實驗式。此乃解工程上實際流動問題時最具威力之方法。

關於因次分析方法及 Buckingham 氏之 π 學說，已於 1–2 節中介紹過，在此不另重述。今擬直接應用 Buckingham 氏之 π 學說，廣泛討論流體之流動問題。

一般而言，流體之壓力乃下面諸變數之函數：

$$p = \varphi(L, u, \rho, \mu, g, c, \sigma, g_c) \tag{3–395}$$

式中 p 表壓力，L 表特性長度，u 表特性速度，ρ 表密度，g 表重力加速度，c 表音速，σ 表表面張力，g_c 表牛頓比例因數。由於影響一流動系統之變數如此之多，因此若擬以純實驗方法，直接定出函數 φ 之形態，則往往因變數之多需作無數次之實驗，甚至最後這些變數間之關係亦很難捉摸。惟若先應用因次分析方法，將這些變數組合成少數個無因次群，然後利用實驗數據，定出此無因次群之關係，則所需之實驗次數可大大減少。

因為式 (3–395) 中之變數有九個，而基本因次有四個（長度 L、質量 M、時間 θ、力 F），則由 Buckingham 氏 π 學說知，可組成五個無因次變數群，即

$$\pi_1 = \phi(\pi_1, \pi_2, \pi_3, \pi_4, \pi_5) \tag{3–396}$$

由九個變數組成五個無因次群之方法甚多，然根據 Buckingham 氏 π 學說，每一 π_i 中必須含有一變數，其不在其他 π_i 中出現。因流體之流動情形有主要受黏度效應 (μ) 所影響者，有主要受重力效應 (g) 所影響者，有主要受高速度效應 (c) 所影響者，有主要受表面張力效應 (σ) 所影響者，亦有主要受壓力效應 (p) 所影響者；故今分別以此五個變數分配於五個 π_i 中，而令其他四個變數（L、u、ρ 及 g_c）皆出現於每一 π_i 中，然後決定變數之指數，使每一 π_i 皆為無因次群。演算方法如 1–2 節，其結果如下：

$$\pi_1 = \frac{g_c p}{u^2 \rho} = \boldsymbol{Eu} \text{（奧伊拉數）} \tag{3–397}$$

$$\pi_2 = \frac{Lu\rho}{\mu} = \boldsymbol{Re} \text{（雷諾數）} \tag{3–398}$$

$$\pi_3 = \frac{u^2}{Lg} = \boldsymbol{Fr} \text{（福樂德數）} \tag{3–399}$$

$$\pi_4 = \frac{u}{c} = \boldsymbol{Ma} \text{（馬克數）} \tag{3–400}$$

$$\pi_5 = \frac{\rho u^2 L}{g_c \sigma} = \boldsymbol{We} \text{（偉伯數）} \tag{3–401}$$

故

$$\boldsymbol{Eu} = \phi(\boldsymbol{Re}, \boldsymbol{Fr}, \boldsymbol{Ma}, \boldsymbol{We}) \tag{3–402}$$

若一流動問題涉及此五個數（即五個無因次群），則進行實驗以定出互相間之關係時，所需作之實驗次數亦相當可觀。所幸在很多情形下，某些效應不重要，可略而不計。下面列舉幾種特殊情形：

1. 理想流體之流動

當黏度、重力、表面張力及高速度等效應皆不重要時，式 (3–402) 簡化為

$$\boldsymbol{Eu} = \frac{g_c p}{u^2 \rho} = \text{常數} \tag{3–403}$$

此乃白努利方程式之簡化式。

2. 越過一固體之流動

此時只有壓效應及黏度效應重要，式 (3–402) 簡化為

$$\frac{g_c p}{u_\infty^2 \rho} = \phi_1\left(\frac{L u_\infty \rho}{\mu}\right) \tag{3–404}$$

因 $\frac{g_c p}{u_\infty^2 \rho}$ 相當於 $C_D = g_c \frac{\frac{F_d}{A}}{\frac{\rho u_\infty^2}{2}}$，故上式可改寫為

$$C_D = \phi_2(\boldsymbol{Re}) \tag{3–405}$$

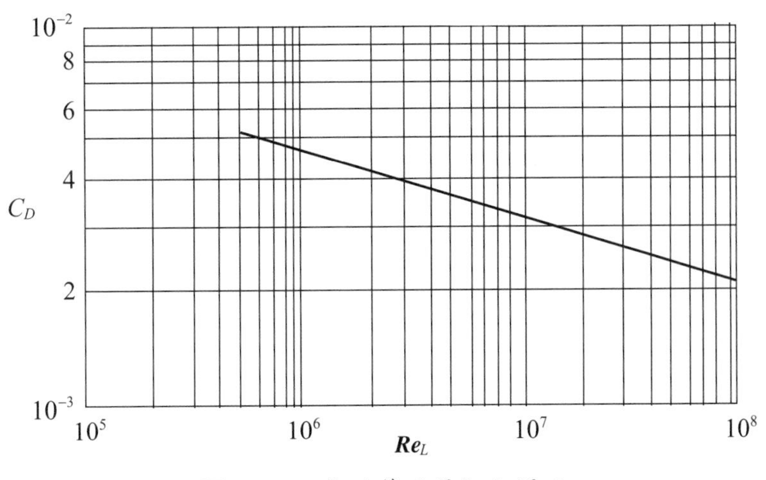

圖 3–18　越過薄片平板之擾流

函數 ϕ_2 可由實驗決定之。圖 3–18 示流體以擾流平行越過一水平薄片平板時牽引（摩擦）係數與雷諾間之關係，而雷諾數之定義為 $\boldsymbol{Re}_L = \frac{u_\infty L}{\nu}$，其中 u_∞ 表主流速度，L 表板長，ν 表動黏度。圖 3–19 示流體越過一圓管時牽引係數 C_D 與雷諾數 $\boldsymbol{Re}_D$ 間之關係，圖 3–20 則代表流體越過一圓球及一圓盤時 C_D 與 $\boldsymbol{Re}_D$ 之關係，而雷諾數之定義為 $\boldsymbol{Re}_D = \frac{Du_\infty}{\nu}$，其中 D 表管徑、球徑或盤徑。

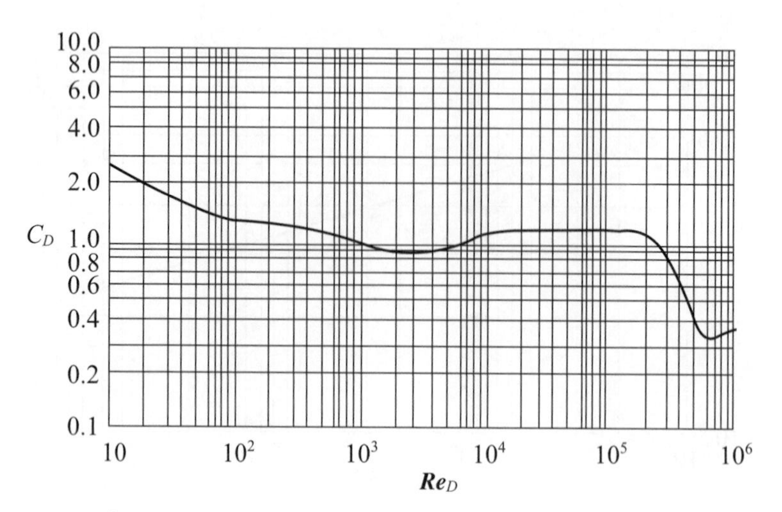

圖 3–19 越過圓管之流動〔摘自 Hermann Schlichting, *Boundary Layer Theory*, 4th ed., fig. 1.4, p. 16, McGraw-Hill Book Company, New York, 1960〕

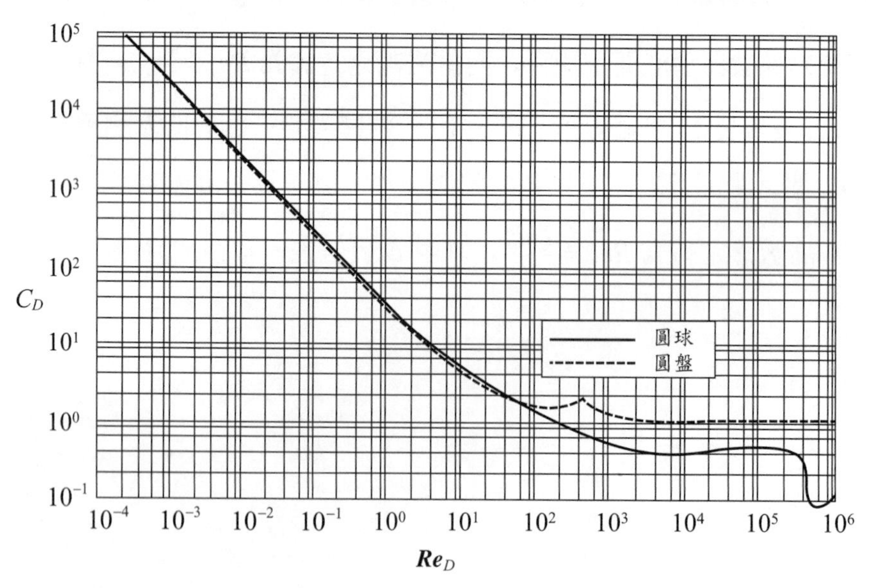

圖 3–20 越過圓球及圓盤之流動〔摘自 H. Rouse and J. W. Howe, *Basic Mechanics of Fluids*, fig. 107, p. 181, John Wiley & Sons, Inc., New York, 1953〕

3. 通過垂直管群之流動

通過垂直管群，乃熱交換器中之流動現象。此時重力、表面張力及高速度等效應亦不重要，故牽引係數 f 僅與雷諾數 $\boldsymbol{Re}$ 有關。文獻中 f 與 $\boldsymbol{Re}$ 之定義不一致，其關係亦不相同。Donohue 氏指出：倘

$$\boldsymbol{Re} = \frac{Du_{b,\max}\rho}{\mu} \tag{3–406}$$

$$f = \frac{g_c(\ell w_f)}{2N_1 u_{b,\max}^2}\left(\frac{\mu}{\mu_s}\right)^{0.14} \tag{3–407}$$

且流體以擾流 ($\boldsymbol{Re} > 500$) 通過 N_1 個交叉管群時

$$f = 0.99\boldsymbol{Re}^{-0.2} \tag{3–408}$$

式中 ℓw_f 表流體與管壁間之摩擦損失，$u_{b,\max}$ 表通過與流動方向成垂直之最小截面上之平均速度，μ_s 表平均管表面溫度之流體黏度，μ 與 ρ 則分別表平均流體溫度之黏度與密度。

符號說明

符　號	定　義
B	板寬，公尺
C	濃度，千克 /(公尺)^3
C_D	牽引（摩擦）係數
c	音速，公尺 / 秒
D	管徑，公尺

E	位能，千焦耳 / 千克
$\boldsymbol{Eu}$	奧伊拉數 (Euler number)
e	粗面上突出之平均高度，公尺
F	F_n+F_t，牛頓
F_d	流體對固體表面之牽引力，牛頓
F_k	流體因運動而作用於球體之力，牛頓
F_n	流體壓力作用於球體之 z 方向分力，牛頓
$\boldsymbol{Fr}$	福樂德數 (Froude number)
F_s	流體對球體之浮力，牛頓
F_t	流體剪應力作用於球體之 z 方向分力，牛頓
f	管中流動之牽引（摩擦）係數
g	重力加速度，公尺 /(秒)^2
$\mathbf{g}$	重力加速度向量，公尺 /(秒)^2
g_c	比例因數，[(千克)(公尺)/(秒)^2] / 牛頓
g_r, g_θ, g_z	重力加速度在圓柱體坐標系之分加速度，公尺 /(秒)^2
g_r, g_θ, g_ϕ	重力加速度在球體坐標系之分加速度，公尺 /(秒)^2
g_x, g_y, g_z	重力加速度在直角坐標系之分加速度，公尺 /(秒)^2
J_0, J_1	零階、第一階 Bessel 函數
L	板長或管長，公尺
ℓ	Prandtl 混合長度，公尺
M	偶力，牛頓 / 公尺
$\boldsymbol{Ma}$	馬克數 (Mach number)
P	$p-\rho(\frac{g}{g_c})z\cos\beta$，牛頓 /(公尺)^2
p	壓力，牛頓 /(公尺)^2
$\mathbf{p}$	壓力向量，牛頓 /(公尺)^2
$\overline{p}$	時間平均壓力，牛頓 /(公尺)^2
p'	波動壓力，牛頓 /(公尺)^2
p_0, p_L	$z=0$、L 處之壓力，牛頓 /(公尺)^2
p_∞	距固體面遠處之壓力，牛頓 /(公尺)^2
R	管之半徑，公尺

$\boldsymbol{Re}$ 雷諾數，$\frac{Du_\infty\rho}{\mu}$

$\boldsymbol{Re}_D$ 雷諾數，$\frac{Du_b\rho}{\mu}$

$\boldsymbol{Re}_L$ 雷諾數，$\frac{Lu_b\rho}{\mu}$

$\boldsymbol{Re}_x$ 雷諾數，$\frac{xu_\infty\rho}{\mu}$

r, θ, z 圓柱體坐標，公尺、弧度、公尺

r, θ, ϕ 球體坐標，公尺、弧度、弧度

r_1, r_2 內、外管半徑，公尺

S 球表面積，平方公尺

s 離管壁之距離，公尺

s_1 緩衝帶域與擾流區域之交界面離管壁之距離，公尺

$s^+, s_1^+, s_{\max}^+$ 無因次群，$s\frac{u^*}{\nu}, s_1\frac{u^*}{\nu}, R\frac{u^*}{\nu}$

t 時間，秒

t_0 某適當週期，秒

u 特性速度，公尺／秒

$\boldsymbol{u}$ 向量速度，公尺／秒

$u_{b,\max}$ 通過垂直管群間最小截面上之平均速度，公尺／秒

u_r, u_θ, u_z 圓柱體坐標系之流體分速度，公尺／秒

u_r, u_θ, u_ϕ 球體坐標系之流體分速度，公尺／秒

u_x, u_y, u_z 瞬時分速度，公尺／秒

u_x', u_y', u_z' 時間平均分速度，公尺／秒

u_x^1, u_y^1, u_z^1 波動速度，公尺／秒

u_b 平均速度，公尺／秒

$\overline{u}_{z,1}$ $s=s_1$ 處 z 方向之時間平均分速度，公尺／秒

$\overline{u}_{z,\max}$ 管中 $s=R$ 處 z 方向之時間平均分速度，公尺／秒

$\overline{u}_{z,b}$ 圓管截面上之平均速度，公尺／秒

$u^+, u_1^+, u_{\max}^+$ 無因次速度，$\frac{\overline{u}_z}{u^*}, \frac{\overline{u}_{z,1}}{u^*}, \frac{u_{z,\max}}{u^*}$

u^*	無因次群，$\sqrt{\frac{g_c\tau_s}{\rho}}$
u_∞	主流速度，公尺 / 秒
We	偉伯數 (Weber number)
x, y, z	直角坐標
$\delta(x)$	邊界層厚度，公尺
μ	流體之黏度，千克 /(公尺)(秒)
μ_s	在平均管壁溫度下之流體黏度，千克 /(公尺)(秒)
μ^t	渦流黏度，千克 /(公尺)(秒)
τ_{ij}	往 i 方向傳送之 j 方向動量流通量，牛頓 /(公尺)^2
$\bar{\tau}_{ij}^{(\ell)}$	時間平均剪應力，牛頓 /(公尺)^2
$\bar{\tau}_{ij}^{(t)}$	雷諾應力，牛頓 /(公尺)^2
$\bar{\tau}_{ij}$	$\bar{\tau}_{ij}^{(\ell)}+\bar{\tau}_{ij}^{(t)}$，牛頓 /(公尺)^2
τ_s	板面上之剪應力，牛頓 /(公尺)^2
$\phi(x, y, z)$	勢速度，其定義見式 (3–171) 至 (3–173)，(公尺)^2/ 秒

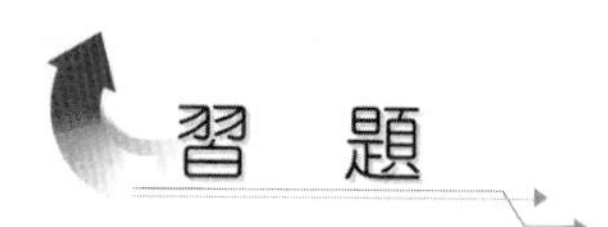

3–1 一固體顆粒於某氣體中，以自由落體降落，其情況為：

顆粒終端速度 = 0.3 公尺

顆粒密度 = 1.2 克 /(厘米)^3

氣體黏度 = 0.026 厘泊

氣體密度 = 7.2×10^{-4} 克 /(厘米)^3

試求顆粒之直徑。

3–2 20°C 之水，以每秒 25 厘米之速度，平行越過一平板。求距板端 20 厘米內之平均牽引係數，及每單位面積上之牽引力。

3–3 1 大氣壓 20°C 之空氣，以每秒 10 公尺之速度，垂直越過一直徑為 10 厘米之圓管。求空氣對此圓管壁面之牽引力。若改用同溫度之水，則如何?

3–4 1 大氣壓 16°C 之空氣，以每秒 9 公尺之速度，平行越過一平板。

(1)距端點 0.3 公尺處之邊界層厚度多少？

(2)此邊內每 1 公尺寬度之牽引多少？

(3)邊界層內 $x = 0.3$ 公尺、$y = \frac{\delta}{2}$ 處，空氣之速度多少？方向為何？

3–5 30°C 之水，以每秒 1 公尺之速度，平行越過一平板。試求 $x = 20$ 厘米、$y = \frac{\delta}{2}$ 處之旋轉角速度。

3–6 某恆溫不可壓縮流體，於兩同心多孔圓管間，進行徑向之層狀流動。

(1)試由連續方程式，證明

$$ru_r = \varphi = \text{常數}$$

(2)試由動量方程式，證明

$$\frac{dP}{dr} = -\frac{\rho}{g_c} Ur\frac{du_r}{dr}, \frac{dP}{dz} = 0$$

(3)試證壓力分布為

$$P - P_R = \frac{1}{2g_c} eu_r^2\Big|_{r=R}\left[1 - \left(\frac{R}{r}\right)^2\right]$$

3–7 15°C、1 大氣壓之空氣，以每秒 30 公尺之速度，越過一平滑板。若在 $\boldsymbol{Re}_L = 5\times 10^5$ 處，空氣由層流變為擾流，試求此點之位置，及此處邊界層之厚度。空氣之動黏度為 1.6×10^4(公尺)^2/ 秒。

3–8 Blasius 建議，平滑圓管中之擾流速度分布，可用下式表示：

$$U^+ = C(S^+)^{\frac{1}{7}}$$

並由實驗數據知，$C = 0.856$。試求牽引係數與雷諾數間之關係。

4 流體輸送裝置

因各種化學變化多在流體狀態下進行，且化工廠中流體之輸送遠較固體方便，故流體輸送乃化學工程中重要單元操作之一。因此化學工廠中，流體經常從甲處沿管路輸送至乙處，而管路之安排與布置，有賴**管** (pipe)、**管件** (pipe fitting) 及**閥** (valve) 之善予應用；至於管路上流動阻力之克服，須藉**泵** (pump) 及其他輸送機械之作功。以上這些流體輸送裝置，將於本章中陸續介紹。

4–1 管、管件及閥

水力工程之流體（液體）輸送量甚大，為經濟計，一般係藉開口槽輸送之。惟化工廠中輸送之流體，除一般液體外，或為氣體，或為揮發性液體，非藉密閉管輸送不可。因此管之種類及特性，乃學習流體輸送時應先熟悉者；又兩管或兩管以上相接時，因有大小與方向之各種改變，以致有各類不同之管件；至於管中流動之開關及流量之控制，則有賴各種閥之使用。

4–2 管

化學工廠中使用之管，以圓管居多。蓋因圓管每單位質量材料之強度最高，且每單位管壁面積所具之截面積亦最大。圓管包括管、**抽製管** (tubing) 及**軟管** (hose) 等三種。一般而言，管之直徑較大，管壁較厚，乃由鑄造、焊接或煅接而製成，如：鋼管、鑄鐵管及水泥管等。抽製管之直徑較小，管壁較薄且無縫線，如：鉛管、銅管及玻璃管等，乃由抽製或擠壓而製成。軟管之直徑亦小，乃由抽製、擠壓或編織而製成，如：橡皮管、塑膠軟管及帆布管等。圓管因材料不同，可分為下列幾種。

⑴**鋼管** (steel pipe)：係將鋼片軋出並在機器內加壓焊接而成，乃最常用亦最主要之管。早期鋼管依管壁之厚度分成**標準** (standard)、**加強** (extra-strong) 及**倍加強** (double-extra-strong) 三種。現已不再使用此項規格，而依**美國標準協會** (American Standard Association) 採用**管號** (schedule number) 以表示其厚度。管號之定義為

$$\text{管號} = 1000 \times \frac{\text{管內使用壓力}}{\text{鋼料在操作情況下可容許之強度}} \tag{4–1}$$

例如，一般鋼管之可容許材料強度為 10000 磅力 /(吋)^2，使用之壓力為 350 磅力 /(吋)^2，故管號為 $1000 \times \left(\frac{350}{10000}\right) = 35$。目前最常用之鋼管號碼有：10、20、30、40、60、80、100、120、140、160 等共十種。對於 10 吋以下之管，40 號管即等於早期之標準管，80 號管即等於早期之加強管，特別加強管則無相當之管號。4 吋以下之管，除 40 號與 80 號外，另有 160 號管。

鋼管之**公稱大小** (nominal size) 係管徑之近似值，非指內徑，亦非指外徑。例如公稱 2 吋之號碼 40 及 80 之管，其外徑皆為 2.375 吋，而 40 號之內徑為 2.067 吋，80 號之內徑則為 1.939 吋。管之公稱大小、號碼以及內外徑及管壁厚

度等，詳見附錄 D。

管子 (tubing) 乃指較小且無縫之管，管子之大小係指外徑，另號以**號目** (gage number)，以標明管之厚度。

(2)**鑄鐵管** (cast-iron pipe)：通常在烤過或未烤過之沙模中鑄成，亦可用離心法鑄成。

(3)**熟鐵管** (wrought-iron pipe)：乃依 mechanical puddling 方法用熟鐵製成；或依 Byers 方法自低碳鋼製造，即加渣入熔鐵後，再在 Bessemer 爐中精煉。此管對侵蝕抵抗較強，故可當做熱水管及地下管。

(4)**銅管** (copper tube) 及**黃銅管** (brass tube)：其特點為抗蝕力強，管件亦為銅或黃銅所製成。

(5)**水泥管** (concrete pipe)：價廉，多埋藏地下，以供排除污水之用。

(6)**塑膠管** (plastic pipe)：種類甚多，質輕，易切削，且多能耐蝕，優點甚多，廣用於水之輸送。其缺點為不能耐高溫。

4–3 管 件

管件用以連接兩管，或改變流體之速度及流動之方向。凡管徑 $2\frac{1}{2}$ 吋以下之管，多用**螺旋接合** (screw joint) 連接。常用之螺旋接合管件有：

(1)**接頭** (coupling)：用於連接大小相同之兩管，且不致使流體之流動方向改變者。

(2)**減徑接頭** (reducing coupling)：用於連接大小不同之兩管。

(3)**肘管** (elbow)：用於連接兩管，且使流體之流動方向改變。因改變之方向不止一種，故有 90° 及 45° 肘管。倘兩管之直徑不相同，則用**減徑肘管** (reducing elbow)。

(4) **T 形管** (tee)：令三節管匯於一點之管件。

(5)**交叉管** (cross)：令四節管匯於一點之管件。

⑹**管套節 (union)**：用以連接三管，但可任意拆卸，不必牽動全管；管甚長時須裝上若干個，以便清洗或修理。

⑺**減徑襯套 (reducing bushing)**：具有陰陽二螺旋，為用於連接減徑管之最簡單管件。

⑻**街頭肘管 (street elbow)**：如欲同時改變管徑及方向，可用街頭附管，其一端為公螺絲，另一端為母螺絲。

⑼**管帽 (cap)**：用以封閉管端之管件。

⑽**塞 (plug)**：用途與管帽相同，亦可用以封閉容器上之孔。

4–4 管之接合方法

管之連接方法，常用的有**螺旋接合 (screw joint)**、**插承接合 (bell and spigot joint)**、**凸緣接合 (flanged joint)** 及**焊熔接合 (welded joint)** 等。

1. 螺旋接合

螺旋接合為工業上最常用者，凡是小管（管徑小於 $2\frac{1}{2}$ 吋）之接合，不論管料為鋼、熟鐵、鑄鐵、黃銅或塑膠，幾乎都採用此法。詳見 4–4 節。

2. 插承接合

非以鋼為材料製成之大管接合時，宜用此法。圖 4–1 示幾種插承接合之剖面圖。應用時，管之一端較大，且呈鐘形，以利另端插入，接合處常用碎痲與鉛灌注，使之不漏。此種接合所能承受之壓力不大，但因安裝簡單，

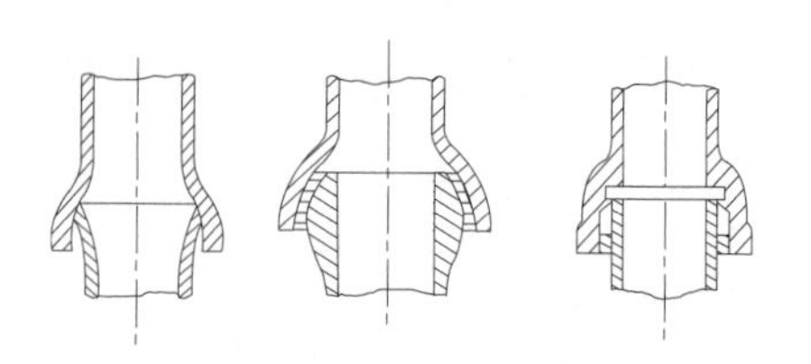

圖 4–1 插承接合之剖面圖

且對於膨脹及角度方向之移轉略可任意，為其優點。

3. 凸緣接合

此法適用於大型管，或常須卸開以便修理檢查之管之接合。早期 3 吋以上之鋼管，均用凸緣接合。接合時係用有孔之圓盤，分別套接於兩管之端，然後兩盤相疊，對準小孔，用**螺栓** (bolt) 穿過，旋緊**螺帽** (nut)，二管即密貼無間。惟近年來這種接合已漸為焊熔接合所取代。為防止流體之滲漏，盤間宜置以**墊圈** (gasket)，其材料為橡皮、石棉、金屬片或**鐵氟龍** (teflon)，視流體之性質、溫度及壓力而定。凸緣接合方法見圖 4–2。

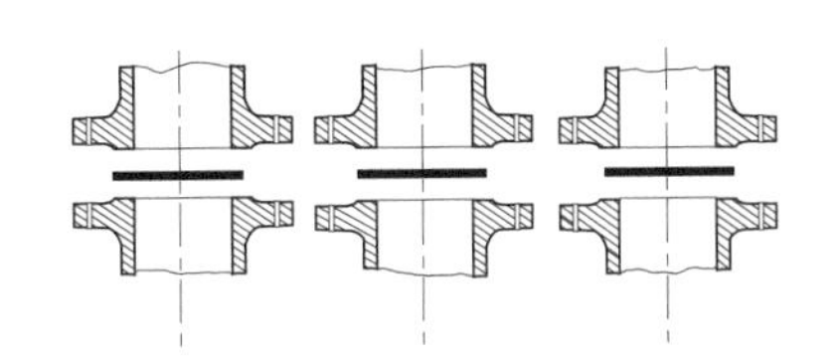

圖 4–2　標準凸緣接合之剖面圖

4. 焊熔接合

近年來大型管（管徑 2 吋以上）之連接，已漸使用焊熔接合。焊接時只要將管端銼平，然後加以焊接，即不虞滲漏。早期焊接採氧焊方法，今則用電弧焊熔方法。**熱塑性** (thermo-plastic) 塑膠管可用電熱板直接焊接。

至於抽製管，因管壁較薄，接合比較容易，一般採**壓縮接合** (compression fitting)、**燃燒接合** (flare fitting) 或**軟焊接合** (soldered fitting) 等。

4–5 閥

閥為控制管流之裝置，使管中流體開始或停止流動，或調節其流量以合需要。閥之種類甚多，重要的有：**閘閥** (gate valve)、**球閥** (glove valve)、**針閥** (needle valve)、**塞栓** (plug cock)、**單向閥** (check valve) 及**安全閥** (safty valve)

等。今分別陳述如下:

1. 閘　閥

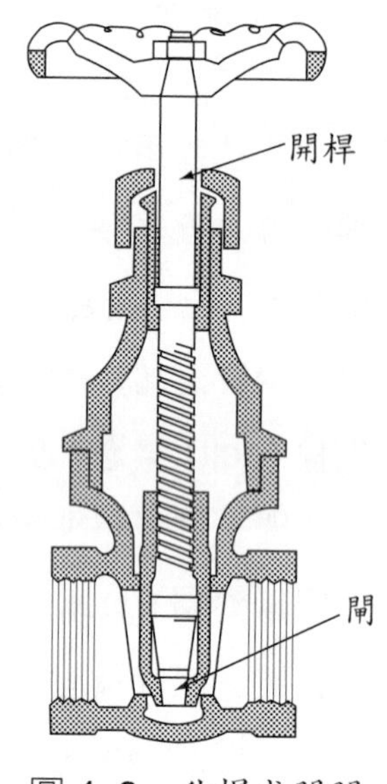

圖 4–3　升桿式閘閥

凡較大之管子，多用閘閥。圖 4–3 示一**升桿式** (rising stem) 閘閥。其阻礙流體之流動，係藉一與流動方向垂直之盤狀閘，緊密位於閥體之內。若啟開閥之一部分，即有月牙形通路；倘稍將閥之柄轉動，此通路即劇烈增大，故此種閘不能準確控制流量，而僅適用於啟閉之控制。另有一種**非升桿式** (nonrising stem) 閘閥，其與升桿式不同之處，乃閘與桿為二獨立零件，而其間用活動螺旋連接。因此轉動閥柄時，可不升桿而啟閉閘。故非升桿式之優點為管外不必餘留空間，以供桿之升降。惟屢因桿之位置不變，而不知閥之已否開啟，為其缺點。

2. 球　閥

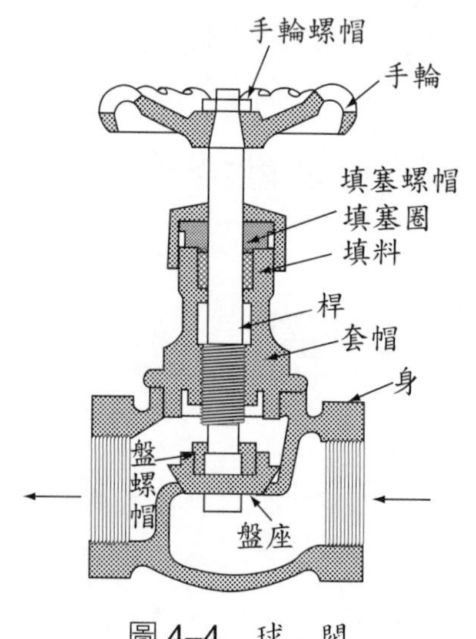

圖 4–4　球　閥

如圖 4–4 所示，其外形似球，故得其名。此閥之腹部有一層金屬**座** (seat)，將腹部分成上下二層，座之中央有一圓孔，為流體之通道。座上有**盤** (disk)，為控制流量之主要零件。應用時，流動之流體被導向上再向下通過座上之圓孔。若座上之盤與座緊壓，則流體無法通過盤，盤與座間之空間愈大，流量亦愈大。其主要用途為裝置於蒸汽機及渦輪機上，作為**阻流閥** (throttle valve) 及**旁通閥** (bypass valve)。其缺點為阻力甚大，能量之消耗甚鉅。

3. 針　閥

構造與球閥略似，惟其座上之孔較小，且以一尖形細針替代盤，使用起來很敏銳，可應用於微小流量之控制。

4. 塞　栓

為最簡單且經濟之管路啟閉控制物件，其主要部分為一塞身及一斜面之塞，見圖 4–5。塞上有一通道，故當通道與管子平行時，流體即由通道通過；再轉 90° 時，管流與通道正交而完全不通。因此塞栓僅供全開與全閉之用，不能調節流量。然此種閥可供三四管路之啟閉，使流體通過其中之一，而其他則關閉。

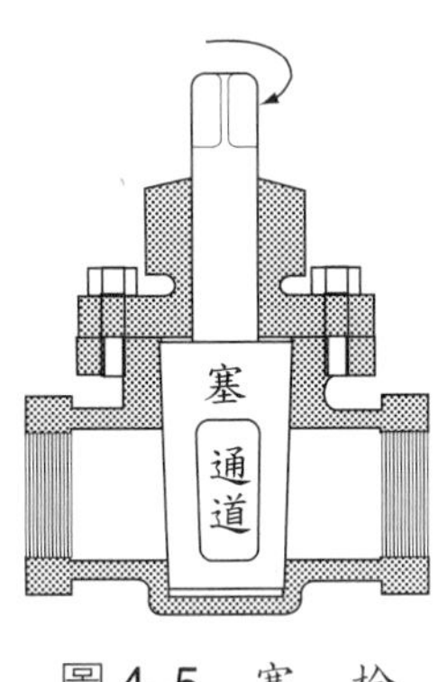

圖 4–5　塞　栓

5. 單向閥

另稱止回閥，其用途為令流體僅向一方流動，遇有回流，閥即自動關閉。單向閥之種類甚多，圖 4–6 示一搖板式單向閥。當流體自左向右流動時，藉自身之動量將搖板推開而通過；如遇有回流時，則反將搖板壓緊，而阻塞通道。

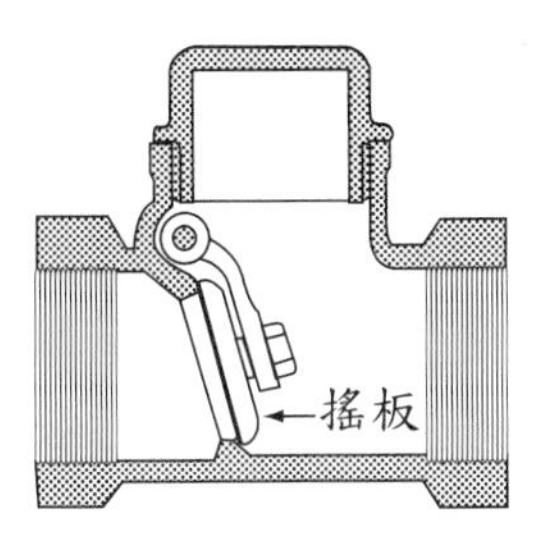

圖 4–6　單向閥

6. 安全閥

乃一保險開啟裝置，廣裝於鍋爐上。閥上裝一強力彈簧，當鍋內汽壓大於彈簧所具之牽引力時，閥即被衝開而讓蒸汽適量逸出，如此可防止鍋爐之爆炸。如此當鍋爐內蒸汽壓降低至小於彈簧之牽引力時，閥即自動關閉如初。

4–6 流體輸送機械

用以推進並升舉流體之機械，主要有三大類，即：泵、壓縮機及真空泵。此類機械往往將外界所供給之能量，轉變為機械能而對流體作功，使流體自甲處輸送至乙處，甚至提高壓力或增大速度。其中，泵用以輸送液體，壓縮機及真空泵則用以輸送氣體。

4–7 泵

泵係用以輸送液體之機械，其種類繁多，主要有三種，即**往復泵** (reciprocating pump)、**旋轉泵** (rotary pump) 及**離心泵** (centrifugal pump)。今分別介紹如下：

1. 往復泵

往復泵係最早用以輸送液體之機械，然因有升沉現象，現已漸為離心泵所取代。如圖 4–7 所示，泵之主要部分為一**水缸** (water cylinder)，內有活塞作左右往復運動。活塞滑動之距離謂**衝程** (stroke)，一往一復謂**循環** (cycle)。每循環中一吸一放者，謂**單動** (single acting)；二吸二放者，謂**雙動** (double acting)。僅有一個水缸者，稱為**單缸** (simplex)；兩個者，稱為**雙缸** (duplex)；三個者，稱為**三缸** (triplex)。活塞之直徑大於厚度而成盤狀者，稱為盤塞式往復泵；小於厚度而成柱狀者，稱為柱塞式往復泵。柱塞泵除活塞之形狀與盤塞泵不同外，填襯物之裝置亦不在活塞頭上，而係附著於水缸之周壁，故漏時可立即察覺，且更換填襯物亦較容易。另者，以同樣大小之盤塞泵與柱塞泵比較，後者所產生之壓力較高，然購置費則較昂貴。

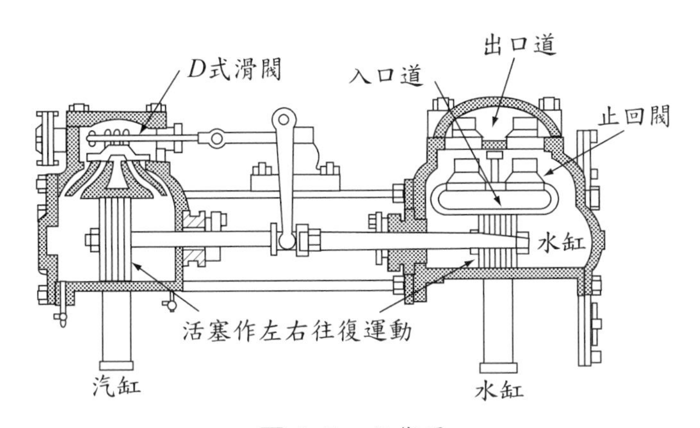

圖 4–7　往復泵

往復泵雖有升沉現象之缺點，然此點可藉一空氣室或增加效數予以彌補。如圖 4–8 所示，往復泵中每一衝程之液體排量，與活塞推動之時間（或活塞位置）有關。活塞初動或末動時，其值均為零，活塞在衝程之中點時，其值最大；故圖中實線，乃表單效單動泵之排量與活塞推動時間之關係；實線與虛線相連，則表單效雙動泵之排量與活塞推動時間之關係。因此其排量呈一起一落之升沉現象。若改用相距 180° 之雙效泵，則甲缸之排量為零時，正值乙缸排量最大時；乙缸之排量為零時，正值甲缸之排量最大時，如圖 4–8 (b)所示，故其總排量曲線較單效者平直。若採用之效數愈多，則流量愈均勻，升沉現象即可逐漸消失。

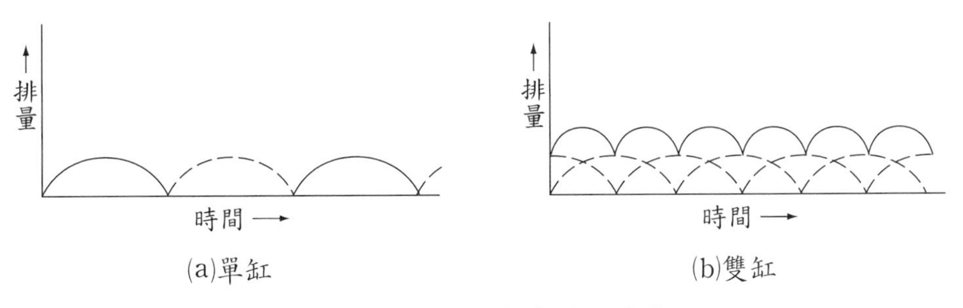

圖 4–8　泵排量與時間之關係

泵之理論排量，應為活塞頭之面積乘以活塞之速度。惟泵之實際排量常小於理論值，其原因為：填襯物及閥之滲漏或閥之啟閉不靈。

泵之**容積效率** (volumetric efficiency) 可定義如下:

$$E_v = \frac{Q}{A_1 S} \tag{4–2}$$

式中 E_v = 容積效率

Q = 流體每分鐘之實際排量

A_1 = 水缸活塞頭之面積

S = 活塞每分鐘滑動之路程

凡活塞滑動之速率愈低，填襯較緊之泵，其容積效率亦愈高。此項效率通常介於 50% 與 90% 之間。

理論上，汽缸活塞所發之力，應等於水缸活塞所受之力。然因活塞與汽(水)缸間以及轉動系統等之諸多摩擦損失，後者所受之力往往比前者所發者小。故**壓力效率** (pressure efficiency) 可定義如下:

$$E_p = \frac{p_1 A_1}{p_2 A_2} \tag{4–3}$$

式中 E_p = 壓力效率

p_1 = 液體之壓力

p_2 = 蒸汽之壓力

A_2 = 汽缸活塞頭之面積

通常壓力效率介於 60% 與 80% 之間。故泵之總效率，應為容積效率與壓力效率之乘積:

$$E = E_v E_p \tag{4–4}$$

2. 旋轉泵

旋轉泵與往復泵之操作，均屬**正位移** (positive displacement) 作用。操作時，旋轉部分對外殼作相當運動，因而產生一空間。此空間由於先逐漸擴大，因此流體得自吸入管被吸入，其後此空間逐漸縮小，以致流體在壓力下經出口排出。欲使操作效率良好，旋轉部分與殼間之接觸須緊密。理想之旋轉泵，其排出量應與旋轉之速度成正比，產生之壓力每平方公尺約為 70000～140000 牛頓。旋轉泵適用於輸送黏狀而具潤滑性之液體，如油脂、糖蜜等。其金屬面易因摩擦而受損，故不適用於含砂之液體。

旋轉泵之種類甚多，圖 4–9 示一齒輪式泵，其主要構造為兩個正齒輪密接裝於一盒內。操作時，液體經吸入管進入泵，然後被齒輪帶至出口。齒輪之一為原動力所帶動，另一則為第一齒輪所帶動。齒輪泵之流量均勻，無升沉現象，為其優點。

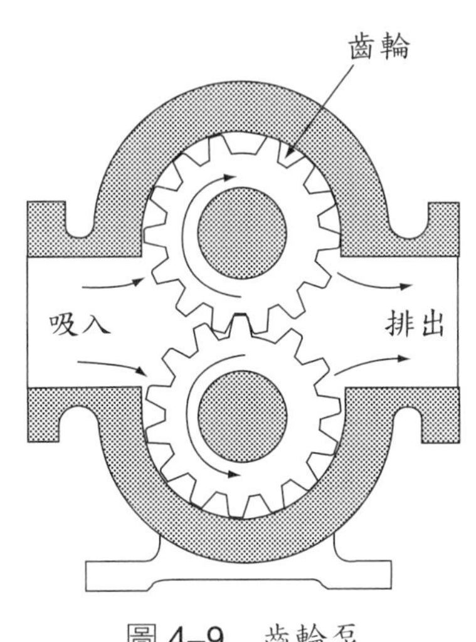

圖 4–9　齒輪泵

圖 4–10 示另一種旋轉泵，其主要部分為一圓盤，四周有缺口，每一缺口中插入一滑葉，此滑葉可在缺口內滑動，圓盤則在一橢圓形殼內轉動，故稱為滑葉泵。滑葉與圓盤接觸處備有彈簧，故當圓盤轉至如圖 4–10 之位置時，下方之滑葉因離心力而伸出，但上方之滑葉則受外殼之壓迫而縮入。因此液體進入泵兩葉間時，因其間空隙先逐漸擴大，繼之逐漸縮小，流體最後在壓力下被擠出。

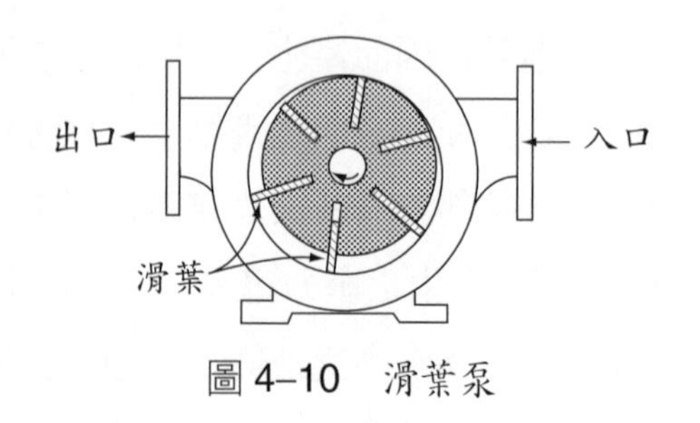

圖 4–10　滑葉泵

3. 離心泵

離心泵乃目前應用最廣之泵，其主要部分為一**葉輪** (impeller)，置於一扁形外殼之內，賴馬達之發動作高速之旋轉。操作時流體係自旋轉軸處進入泵內，然後藉離心力將流體沿半徑方向逐出泵外。葉之形狀可為半徑方向之直線，亦可稍向前彎，或稍向後彎。

最簡單之離心泵乃渦形泵，如圖 4–11 (a)所示，流體自旋轉軸處吸入，然後沿葉輪與殼間之空隙旋轉而被逐出出口。葉輪與殼間之空隙，依液體進行之方向逐漸增加。圖 4–11 (b)示另一種離心泵，稱為輪機式離心泵。輪機式離心泵之主要部分與渦形者同，惟於葉輪之外圍，多加一**擴散環** (diffusion ring)。擴散環由無數固定葉輪組成，其功用為使自旋轉葉輪拋出之流體，有固定之方向，以免產生騷動現象而損耗能量。故輪機式離心泵之效率比渦形者為高。

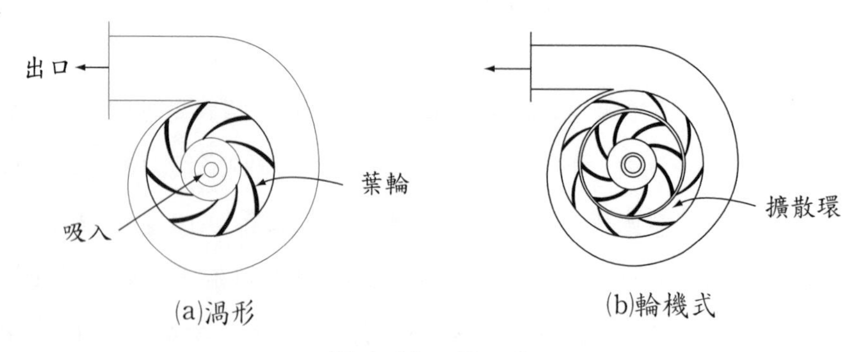

(a)渦形　(b)輪機式

圖 4–11　離心泵

4–8 推動氣體之裝置

推動氣體之裝置與推動液體者，形狀及名稱雖異，原理則同。最常用以推動氣體之裝置，計有：**風扇** (fan)、**鼓風機** (blower) 及**壓縮機** (compressor)，所產生之壓力均大於大氣壓力者。因氣體之密度比液體小，因此產生之速度往往較大；且氣體之黏度亦小而易產生滲漏現象，故此類氣體推動裝置之設計及製造較難。風扇、鼓風機及壓縮機三種之分野實難明確劃分，惟一般以產生壓力差小者為風扇，大者為壓縮機，鼓風機則介乎其間。

1. 風 扇

風扇產生之壓力差約在 13～150 厘米水柱之間，其種類可分為**軸向流動** (axial flow) 及離心流動兩種。一般而言，離心風扇屬於大型者，其構造及操作原理，與離心泵相若。

2. 鼓風機

凡用風扇機嫌壓力不夠，用壓縮機又嫌壓力過大時，可用鼓風機。欲得高壓縮比時，可用滑葉鼓風機，其構造與圖 4–10 所示之滑葉泵相同。另一種鼓風機，如圖 4–12 所示，其構造原理與齒輪泵相同；惟此時齒輪為葉形物所取代，稱為**葉式鼓風機** (lobe blower)，適用於冶鐵爐及鼓風爐之吹氣。

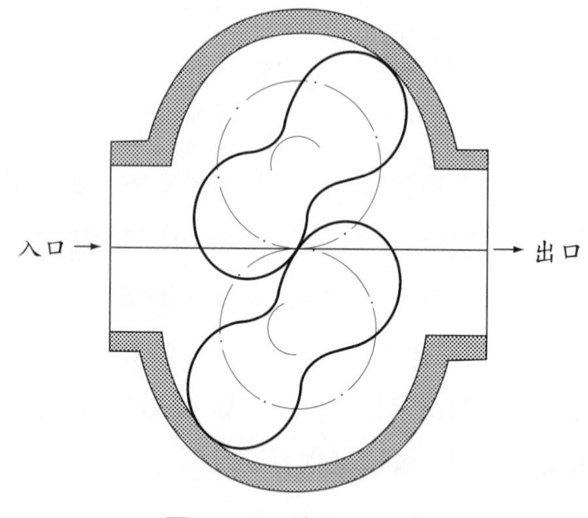

圖 4–12　葉式鼓風機

3. 壓縮機

最簡單之壓縮機乃**往復式壓縮機** (reciprocating compressor)，其構造及操作原理與往復泵大致相若，所不同者，乃因氣體較易滲漏，故壓縮機中之接合較嚴密。又因壓縮機中易生高熱，以致壓縮效率降低，故壓縮機應有冷卻裝置。

當一次之壓縮不足以獲得所需之壓縮比時，可用兩個或兩個以上汽缸，連續壓縮。兩個汽缸時稱為雙級，兩個以上時稱為**多級** (multistage)。多級壓縮機中，除每個汽缸周圍均裝有冷卻用之水套（或翼片）外，汽缸與汽缸間亦裝有冷卻器，如此始能把即將進入中間汽缸之流體溫度降低，使之與進入另一汽缸之氣體溫度相同。

4–9 真空泵

真空泵之功用，乃將低壓處之氣體吸入，然後在大氣下放出，而產生高壓縮比。最普通之真空泵有往復式及旋轉式兩種。後者所能達到之真空度較大，約 5 毫米之絕對壓力，價格亦廉；惟操作時有嘈音，為其缺點。

化學工廠中廣用**蒸汽噴射器 (steam-jet ejector)**，如圖 4–13 所示，使產生真空，如精餾塔與蒸發器中之操作。操作時，蒸汽自噴嘴膨脹射出，於是速度增加而降低壓力。此時氣體自欲抽成真空之系統中被吸入噴射器；此時因與蒸汽混合，遂增加動量而自噴射器排出。噴射器中直徑最小部分稱為**喉口 (throat)**，混合流體經過喉口後，因管徑逐漸擴大，速度反而逐漸減小而提高壓力。噴射器之效率乃視擴大管中壓力收回之多寡而定。高效率噴射器之製造須精密，故其造價亦貴。單級噴射器之真空度可達 50 毫米汞柱；多級噴射器之真空度，則可達 1 毫米汞柱。

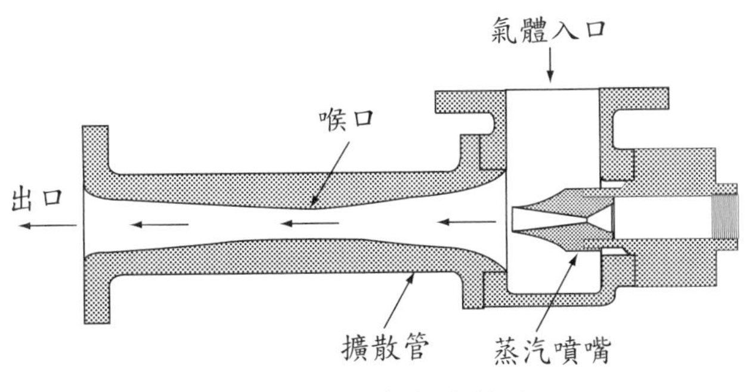

圖 4–13　蒸汽噴射器

符號說明

符　號	定　義
A_1	水缸活塞頭之截面積，平方公尺
A_2	汽缸活塞頭之截面積，平方公尺
E	往復泵之總效率
E_p	壓力效率
E_v	容積效率
p_1	液體之壓力，牛頓 /(公尺)^2
p_2	蒸汽之壓力，牛頓 /(公尺)^2
Q	流體之體積流率，(公尺)^3/ 分鐘
S	活塞滑動之速率，公尺 / 分鐘

4–1　何以流體之輸送所使用之導管以圓管居多?

4–2　試述管號之定義，例如 2 吋 40 號鋼管。

4–3　螺旋接合所用之管件，何者可使流體之流動方向改變?何者可連接大小不同之二管?

4–4　試述圓形管所包括之種類。

4–5　在管路上用以控制流體，使其僅向一方流動之閥為何?又防止鍋爐爆炸之閥為何?

4–6　何謂往復泵之升沉現象?如何彌補此缺點?

4–7　試舉三種推動氣體之裝置，並說明其不同處。

4–8　將低壓處之氣體輸送至較高壓處之裝置有那些?試簡述之。

5 流體流量之測定

流量計 (flowmeter) 乃測定流體速度或單位時間的流量之儀器。此等儀器之種類雖多，其校正方法則一，均係將一定時間內流過管道之流體全部放出，以測其體積或稱其重量。例如液體可使之流入一架於天平上之**稱槽** (weigh tank)，或流入以高度表示體積之槽中；氣體可使之浮於水上或油上之反罩槽中。一切流量計均用此法校正，即使標準儀器亦然。常用以測定流體流動之儀器計有：位移流量計 (displacement flowmeter)、流速計 (current flowmeter)、皮托管 (pitot tube)、細腰流量計 (venturi meter)、孔口流量計 (orifice) 及浮標流量計 (rotameter)。

5-1 位移流量計

位移流量計測定流量之原理，乃將流體分為若干段之已知體積，而以機械方法計算單位時間之段數。兩種最常用於液流之位移流量計為擺動活塞式及搖盤式；用於氣流者計有濕式（或稱斗室）及乾式（或稱隔膜流量計）兩種。

5–2 流速計

流速計乃用以測定流速，而非流量。倘流量計之作用停止，流動即隨之障塞，惟若流速計停止作用，流體之流動僅稍受影響而已。吾人若置流速計於某一定之管道中，則其刻度亦可代表流量。

最普通之流速計有推翼式、杯式、熱線及皮托管四種。除熱線式僅適用於氣體外，其餘三種可適用於任何流體；其中以皮托管最重要，將於下一節詳細介紹。

5–3 皮托管

前已提及，皮托管為流速計之一種。倘於流動之流體中，置一與流動方向垂直之管，則恰在管嘴內之靜止流體的壓力，即為流過該管之壓力。若另置一管，其軸與流動方向平行，且管之出口被封閉（例如連接於液柱壓力計之一臂），則管中流體之速度為零。倘將上述兩管合併，則得一皮托管。

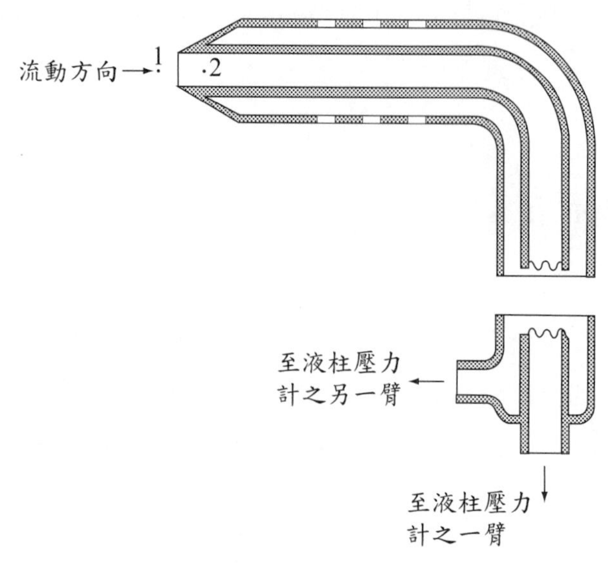

圖 5–1　皮托管之剖面

如圖 5–1 所示，兩管係同心裝置，且兩管間之前端部分封閉成尖形。其裝置方法係使尖端朝上流方向，因此流動之流體正衝於內管，而不衝於外管。距尖端若干距離處之外管壁上開啟若干小孔，使流體能進入而不發生衝擊作用。於是內管受衝擊壓力，而外管則受靜壓力。倘此兩管分別接於液柱壓力計之兩臂，則其壓力差可由壓力計讀出。

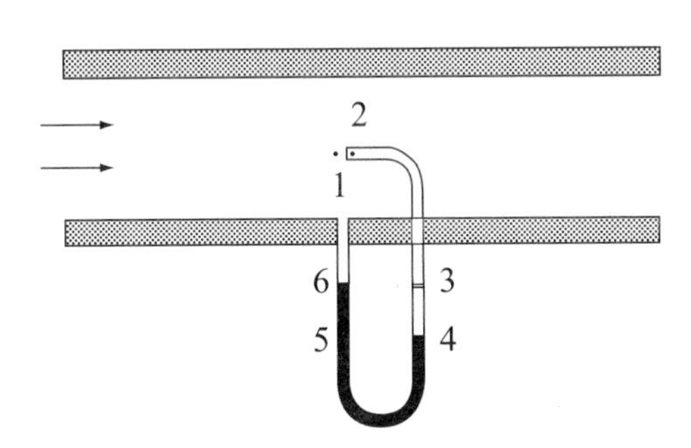

圖 5–2　流動管中之皮托管

皮托管之操作情形，見圖 5–2。圖中點 1 之速度為 u_1，點 2 之速度為零。點 1 之壓力等於皮托管外管中之壓力，即靜壓力；點 2 之壓力為皮托管內管之壓力，即衝擊壓力。其壓力差為

$$\Delta p = p_2 - p_1$$
$$= \frac{g}{g_c}(\rho_m - \rho)(z_3 - z_4)$$
$$= \frac{g}{g_c}(\rho_m - \rho)\Delta h \tag{5–1}$$

式中 ρ 表流體密度，ρ_m 表液柱壓力計中之流體密度，Δh 表 U 形管液柱壓力計中兩臂之液面差。

倘應用白努利方程式於不可壓縮流體中之點 1 與點 2 間，則

$$\frac{u_1^2}{2g_c} = \frac{\Delta p}{\rho} \tag{5–2}$$

故

$$u_1 = \sqrt{\frac{2g_c(\Delta p)}{\rho}} \tag{5-3}$$

若將式 (5–1) 代入式 (5–3)，得

$$u_1 = c\sqrt{\frac{2g(\rho_m - \rho)\Delta h}{\rho}} \tag{5-4}$$

式中 c 乃一修正係數，其值須將該儀器實際修正而決定。對一般皮托管而言，c 值甚接近於 1。若下接一示差液柱壓力計，如圖 2–4 所示，則

$$u_1 = c\sqrt{\frac{2g(\rho_C - \rho_B)\Delta h}{\rho}} \tag{5-4$'$}$$

式中 $\rho_C > \rho_B$。

上面所得之結果亦可適用於可壓縮流體，惟其流速須大，且壓力之變化在 15% 之內。皮托管所測得者僅為一點之局部速度，然可藉以測定管道截面積上各點之速度，而得流體之速度分布；更可根據截面積上之速度分布，計算平均速度。

例 5–1

黏度為 0.0188 厘泊，密度為 1.12 千克 /(公尺)^3 之空氣，通過一內徑為 20 厘米之圓管。空氣之溫度為 110°F，壓力為 1 大氣壓。今裝一皮托管於管的中心點，皮托管下接一示差液柱壓力計，計內充以油及水，油層在水層之上。油之比重為 0.835，水之比重為 0.998。倘液柱壓力計之讀數為 8 厘米，求空氣之體積流率。假設皮托管係數為 0.98。若流動為層流時，平均速度為最大速度（管中央之速度）之一半；然若流動為擾流時，則平均速度為最大速度之 80%。

解 因係採用示差液柱壓力計，故空氣之局部速度應依式 (5–4)′ 計算，其中 $\rho_C = 0.998\times 10^3$ 千克 /(公尺)^3，$\rho_B = 0.835\times 10^3$ 千克 /(公尺)^3，$\Delta h = 0.08$ 公尺，$g = 9.8$ 公尺 /(秒)^2，$\rho = 1.12$ 千克 /(公尺)^3，$c = 0.98$，故

$$u_{\max} = 0.98\sqrt{\frac{2(9.8)(0.998-0.835)(1000)(0.08)}{1.12}} = 15.1 \text{ 公尺 / 秒}$$

假設此流動為擾流，則平均速度為

$$u_b = 0.8u_{\max} = 12.1 \text{ 公尺 / 秒}$$

驗算雷諾數

$$\boldsymbol{Re} = \frac{u_b D\rho}{\mu} = \frac{(12.1)(0.2)(1.12)}{0.0188\times 10^{-3}} = 1.44\times 10^5$$

故擾流之假設正確，而空氣之體積流率為

$$Q = u_b A = (12.1)\left[(\frac{\pi}{4})(0.2)^2\right](60) = 22.8 \text{ (公尺)}^3\text{/ 分鐘}$$

5–4 細腰流量計

若流體流動之管中有一段之截面積逐漸縮小，然後又逐漸擴大至原形，則可用以測定流量。此裝置稱為文氏計或細腰流量計，見圖 5–3。

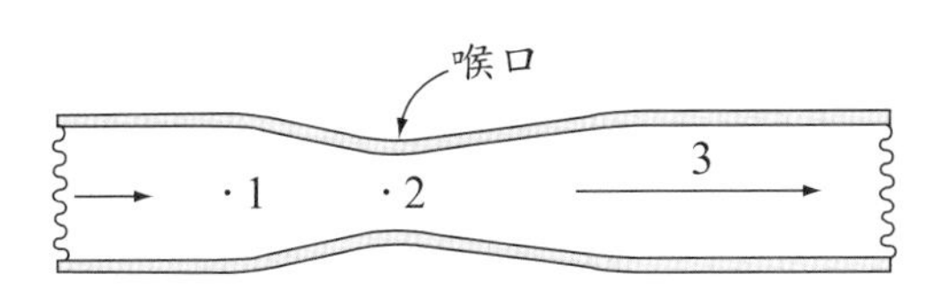

圖 5–3 細腰流量計之剖面圖

應用白努利方程式於圖上點 1 與點 2 之間，則

$$\frac{u_{b_2}^2 - u_{b_1}^2}{2g_c} + \frac{p_2 - p_1}{\rho} = 0 \tag{5–5}$$

但白努利方程式僅適用於理想流體 ($\mu = 0$)，對一般帶有黏性之流體而言，管壁對流體之流動有阻力而產生摩擦，以致引起能量之損失。故實際上式 (5–5) 應另加一摩擦損失項，即

$$\frac{u_{b_2}^2 - u_{b_1}^2}{2g_c} + \frac{p_2 - p_1}{\rho} + \ell w_{12} = 0 \tag{5–6}$$

上式稱為**機械能方程式 (mechanical energy equation)**。

由實驗數據知，當 $\boldsymbol{Re}_1 > 10\,000$ 時，點 1 至點 3 之摩擦損失約為 $\frac{p_1 - p_2}{\rho}$ 之 10%，即

$$\ell w_{13} = 0.1\frac{p_1 - p_2}{\rho} \tag{5–7}$$

假設 $\ell w_{12} = \frac{1}{2}\ell w_{13}$ (5–8)

將式 (5–7) 與 (5–8) 代入式 (5–6)，得

$$\frac{u_{b_2}^2 - u_{b_1}^2}{2g_c} = 0.95\left(\frac{-\Delta p}{\rho}\right) \tag{5–9}$$

式中 $\Delta p = p_2 - p_1$。因

$$u_{b_1} = u_{b_2}\left(\frac{D_2}{D_1}\right)^2 \tag{5–10}$$

又令

$$\beta = \frac{D_2}{D_1} \tag{5–11}$$

故

$$u_{b_1} = u_{b_2}\beta^2 \tag{5–12}$$

將式 (5–12) 代入式 (5–9)，整理後得

$$u_{b_2} = 0.975\sqrt{\frac{2g_c(-\Delta p)}{\rho(1-\beta^4)}} \tag{5–13}$$

式中 $\sqrt{\dfrac{1}{1-\beta^4}}$ 通常趨近於 1。例如 $\beta = 0.5$ 時，$\sqrt{\dfrac{1}{1-\beta^4}} = 1.03$。式 (5–13) 中之常數 0.975，乃根據式 (5–7) 之實驗結果及式 (5–8) 之假設而得。為使得到更準確之結果，一般以常數 c_v 代替之，即

$$u_{b_2} = c_v\sqrt{\frac{2g_c(-\Delta p)}{\rho(1-\beta^4)}} \tag{5–14}$$

而 c_v 值由實驗決定。當 $\boldsymbol{Re}_1 > 10\,000$ 時，$c_v = 0.98$；雷諾數減小，則 c_v 值劇減。

細腰流量計之製造不易，故每由專門廠家製造。價格雖昂貴，但摩擦損失較小，為其優點。一般上游處之束縮截面斜度為 25°，下游處之斜度則為 7°。

例 5–2

某水廠以細腰流量計計衡水之流量。輸水管之內徑為 24 厘米，細腰流量計之喉口為 12 厘米。又水之密度為每立方公尺 1000 千克，黏度為 1.1 厘泊，液柱壓力計中水銀柱之高度差為 20 厘米。試計算該廠每日輸出之水量。

解 細腰流量計產生之壓差，可依式 (2–6) 計算

$$(-\Delta p) = \frac{g}{g_c} R_m(\rho_B - \rho_A) = \frac{(9.8)}{1}(0.2)(13.6 - 1)(1\,000)$$

$$= 24\,696 \text{ 牛頓} / (\text{公尺})^2$$

先假設 $c_v = 0.98$，則由式 (5–14) 可計算流量

$$w = \rho u_{b_2} A_2 = c_v \frac{\pi D_2^2}{4} \sqrt{\frac{2 g_c(-\Delta p)\rho}{1 - \beta^4}}$$

$$= 0.98\left(\frac{\pi}{4}\right)(0.12)^2 \sqrt{\frac{2(1)(24\,696)(1\,000)}{1 - \left(\frac{0.12}{0.24}\right)^4}}$$

$$= 80.45 \text{ 千克} / \text{秒}$$

若流量以公噸 / 日單位表示，則

$$w = \left(\frac{80.45 \text{ 千克}}{\text{秒}}\right)\left(\frac{\text{公噸}}{1\,000 \text{ 千克}}\right)\left(\frac{3\,600 \text{ 秒}}{\text{小時}}\right)\left(\frac{24 \text{ 小時}}{\text{日}}\right)$$

$$= 6\,940 \text{ 公噸} / \text{日}$$

今驗算 c_v 值如下：

$$\boldsymbol{Re}_1 = \frac{D_1 u_{b_1} \rho}{\mu} = \frac{4w}{\pi \mu D_1} = \frac{4(80.45)}{\pi(1.1 \times 10^{-3})(0.24)} = 3.88 \times 10^5$$

因 $\boldsymbol{Re}_1 > 10\,000$，故 $c_v = 0.98$ 之假設正確。

5–5 孔口流量計

孔口流量計之構造遠較細腰流量計簡單，其主要部分為平板上之小孔，如圖 5–4 所示。即使無準確製造之小孔板，以普通工具在一簡單之平板上作成一孔，即成孔口流量計。孔口流量計或稱小孔計。

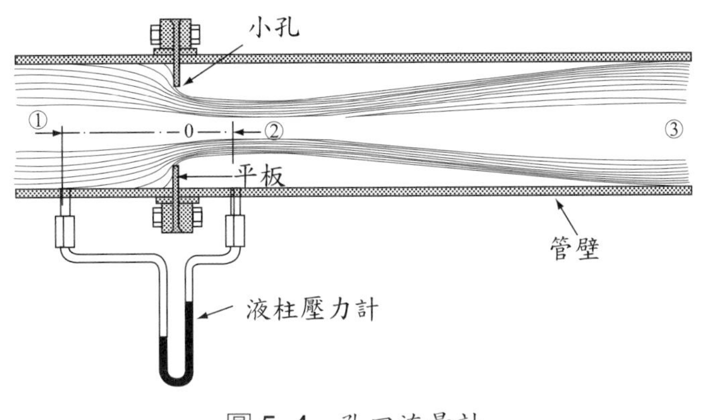

圖 5–4 孔口流量計

孔口流量計之操作原理雖與細腰流量計相同，但其易於改造與更換，故流量之測定範圍甚大；而細腰流量計之喉口固定，因此所能測定之流量範圍甚小。惟孔口流量計使流體之流動截面積突然縮小且又急速擴大，以致在下流處產生擾流現象，故壓力之落差損失亦大。至於細腰流量計因有適當斜度之設計，使得流動截面積之縮小與擴大較緩和，故可防止擾流現象，摩擦損失自然減少。

流體經過孔口流量計時，有收縮現象。面積最小處（點 2），一般距小孔板（點 0）下流約 1 倍或 2 倍管徑。此點稱為**束縮截面** (vena contracta)。

1. 流量之計算

因為點 1 至點 2 間之流動，頗似細腰流量計者，故式 (5–9) 可應用於其間

$$c_v^2\frac{\Delta p}{\rho}+\frac{u_{b_2}^2-u_{b_1}^2}{2g_c}=0 \tag{5–15}$$

一般而言，束縮截面積不易測定，故該處之流體速度亦不易計算。今以 u_{b_0} 代替 u_{b_2}，至於其誤差則以另一常數 c_0 替代 c_v，則式 (5–15) 變為

$$c_0^2\frac{\Delta p}{\rho}+\frac{u_{b_0}^2-u_{b_1}^2}{2g_c}=0 \tag{5–16}$$

c_0 稱為**放洩係數** (discharge coefficient)。今以 β_0 代替 $\dfrac{D_0}{D_1}$，則上式變為

$$c_0^2\frac{\Delta p}{\rho}+\frac{u_{b_0}^2}{2g_c}(1-\beta_0^4)=0$$

即

$$u_{b_0}=c_0\sqrt{\frac{2g_c(-\Delta p)}{\rho(1-\beta_0^4)}} \tag{5–17}$$

故單位時間測得之管中質量流率為

$$w=\rho u_{b_0}A_0=\left(\frac{\pi D_1^2}{4}\right)\beta_0^2c_0\sqrt{\frac{2g_c(-\Delta p)\rho}{(1-\beta_0^4)}} \tag{5–18}$$

由實驗知，放洩係數 c_0 乃 β_0 與 $\boldsymbol{Re}_0\ (=\dfrac{D_0u_{b_0}}{\nu})$ 之函數，而當 $\boldsymbol{Re}_0>50\,000$ 時，$c_0=0.61$。

c_0 值亦可由理論推演而得，今敘述如下：令

$$c_c=\frac{A_2}{A_0} \tag{5–19}$$

c_c 稱為縮小係數。則

$$u_{b_2}=u_{b_0}c_c \tag{5–20}$$

$$u_{b_1}=\beta_0^2u_{b_0} \tag{5–21}$$

將式 (5–20) 與 (5–21) 代入式 (5–15) 與 (5–16)，分別得

$$\frac{p_2-p_1}{\rho}=-\frac{1}{c_v^2}\left(\frac{1}{c_c^2}-\beta_0^4\right)\frac{u_{b_0}^2}{2g_c} \tag{5–22}$$

$$\frac{p_2 - p_1}{\rho} = -\frac{1}{c_0^2}(1 - \beta_0^4)\frac{u_{b_0}^2}{2g_c} \tag{5-23}$$

合併上面二式，整理後得 c_0 值之計算式

$$c_0 = c_v c_c \sqrt{\frac{1 - \beta_0^4}{1 - c_c^2 \beta_0^4}} \tag{5-24}$$

式中 $c_v = 0.98$，而 c_c 乃 β_0 之函數，其關係可藉理想流體之理論計算而得，結果如表 5–1 所示。須注意者，式 (5–24) 僅適用於**銳邊孔口流量計** (sharp-edged orifice)。

表 5–1　c_c 與 β_0 之關係

β_0	0	0.1	0.2	0.3	0.4	0.5	0.6	0.7	0.8	0.9	1.0
c_c	0.611	0.612	0.616	0.622	0.631	0.644	0.662	0.683	0.722	0.781	1.000

孔口流量計在管線系統中之位置，須在不發生擾流之處，以免此擾流影響經過小孔時之流動情形。一般而言，小孔須在任何管件及閥之下流 50 倍管徑之上，在管件及閥之上流 10 倍管徑以上。倘不可能如此，則須在小孔前置一串小管或翼子，但此等管之管長與管徑須在 50 倍以上。

2. 能量損失之計算

孔口流量計之使用，往往因壓力落差之損失太大而受限制。倘應用式 (5–6) 之機械能方程式於圖 5–4 中點 1 與點 3 之間，因 $u_{b_1} = u_{b_3}$，故得

$$\frac{p_1 - p_3}{\rho} = \ell w_{13} \tag{5-25}$$

然因

$$\ell w_{13} = \ell w_{12} + \ell w_{23} \tag{5–26}$$

其中 ℓw_{12} 可將式 (5–9) 與 (5–23) 代入式 (5–6) 而得

$$\ell w_{12} = (c_v^2 - 1)\frac{p_2 - p_1}{\rho} = -\frac{(1-\beta_0^4)}{c_0^4}(c_v^2 - 1)\frac{u_{b_0}^2}{2g_c} \tag{5–27}$$

而點 2 與點 3 間之摩擦損失以擴大損失計算，即

$$\ell w_{23} = \left(1 - \frac{A_2}{A_1}\right)^2 \frac{u_{b_2}^2}{2g_c} \tag{5–28}$$

式 (5–28) 之證明，詳見〔例 5–3〕。將式 (5–19) 與 (5–20) 代入上式得

$$\ell w_{23} = \frac{(1 - c_c\beta_0^2)^2}{c_c^2}\frac{u_{b_0}^2}{2g_c} \tag{5–29}$$

將式 (5–27) 與 (5–29) 代入式 (5–26)，得裝上孔口流量計所引起之能量損失為

$$\ell w_{13} = \frac{p_1 - p_3}{\rho}$$

$$= \left[-\left(1 - \frac{1}{c_v^2}\right)\left(\frac{1}{c_c^2} - \beta_0^4\right) + \frac{(1 - c_c\beta_0^2)^2}{c_c^2}\right]\frac{u_{b_0}^2}{2g_c} \tag{5–30}$$

再合併式 (5–22) 與上式，則

$$\frac{p_1 - p_3}{p_1 - p_2} = 1 - \frac{2c_c\beta_0^2 c_v^2}{1 + c_c\beta_0^2} \tag{5–31}$$

因

$$\frac{p_1 - p_3}{p_1 - p_2} = 1 - \frac{p_3 - p_2}{p_1 - p_2} = 1 - R \tag{5–32}$$

故

$$\frac{p_3 - p_2}{p_1 - p_2} = R = \frac{2c_c\beta^2 c_v^2}{1 + c_c\beta_0^2} \tag{5–33}$$

此處 R 表點 2 至點 3 收回之壓力落差分率，$1 - R$ 則表點 1 至點 3 之壓力落差分率。故由式 (5–25) 與 (5–32)

$$\ell w_{13} = \frac{(1 - R)(p_1 - p_2)}{\rho} \tag{5–34}$$

以上式計算孔口流量計所引起之能量損失，較式 (5–30) 方便；其中，$(p_1 - p_2)$ 值可由液柱壓力計讀出；R 則可由式 (5–33) 計算。

例 5–3

試證式 (5–28) 成立。

解 穩態下流系之動量結算方程式，可自式 (1–56) 簡化為

$$(\frac{1}{g_c})\Delta(wu_x) = R_x + F_{xp} + F_{xd} \tag{5–35}$$

今選擇圖 5–4 中介於點 2 至點 3 間之擴散區的流體為系 (不包括管壁)，則外界對管壁之作用力為零，即 $R_x = 0$。又假設流體在管壁上之摩擦損失，遠比孔口所造成之擾流的分子之間的摩擦損失為小，即 $F_{xd} = 0$。則上式更可簡化為

$$\frac{w}{g_c}(u_{b_3} - u_{b_2}) = F_{xp} = A_1(p_2 - p_3) \tag{5–36}$$

假設管之截面積上流體之速度及壓力均勻，

而 $w = \rho u_{b_2} A_2$, $u_{b_3} = \left(\frac{A_2}{A_3}\right)u_{b_2} = \left(\frac{A_2}{A_1}\right)u_{b_2}$，上式變為

$$\frac{u_{b_2}^2}{g_c}\frac{A_2}{A_1}\left(1-\frac{A_2}{A_1}\right)=p_3-p_2 \tag{5–37}$$

應用如式 (5–6) 之機械能方程式於點 2 至點 3 間，得

$$\frac{u_{b_3}^2-u_{b_2}^2}{2g_c}+\frac{p_3-p_2}{\rho}=-\ell w_{23} \tag{5–38}$$

即

$$\ell w_{23}=\frac{u_{b_2}^2}{2g_c}\left[1-\left(\frac{A_2}{A_1}\right)^2\right]-\frac{p_3-p_2}{\rho} \tag{5–39}$$

最後將式 (5–37) 代入式 (5–39) 以消去壓力項，即得式 (5–28)。

例 5–4

一孔徑為 5.38 厘米之孔口流量計，裝設於輸油管中之水平部分。油係以 38°C沿 4 吋 40 號管（內徑為 10.21 厘米）中輸送。示差液柱壓力計中之液體為水銀及某種有機混合物（比重為 1.11），讀數為 90 厘米。油之黏度為 5.45 厘泊，密度為 879 千克 /(公尺)^3。水之密度為 1000 千克 /(公尺)^3。試計算：

⑴油之輸送率；

⑵孔口流量計引起之功率損失。

解 ⑴由液柱壓力計測出之壓差為

$$(-\Delta p)=p_1-p_2=R_m\left(\frac{g}{g_c}\right)(\rho_c-\rho_B)$$

$$=(0.9)(\frac{9.8}{1})(13.6-1.11)(1000)$$

$$=110162 \text{ 牛頓 /(公尺)}^2$$

$$\beta_0 = \frac{D_0}{D_1} = \frac{5.38}{10.21} = 0.527$$

$$\sqrt{\frac{1}{1-\beta_0^4}} = 1.04$$

假設 $\boldsymbol{Re}_0 > 50\,000$，即 $c_0 = 0.61$，則油之輸送率可由式 (5–18) 計算

$$w = \left\{\frac{[\pi(0.1021)^2]}{4}(0.527)^2(0.61)\sqrt{2(1)(110\,162)(879)(1.04)}\right\}(3\,600)$$

$= 70\,866$ 千克／小時

驗算雷諾數：

$$\boldsymbol{Re}_0 = \frac{D_0 u_{b_0}\rho}{\mu} = \frac{4w}{\pi D_0 \mu} = \frac{4(\frac{70\,866}{3\,600})}{\pi(0.0538)(5.45\times10^{-3})}$$

$$= 85\,500 > 50\,000$$

故 $c_0 = 0.61$ 之假設合理。

(2) $\beta_0 = 0.527$, $c_v = 0.98$，由表 5–1 及式 (5–33) 算得 $R = 0.34$。故每輸送 1 千克油時，孔口流量計所引起之能量消耗可由式 (5–34) 計算

$$\ell w_{13} = \frac{(110\,162)(1-0.34)}{879} = 82.7 \text{ (牛頓)(公尺)/ 千克}$$

因 1 瓦特 = 1 焦耳／秒 = 1 (牛頓)(公尺)/ 秒，而 1 馬力 = 745.7 瓦特，故損失之功率為

$$\frac{(82.7)\left(\frac{70\,866}{3\,600}\right)}{745.7} = 2.18 \text{ 馬力}$$

5–6 可壓縮流體之衡量

前兩節中所討論之有關細腰流量計及孔口流量計之理論，僅適用於測定密度不變之流體。若流體為可壓縮者，則式 (5–14) 與 (5–17) 須修改成

細腰流量計：

$$u_{b_2} = c_v Y_v \sqrt{\frac{2g_c(-\Delta p)}{\rho_1(1-\beta^4)}} \tag{5–40}$$

孔口流量計：

$$u_{b_0} = c_0 Y_0 \sqrt{\frac{2g_c(-\Delta p)}{\rho(1-\beta_0^4)}} \tag{5–41}$$

式中 Y_v 與 Y_0 稱為**膨脹因數** (expansion factor)，ρ_1 則為流量計上流處之流體密度。須注意者，$\beta = \dfrac{D_2}{D_1}$，而 $\beta_0 = \dfrac{D_0}{D_1}$。

理想氣體通過細腰流量計呈**等熵流動** (isentropic flow) 時，Y_v 值可由下式計算：

$$Y_v = \left(\frac{p_2}{p_1}\right)^{\frac{1}{\gamma}} \left\{ \frac{\gamma(1-\beta^4)\left[1-\left(\frac{p_2}{p_1}\right)^{\left(\gamma-\frac{1}{\gamma}\right)}\right]}{(\gamma-1)\left(1-\frac{p_2}{p_1}\right)\left[1-\beta^4\left(\frac{p_2}{p_1}\right)^{\left(\frac{2}{\gamma}\right)}\right]} \right\} \tag{5–42}$$

式中 $\gamma = \dfrac{C_p}{C_v}$，即定壓下之比熱與定容下之比熱之比。

因細腰流量計頗似**噴嘴** (nozzle)，故等熵流動之假設合理。惟孔口流量計則不然，蓋因有束縮截面之故。由實驗知，孔口流量計之 Y_0 值可依下式計算：

$$Y_0 = 1 - \frac{0.41 + 0.35\beta_0^4}{\gamma}\left(1 - \frac{p_2}{p_1}\right) \tag{5–43}$$

5–7 浮標流量計

細腰流量計及孔口流量計，皆賴壓力之變化而測出流體之流量，而收縮之面積則始終不變。由式 (5–14) 與 (5–17) 知，此時流量與壓力差之平方根成正比例。此項流量計之缺點為，若流速變化甚大時，不能將低流量準確測出。另一種流量計，乃收縮面積改變但壓力差始終不變者，稱為面積計。

最常見之面積計為浮標流量計，圖 5–5 所示乃其主要部分：即一上寬下狹之玻璃或壓克力斜管，管內有一小浮物，管之上下端各以固定之套夾緊。所欲測量之流體先自底部之固定套進入，在管中上升，然後從頂部之固定套流出。流體於管中流動時，管中之浮標被往上頂至某一定位置，而管中之流體係經浮標與管壁間四周之孔隙流過。當流量改變時，浮標之位置即改變，浮標之位置愈高，浮標與管壁間四周之面積愈大，故單位時間內通過之流體亦愈多。當達到平衡時，不管浮標之位置為何處，其上下部之流體壓力為一定，而此壓力差與浮標之質量有關。

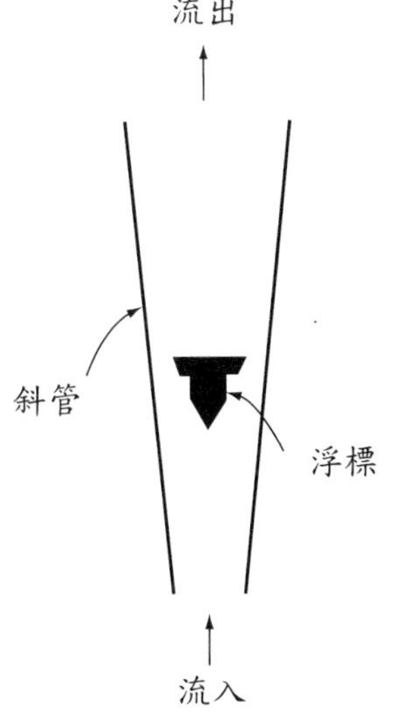

圖 5–5　浮標流量計

圖中上寬下狹之管，其斜度有成直線者，亦有成曲線者，其流量之標示可用適當單位刻劃於管上。浮標之材料有黃銅、耐酸銅、鉛或鎳等，亦有用特殊材料製成者，如玻璃、塑膠等。較小之浮標流量計，其浮標完全自由浮動；較大型者，因浮標之上下升降運動不穩定，故浮標之中心鑽有一孔，而令浮標在一中心支桿上滑上滑下。

流體於浮標流量計中之流動情形，頗似孔口流量計中所發生者，故將式 (5–17) 略為修改後之方程式，即可適用於浮標流量計：

$$u_{b_r} = c_r \sqrt{\frac{2g_c(-\Delta p)}{\rho}} \tag{5–44}$$

式中 u_{b_r} 表流體流過環狀面積（斜管與浮標間之收縮空隙）之平均速度，c_r 稱為浮標流量計之**放洩係數 (discharge coefficient)**。式 (5–17) 中之 $\sqrt{\dfrac{1}{1-\beta_0^4}}$ 已包括於 c_r 中，$(-\Delta p)$ 則表浮標下面之流體壓力與上面之流體壓力之差。

$(-\Delta p)$ 可藉作用於浮標諸力之平衡求出。因浮標之重力，等於流體對浮標之浮力與壓力對浮標截面積上向上之淨作用力之和，即

$$(-\Delta p)A_f + \rho\frac{g}{g_c}V_f = V_f\rho_f\frac{g}{g_c} \tag{5–45}$$

式中　A_f = 浮標之最大截面積

V_f = 浮標體積

ρ_f = 浮標密度

故

$$(-\Delta p) = \frac{V_f(\rho_f - \rho)g}{A_f g_c} \tag{5–46}$$

前已提過：浮標之質量一定時，浮標上下部之流體壓力差為一定。今由式 (5–46) 可證明此語無訛。因此由式 (5–44) 知，不管浮標之位置為何處，經過環

狀面積之平均速度亦為定值。惟浮標之位置愈高，環狀面積愈大，以致單位時間內通過之流體量亦愈大，故流量與環狀面積之大小成正比。

將式 (5–46) 代入式 (5–44)，得

$$u_{b_r} = c_r\sqrt{\frac{2gV_f(\rho_f - \rho)}{A_f\rho}} \tag{5–47}$$

故流體之質量流率為

$$w = \rho u_{b_r}A_r = c_rA_r\sqrt{\frac{2g\rho(\rho_f - \rho)V_f}{A_f}} \tag{5–48}$$

式中 A_r 表環狀面積（相當於孔口流量計之收縮面積），而 c_r 值須由實驗結果定出。

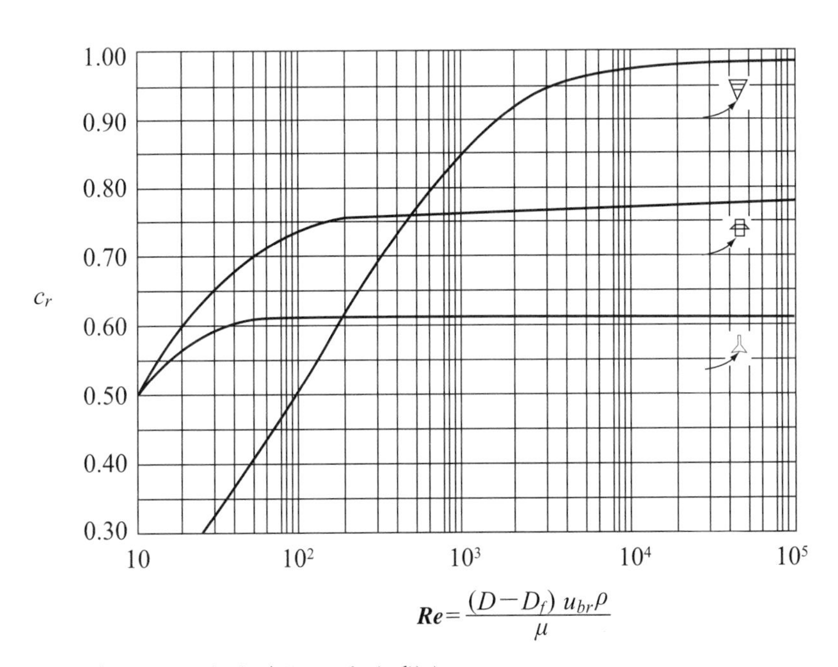

圖 5–6 c_r 與雷諾數及浮標形狀之關係〔摘自 Linford, A., *Flow Measurement and Meters* (Spon, 1949)〕

圖 5–6 示放洩係數 c_r 與雷諾數之關係，圖中三條曲線，代表使用不同浮標形狀的結果。此時雷諾數之定義為

$$\boldsymbol{Re} = \frac{(D - D_f)u_{b_r}\rho}{\mu} \tag{5–49}$$

式中 D = 浮標處之斜管管徑

D_f = 浮標之最大直徑

圖上可見，當 $\boldsymbol{Re} > 10000$ 時，c_r 值與雷諾數無關。

符號說明

符號	定義
A_1, A_2	管中點 1、點 2 之截面積，平方公尺
A_f	浮標之最大截面積，平方公尺
A_r	浮標流量計之環狀面積，平方公尺
A_0	小孔之截面積，平方公尺
C_p, C_v	定壓、定容比熱，千焦耳 /(千克)(K)
c	修正常數
c_c	$\frac{A_2}{A_0}$
c_0	孔口流量計之放洩係數
c_r	浮標流量計之放洩係數
c_v	細腰流量計之放洩係數
D	浮標處之斜管管徑，公尺
D_1, D_2	點 1、點 2 之管徑，公尺
D_0	小孔之直徑，公尺
D_f	浮標之最大直徑，公尺
V_f	浮標之體積，立方公尺

g	重力加速度，公尺 /(秒)^2
g_c	比例常數，(千克)(公尺)/(秒)^2(牛頓)
Δh	液柱壓力計之高度差，公尺
ℓw	摩擦損失，(公尺)(牛頓)/ 千克
p	壓力，牛頓 /(公尺)^2
R	$\frac{(p_3 - p)}{(p_1 - p_2)}$
Re	雷諾數
u_1	皮托管測出之點速度，公尺 / 秒
u_{b_2}	細腰流量計中喉口處之平均速度，公尺 / 秒
u_{b_0}	小孔處之平均速度，公尺 / 秒
u_{b_r}	浮標流量計中，浮標與管壁四周間環狀面積上之平均速度，公尺 / 秒
w	質量流率，千克 / 秒
Y_v, Y_0	膨脹係數
z	z 坐標軸，公尺
β	$\frac{D_2}{D_1}$
β_0	$\frac{D_0}{D_1}$
γ	$\frac{C_p}{C_v}$
ρ	流體密度，千克 /(公尺)^3
ρ_f	浮標密度，千克 /(公尺)^3
ρ_m	液柱壓力計中之流體密度，千克 /(公尺)^3

習　題

5–1　比重為 0.85、黏度為 11 厘泊之油，沿一內徑為 3.8 厘米之管中通過。今用一 1.6 厘米標準銳邊小孔計測其流率，若水銀液柱壓力計之兩臂液面差為 23 厘米，問油之流率若干?

5–2　比重為 0.82 之油，流經一收縮之管。有一液柱壓力計接於收縮口上游及下游，壓力計內充水，聯接管則充滿油。所測得之兩臂液面差為 300 毫米，試計算經過收縮口之壓力損失。

5–3　水沿高山上一水平管中流過，該處之重力加速度為 8.5 公尺 /(秒)^2。用小孔計及水銀液柱壓力計測其流量，結果發現水銀高度差為 11.5 厘米。問壓力降落若干?

5–4　10°C 之水，以每分鐘 600 千克之流量，沿一 3 吋 40 號管中流過。

⑴今裝一 4.5 厘米直徑之銳邊小孔計，問經此小孔計之水銀液柱壓力計之讀數多少?

⑵倘將一縮口直徑為 4.5 厘米之文氏計代替小孔計，問此時水銀液柱壓力計之讀數多少?

⑶倘管中是油而非水，其密度為每立方厘米 0.89 克，黏度為 1.3 厘泊，則讀數若干?

5–5　主成分為甲烷之天然氣〔標準狀態下密度為 0.72 千克 /(公尺)^3〕，流經一 10 吋 40 號之長直管，內有一 6.35 厘米直徑之銳邊小孔計。若恰在小孔計前氣體之溫度為 27°C，壓力為 1.36×10^5 牛頓 /(公尺)^2。而與水平呈 15° 之傾斜壓力計之讀數為 15.7 厘米水柱，試求經過該管路之氣體質量流率。

5–6 倘 (5–2) 題中之液柱壓力計破碎，而以另一液柱壓力計替代，其上游之臂為 6 毫米玻璃管，下游之臂為 8 毫米玻璃管。當油不流動時，兩臂之液面在液柱壓力計底之上約 21 厘米，而離頂端約 40 厘米。

⑴試求此時可測之最大壓力差；

⑵倘兩臂之接頭互相交換，則可測之最大壓力差為若干？

5–7 21°C 之水，於一 2 吋 40 號鋼管內流過，管內裝有直徑為 2.75 厘米之銳邊小孔計，用以測定水之流率。液柱壓力計內盛有水銀及水，最大流率時液柱壓力計之讀數為 56 厘米。今將液柱壓力計倒置，內充以空氣及水，同樣最大流率時液柱壓力計之讀數仍為 56 厘米，問此時小孔計之直徑應若干？

5–8 以一 2 吋 40 號鋼管輸送熱水，流率為每分鐘 50 加侖與 150 加侖之間。管線上並裝上一凸緣接合之銳邊小孔計，以測熱水之流率。上游壓力為 1.15×10^5 牛頓／（公尺）^{2}，溫度為 70°C，此處水之密度為 980 千克／（公尺）^{3}。當溫度為 70°C、壓力為 3.27×10^4 牛頓 /(公尺)^2 時，水急速蒸發。倘流率每分鐘超過 150 加侖時，熱水在現有銳邊小孔計之收縮口處，因壓力之降低而變成蒸氣，而所聯用之液柱壓力計不復使用。問在此流動系統中，應使用多大之小孔計，方可避免此現象之發生？

6 流體輸送之計算

流體輸送為化學工程中重要操作之一，蓋因各種化學變化多在流體狀態下進行，且流體之輸送遠較固體方便。管、管件、閥、泵及流量計，均為流體輸送之主要器具，其種類、特性及功用，已分別於前兩章上敘述。

化學工廠中，流體經常從甲處沿管中輸送至乙處。因此化學工程師之任務，乃估計管線中因摩擦而引起之能量損失。若乙處比甲處高，且壓力亦大，則流體須賴泵作功，以提高其位能及壓力，並克服管線中之摩擦損失。此時，化學工程師應負責計算所應供給之功率，並決定馬力之大小。這些計算一般乃依據機械能方程式，此式之建立及應用，將陸續於本章中敘述。

6–1 機械能方程式

機械能方程式，可由熱力學第一定律或動量守恆定律導出；或逕由牛頓力學第二定律求出。牛頓力學第二定律之數學表示式為

$$\frac{m}{g_c}a_x = \sum F_x \qquad (6\text{–}1)$$

式中 m 表質量，a_x 表 x 方向之加速度，$\sum F_x$ 則表 x 方向之總作用力。

今考慮某流體沿一圓管中之流動問題。圖 6–1 示作用於流體**基體** (element)上之所有作用力。若 A 表管之截面積，v 表單位質量之體積，則

$$\frac{m}{g_c}a_x = \frac{1}{g_c}\left(\frac{A\delta x}{v}\right)\frac{du_b}{dt} \tag{6–2}$$

$$\sum F_x = pA - (p+\delta p)A - \left(\frac{A\delta x}{v}\right)\frac{g}{g_c}\sin\theta - \tau_s(\pi D\delta x) \tag{6–3}$$

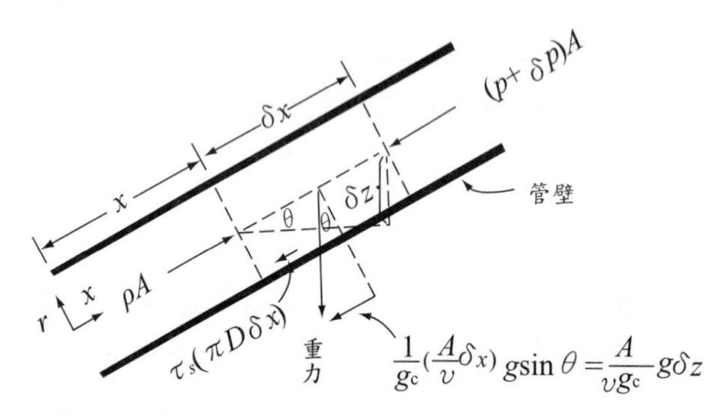

圖 6–1　作用於流體基體之諸力

將式 (6–2) 與 (6–3) 代入式 (6–1)，並應用 $\delta z = \delta x\sin\theta$ 與 $A = \frac{\pi D^2}{4}$ 之關係，整理後得

$$\frac{1}{g_c}\frac{du_b}{dt}\delta x = -v\delta p - \frac{g}{g_c}\delta z - \frac{4\tau_s v}{D}\delta x \tag{6–4}$$

若令 δx 趨近於零，則 δx、δp 與 δz 應分別改寫為 dx、dp 與 dz，而式 (6–4) 變為

$$\frac{1}{g_c}\frac{dx}{dt}du_b = -vdp - \frac{g}{g_c}dz - \frac{4\tau_s v}{D}dx \tag{6–5}$$

因 $\frac{dx}{dt} = u_b$，故

$$\frac{1}{g_c}u_b du_b = -vdp - \frac{g}{g_c}dz - \frac{4\tau_s v}{D}dx \tag{6–6}$$

若上式沿管軸 (x) 方向自點 1 積分至點 2，則

$$\frac{1}{2g_c}(u_{b,2}^2 - u_{b,1}^2) = -\int_{p_1}^{p_2} vdp - \frac{g}{g_c}(z_2 - z_1) - \int_{x_1}^{x_2} \frac{4\tau_s v}{D}dx \tag{6–7}$$

其中 $u_{b,1}$、p_1 與 z_1 分別表 $x = x_1$ 處測得之流體平均速度、壓力與高度；$u_{b,2}$、p_2 與 z_2 則表 $x = x_2$ 處測得之量。式 (6–7) 或改寫為

$$\frac{1}{2g_c}\Delta u_b^2 + \int_{p_1}^{p_2} vdp + \frac{g}{g_c}\Delta z + \ell w_f = 0 \tag{6–8}$$

式中

$$\ell w_f = \int_{x_1}^{x_2} \frac{4\tau_s v}{D}dx \tag{6–9}$$

乃單位質量流體自管中 x_1 處流至 x_2 處之管壁摩擦損失，其單位為(牛頓)(公尺)/ 千克。

若管線中置有泵或**渦輪機** (turbine)，則式 (6–8) 中尚須加入機械功 w_s 一項。討論功能問題時，吾人慣以系 (system) 作用於**外界** (surroundings) 之功為正，外界作用於系之功為負。今以流體為系，管線與泵或渦輪為外界，討論如下：

1. 管線中置有渦輪機時

因流體對渦輪機作功，故此時 $w_s > 0$，機械能方程式應寫為

$$\frac{1}{2g_c}\Delta u_b^2 + \int_{p_1}^{p_2} vdp + \frac{g}{g_c}\Delta z + \ell w_f + \frac{w_s}{\eta_t} = 0 \tag{6–10}$$

式中

$$\eta_t = \frac{w_s}{w_s + \ell w_t} \tag{6–11}$$

乃渦輪機之效率 (efficiency)。w_s 乃單位質量流體藉渦輪機傳遞至外界之能量，$w_s + \ell w_t$ 則為單位質量流體傳遞給渦輪機之能量，ℓw_t 則為渦輪機內之摩擦能量損失。因 $w_s > 0, w_s + \ell w_t > w_s$，故 $\eta_t < 1$。

2. 管線中置一泵時

因泵對流體作功，故此時 $w_s < 0$，機械能方程式應寫為

$$\frac{1}{2g_c}\Delta u_b^2 + \int_{p_1}^{p_2} v dp + \frac{g}{g_c}\Delta z + \ell w_f + \eta_p w_s = 0 \tag{6–12}$$

式中

$$\eta_p = \frac{w_s + \ell w_p}{w_s} \tag{6–13}$$

表泵之效率。此時 w_s 為每輸送單位質量流體時，泵向外界所應吸收之能量，$w_s + \ell w_p$ 為流體自泵處淨得之機械能，ℓw_p 則為泵內之能量損失。須注意者，因 $w_s < 0, |w_s + \ell w_p| < |w_s|$，故 $\eta_p < 1$。

倘流體為不可壓縮者，則式 (6–12) 與 (6–13) 可分別寫成下列二式：

$$\frac{1}{2g_c}\Delta u_b^2 + \frac{\Delta p}{\rho} + \frac{g}{g_c}\Delta z + \ell w_f + \frac{w_s}{\eta_t} = 0 \tag{6–14}$$

$$\frac{1}{2g_c}\Delta u_b^2 + \frac{\Delta p}{\rho} + \frac{g}{g_c}\Delta z + \ell w_f + \eta_p w_s = 0 \tag{6–15}$$

式中 ρ 表流體之密度，等於 $\frac{1}{v}$。

6–2 管線中之摩擦損失

流體輸送系統中，管線係由大小不同之管，藉各種管件連結而成，且以閥控制流量。因此一般而言，管線中之摩擦損失應包括管、管件、閥、擴大及縮小等之能量損耗。故管線中不可壓縮流體之完整機械能方程式應寫為

$$\frac{1}{2g_c}\Delta u_b^2 + \frac{\Delta p}{\rho} + \frac{g}{g_c}\Delta z + \frac{w_s}{\eta_t} + \sum \ell w_f + \sum \ell w_c + \sum \ell w_\ell = 0 \qquad (6\text{–}16)$$

$$\frac{1}{2g_c}\Delta u_b^2 + \frac{\Delta p}{\rho} + \frac{g}{g_c}\Delta z + \eta_p w_s + \sum \ell w_f + \sum \ell w_c + \sum \ell w_\ell = 0 \qquad (6\text{–}17)$$

式中 $\sum \ell w_f$ 表管壁之摩擦總損失，$\sum \ell w_c$ 表管流縮小之總損失，$\sum \ell w_\ell$ 表管流擴大之總損失。管件及閥之摩擦損失，習慣上包括於 $\sum \ell w_f$ 中；至於泵或渦輪機之能量損失，則已以 η_p 或 η_t 表示於式中。今逐項討論這些摩擦損失如下：

1. 管壁之摩擦損失

管壁之摩擦損失，可由式 (6–9) 積分而得。由式 (2–61) 知

$$\tau_s = \left(\frac{P_{x_1} - P_{x_2}}{x_2 - x_1}\right)\frac{D}{4} \qquad (6\text{–}18)$$

將上式代入式 (6–9)，積分得

$$\ell w_f = \frac{P_{x_1} - P_{x_2}}{\rho} \qquad (6\text{–}19)$$

牽引係數之定義（見 2–15 節）為

$$f = \frac{\tau_s g_c}{\frac{\rho u_b^2}{2}} = \frac{g_c(-\Delta P)D}{2u_b^2 \rho L} \tag{6–20}$$

式中 $L = x_2 - x_1$，表管長。合併式 (6–19) 與 (6–20)，得

$$\ell w_f = \frac{2 f u_b^2 L}{g_c D} \tag{6–21}$$

式中**牽引係數** (drag coefficient) 或稱**摩擦因數** (friction factor)，其計算式已於 2–15 與 3–27 節中求出。若流體沿管中呈層狀流動，則

$$f = \frac{16}{\boldsymbol{Re}} \tag{2–98}$$

倘流體沿平滑管中呈擾狀流動，則

$$\frac{1}{\sqrt{f}} = 4.06 \log(\boldsymbol{Re}\sqrt{f}) - 0.60 \tag{3–390}$$

若流體沿粗面管中呈擾狀流動，則

$$\frac{1}{\sqrt{f}} = 4.06 \log\frac{R}{e} + 3.36 \tag{3–394}$$

圖 6–2 示式 (2–98) 與 (3–390) 中 f 與 $\boldsymbol{Re}$ 之關係，以及式 (3–394) 中 f 與 e 之關係；至於各種管料之粗面度 e 與管徑之關係，詳見圖 6–3。

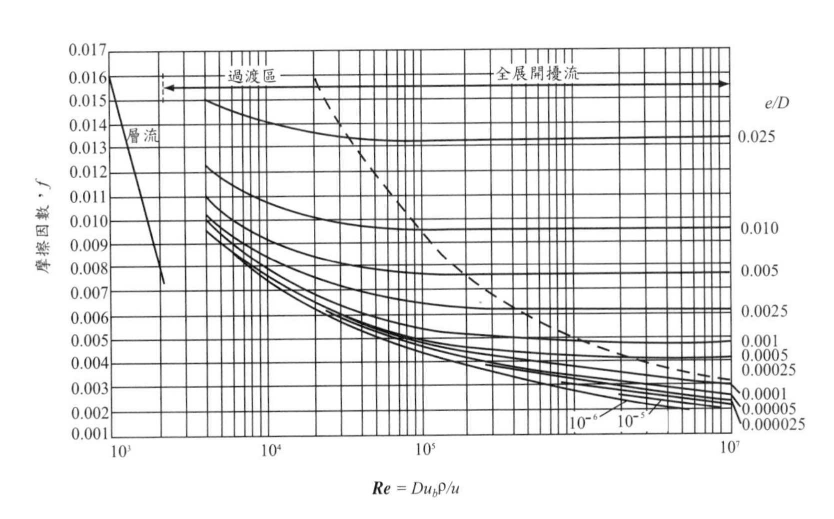

圖 6–2　摩擦係數與雷諾數之關係〔摘自 L. F. Moody, *trans. Am. Soc. Mech. Eng.*, 66: 671 (1944)〕

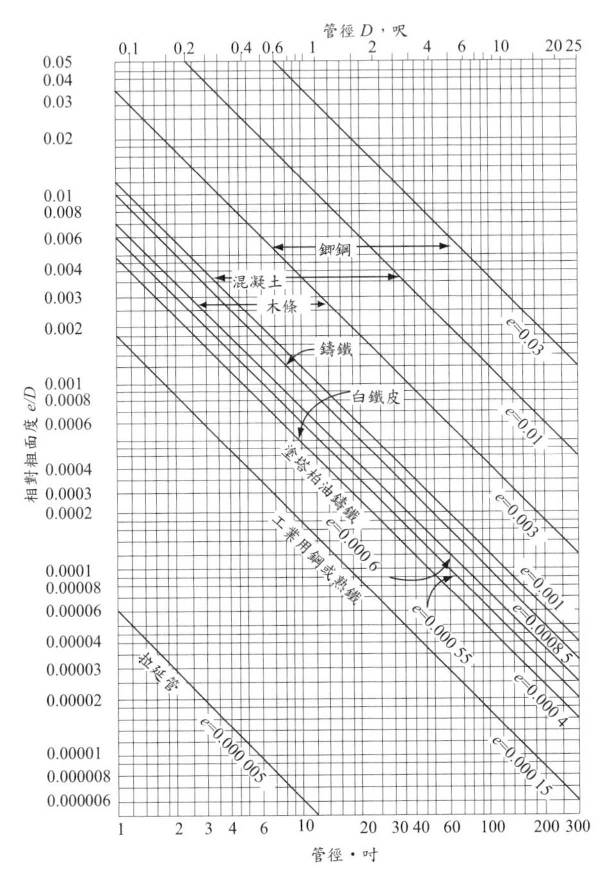

圖 6–3　各種管料之粗面度與管徑之關係〔摘自 L. F. Moody, *trans. Am. Soc. Mech. Eng.*, 66: 671 (1944)〕

2. 管件與閥之摩擦損失

管件與閥之摩擦損失，亦可依式 (6–21) 計算，惟此時式中 L 乃表與管件或閥相同摩擦損耗之**相當管長 (equivalent length)**，其值可由圖 6–4 查出。圖 6–4 中有三垂直線，左線上各點表某種形式之管件或閥，右線表管徑大小，中線表相當於直管之長度。令左線上表管件之點與右線上表管徑之點以直線相連，穿過中線之點，即表相當於直管之長度。例如，由圖可知一支 6 吋標準肘管，相當於 6 吋管徑 16 呎長之管的阻力。故以式 (6–21) 計算管線中之摩擦損失時，L 應為該管線上之管長及管件與閥之相當長度的總和。

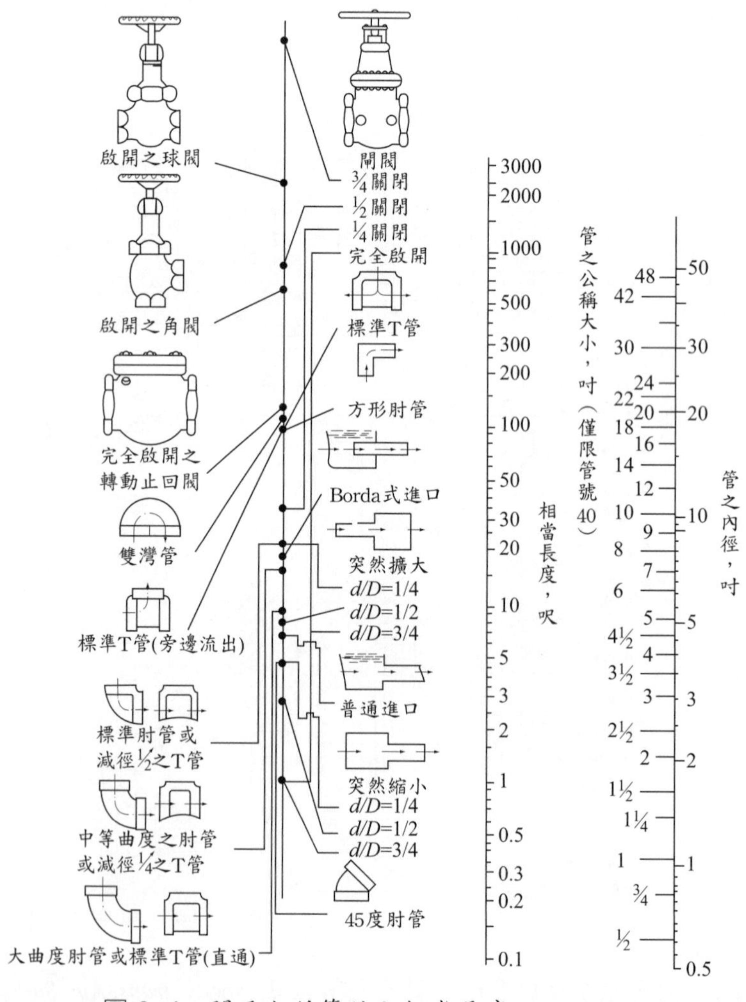

圖 6–4 閥及各種管件之相當長度 (Crano Co)

3. 管流擴大損失

流體於管線中由小管轉入大管時，有**擴大損失** (enlargement loss)；由管線進入容器時，亦有擴大之能量損失。此類擴大損失可由下式計算：

$$\ell w_e = \frac{(u_{b,s} - u_{b,\ell})^2}{2\alpha g_c} \tag{6–22}$$

式中　ℓw_e = 擴大之能量損失，(牛頓)(公尺)/ 千克

$u_{b,s}$ = 小管中之平均速度，公尺 / 秒

$u_{b,\ell}$ = 大管中之平均速度，公尺 / 秒

α = 常數，層流時為 0.5，擾流時為 1.0

擴大之能量損失，亦可依式 (6–21) 求出，其相當長度可由圖 6–4 查出。

4. 管流收縮損失

管線中流體由大管轉入小管，或由容器流進管子時，皆發生**收縮損失** (contraction loss)。此類能量損失可由下式計算：

$$\ell w_c = k\frac{u_{b,s}^2}{2\alpha g_c} \tag{6–23}$$

式中　ℓw_c = 縮小之能量損失，(牛頓)(公尺)/ 千克

k = 常數，與大小二管之面積比 $(\frac{A_s}{A_\ell})$ 有關，見表 6–1

表 6–1 管流縮小損失之係數

$\frac{A_s}{A_\ell}$	0.0	0.1	0.2	0.3	0.4	0.5	0.6	0.7	0.8	0.9	1.0
k	0.50	0.47	0.43	0.38	0.34	0.30	0.26	0.21	0.16	0.09	0

縮小之能量損失亦可藉式 (6–21) 算出，其相當長度可由圖 6–4 查出。

6–3 功率計算

化學工廠中最常遇到且最重要之輸送問題，乃流體藉泵由甲處經管線以定流率輸送至乙處時，所需泵馬力之計算。倘吾人不經計算，而逕以任一泵擔負某管線中之輸送任務，則馬力不是過小就是過大。馬力過小時，泵無法完成任務；過大則費用提高而不經濟。故選購泵時，應先估計所需之馬力，此乃化學工程師應擔負之任務之一。下面列舉一例，以作此類計算之示範。

例 6–1

密度為 0.85 千克 / 公升，黏度為 0.95 厘泊之 90% 甲醇水溶液，在 500 公尺長之 $1\frac{1}{4}$ 吋標準 40 號鋼管中，藉泵自儲槽輸送至製造部門。管線上有 10 個標準肘管、4 個閘閥、3 個 T 形管（均直線流出）及另 2 個 T 形管（旁邊流出）。管出口端必須具有 1.2 大氣壓，且管出口處比儲槽高 10 公尺。若流體之體積流率為每小時 6.34 立方公尺，泵之效率為 70%，試計算所需之輸送馬力。

解 令儲槽之液面為點 1，管出口端為點 2，則由機械能方程式

$$-\eta_p w_s = \frac{\Delta p}{\rho} + \frac{\Delta u_b^2}{2g_c} + \frac{g}{g_c}\Delta z + \ell w \tag{6–24}$$

式中

$$\ell w = \sum \ell w_f + \sum \ell w_e + \sum \ell w_c$$

$$= \frac{2 f u_b^2 \sum L}{g_c D} \tag{6–25}$$

其中 f 為 $\boldsymbol{Re} = \frac{D u_b \rho}{\mu}$ 之函數，而管件之相當長度，可由圖 (6–4) 查出如下：

管件	數目	相當長度，呎	總長度，呎
普通進口	1	2.0	2.0
標準肘管	10	3.7	37
閘閥（全開）	4	0.8	3.2
T 形管（直通）	3	2.3	6.9
T 形管（旁通）	2	7.8	15.6

$$\therefore \sum L = 500 + (2.0 + 37 + 3.2 + 6.9 + 15.6) \times 0.3048 = 519.7 \text{ 公尺}$$

由附錄 D 查得 $D = 1.380$ 吋 $= 3.51$ 厘米，故

$$u_b = \frac{\frac{6.34}{3\,600}}{\frac{\pi}{4}(3.51 \times 10^{-2})^2} = 1.82 \text{ 公尺 / 秒}$$

且

$$\boldsymbol{Re} = \frac{D u_b \rho}{\mu} = \frac{(3.51 \times 10^{-2})(1.82)(0.85 \times 10^3)}{(0.95 \times 10^{-3})} = 57\,200$$

由圖 6–3 知，$\frac{e}{D}=0.0013$，故由圖 6–2 查得 $f=0.00618$。又因 1 大氣壓等於 1.01325×10^5 牛頓 /(公尺)^2，將已知值代入機械能方程式，則

$$-0.7w_s=\frac{(1.2-1)(1.01325\times10^5)}{850}+\frac{(1.82)^2-0}{2(1)}+\frac{9.8}{1}(10)+\frac{2(0.00618)(1.82)^2(519.7)}{(1)(3.51\times10^{-2})}$$

$$\therefore -w_s=1\,042\ \text{(牛頓)(公尺)/ 千克}$$

甲醇水溶液之質量流率為

$$\begin{aligned} w &= u_{b,\,2}(\frac{\pi}{4})D^2\rho \\ &= (1.82)(\frac{\pi}{4})(3.51\times10^{-2})^2(0.85\times10^3) \\ &= 1.5\ \text{千克 / 秒} \end{aligned}$$

因 1 馬力 = 745.7 瓦 = 745.7 (牛頓)(公尺)/ 秒，故所需之馬力為

$$\frac{(1.5)(1\,042)}{745.7}=2.1\ \text{馬力}$$

6–4 流量計算

於〔例 6–1〕中，吾人由已知流率（即流速），可依序求出雷諾數、摩擦因數及摩擦損失，最後算出所需之功率。惟若所供給之功率為已知，而欲求流體之輸送量時，問題較麻煩。蓋因此時流速為未知，以致無法直接算出摩擦因數，更無法算出流量。此種情況須採所謂**嘗試與誤差法** (trial and error method) 解出。

若所有能量損失皆以相當長度方法計算，則由式 (6–25) 得

$$u_b = \sqrt{\frac{\ell w g_c D}{2f\sum L}} \tag{6–26}$$

應用嘗試誤差法求流體之流率時，可先假設一流率，然後由機械能方程式算出 ℓw；另由此假設之流率算出雷諾數，並於圖 6–2 中求出 f 值。然後將 ℓw 與 f 代入式 (6–26) 求 u_b，若此算出之 u_b 與假設之 u_b 不符合時，則以算出之 u_b 當做第二次之假設值，重作一次，一直疊代到假設值與計算值符合為止。今舉一例以說明之。

例 6–2

43°C 之水，自一恆水位槽經一 2 吋 40 號鋼管流出。假定出口處之高度比槽中之水位低 10.8 公尺，管線之相當長度為 40 公尺，問每小時之流量為若干立方公尺？

解 由 Perry 氏所著 *Chemical Engineer's Handbook* 中查出：43°C 之熱水，其密度為 992 千克 /(公尺)^3，黏度為 0.62 厘泊。今以槽中水面為輸入面（點 1），管端出口處為輸出面（點 2），則 $\Delta p = 0, w_s = 0$，機械能方程式簡化為

$$\frac{1}{2g_c}\Delta u_b^2 + \frac{g}{g_c}\Delta z + \ell w = 0$$

因 $u_{b,1} = 0, \frac{g}{g_c}\Delta z = \frac{9.8}{1}(-10.8) = -105.84$（牛頓)(公尺)/ 千克，上式變為

$$\ell w = 105.84 - \frac{1}{2(1)}u_b^2$$

由附錄 D 可查出，2 吋 40 號鋼管之內徑為 2.067 吋，而由圖 6–3 可查出，該管之粗面度為 $\frac{e}{D} = 0.0009$。

今假設流體在管中之速度為 $u_b = 3.68$ 公尺 / 秒，則雷諾數為

$$Re = \frac{(2.067 \times 0.0254)(3.68)(992)}{0.62 \times 10^{-3}} = 309\,130$$

接著，由圖 6–2 查出 $f = 0.0048$。

$$\sum L = 40 \text{ 公尺}$$

$$D = 2.067 \times 0.0254 = 5.25 \times 10^{-2} \text{ 公尺}$$

$$\ell w = 105.84 - \frac{1}{2}(3.68)^2 = 99.07 \text{（牛頓）(公尺)/ 千克}$$

代入式 (6–26)，得

$$u_b = \sqrt{\frac{(99.07)(1)(5.25 \times 10^{-2})}{2(0.0048)(40)}} = 3.68 \text{ 公尺 / 秒}$$

故 $u_b = 3.68$ 公尺 / 秒之假設正確，而每小時之流量為

$$(3.68)\left[\frac{\pi}{4}(5.25 \times 10^{-2})^2\right](3\,600) = 28.7 \text{（公尺）}^3\text{/ 小時}$$

6–5 平行管

實際上化學工廠中之管線，乃呈網狀分布，討論其流體輸送問題時，須考慮管線間之連接關係。今舉一最簡單之例，說明之。

例 6–3

一長 40 公里、內徑 0.3 公尺之輸油管，每天輸油 10000 桶（每桶 42 加侖，1 加侖等於 3.7854×10^{-3} 立方公尺）。此項流量今已不復足用，因此擬接一大小相同、長度為半的平行管，如圖所示。

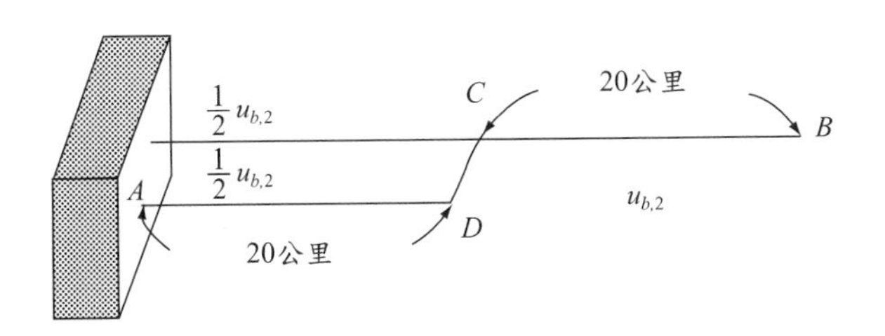

倘兩管均係水平置放，且入口處之壓力一直保持相同不變，問輸油量可因此提高若干？設油之比重為 0.91，黏度為 500 厘泊。

解 此問題乃屬平行支管之流動，原始之管線為 $A-C-B$，然後再接一水平平行支管 $A-D-C$。因水平管之機械能方程式為

$$\frac{\Delta p}{\rho} + \ell w = 0$$

又因 A 處之壓力保持不變，而 B 處之壓力為大氣壓，故原始管線 AB 間之壓力差，與連接支管後之 AB 間之壓力差相同，因此摩擦損失亦同。令原始時 AB 間之摩擦損失為 ℓw_1，接支管後 AB 間之摩擦損失為 ℓw_2，則

$$-\frac{\Delta p}{\rho} = \ell w_1 = \ell w_2 \quad \cdots\cdots ①$$

原始管線中之速度為

$$u_{b,1} = \frac{(10\,000)(42 \times 3.7854 \times 10^{-3})}{\left[\frac{\pi}{4}(0.3)^2\right](24 \times 3\,600)} = 0.26 \text{ 公尺／秒}$$

原始管線中之雷諾數為

$$\boldsymbol{Re}_1 = \frac{(0.3)(0.26)(0.91 \times 10^3)}{500 \times 10^{-3}} = 140$$

故為層流。因雷諾數甚小，故接支管後之流動亦可先假設為層流，而層

流時 $f = \frac{16}{\boldsymbol{Re}}$，故

$$\ell w = \frac{2fu_b^2L}{g_cD} = \frac{32\mu Lu_b}{g_cD^2\rho} = \left(\frac{32\mu}{g_cD^2\rho}\right)Lu_b \cdots\cdots ②$$

因上式括弧內之值不變，故由式①與②得

$$Lu_{b,1} = \left(\frac{L}{2}\right)\left(\frac{u_{b,2}}{2}\right) + \left(\frac{L}{2}\right)u_{b,2}$$

$$\therefore u_{b,2} = \frac{4}{3}u_{b,1}$$

故輸油量提高 $\frac{1}{3}$。須注意者，接支管後管線中 CB 段之雷諾數最大，但亦僅為 $\frac{4}{3}(140) = 187$，故層流之假設正確。

6–6 可壓縮流體

於可壓縮流體中，往往因壓力與溫度之改變，流體密度及速度亦隨之改變；因此計算時，甚為不便。倘此時改以質量速度（或稱質量流通量）代替速度，則因質量速度不隨溫度與壓力而改變，故計算較為方便。

式 (6–10) 與 (6–12) 可應用於解氣體沿管中呈穩定流動之問題，今舉一例以作說明。

例 6–4

溫度為 20°C、壓力為 2 大氣壓之空氣，以每小時 455 千克之流率，進入一 1 吋 40 號之鋼管。設此管係水平置放，出口處之溫度為 77°C，壓力為 1 大氣壓，問管線上之相當長度若干?

解 此乃可壓縮流體之流動問題。因圓管係水平置放，故位能項為零。又因管線中無泵或渦輪機裝置，故 $w_s = 0$。今若應用機械能方程式於此管中，並將摩擦總損失依相當長度法計算，則將式 (6–10) 或 (6–12) 微分，得

$$\frac{u_b du_b}{g_c} + vdp + \frac{2fu_b^2 dL}{g_c D} = 0 \cdots\cdots ①$$

質量速度之定義為

$$G = \rho u_b = \frac{w}{A}$$

若流體於定截面積之導管中作穩定流動，則由上式知 G 值不變。因

$$u_b = \frac{G}{\rho} = Gv$$

$$du_b = Gdv$$

將上面關係代入式①，並以 v^2 除等號之兩邊，得

$$\frac{G^2}{g_c}\frac{dv}{v} + \frac{dp}{v} + \frac{2fG^2}{g_c D}dL = 0 \cdots\cdots ②$$

假設空氣為理想氣體，則

$$v = \frac{RT}{pM}$$

式中 M 為空氣之分子量，等於 28.9 千克／千克莫耳；R 為氣體常數，等於 82.057×10^{-3}(公尺)^3(大氣壓)/(千克莫耳)(K)；T 為絕對溫度。將理想氣體定律代入式②，然後自進口處（點 1）積分至出口處（點 2），得

$$\frac{G^2}{g_c}\ln\frac{v_2}{v_1} + \frac{M}{2RT_a}(p_2^2 - p_1^2) + \frac{2fG^2L}{g_c D} = 0 \cdots\cdots ③$$

上面進行積分時，曾以平均絕對溫度 T_a 替代 T，其誤差極小。

由附錄 D 查出 1 吋 40 號管之內徑為 1.049 吋，故質量速度為

$$G=\frac{w}{A}=\frac{\frac{455}{3\,600}}{\frac{\pi}{4}(1.049\times 0.0254)^2}=226.5 \text{ 千克 /(公尺)}^2\text{(秒)}$$

又由附錄 B 查出，$T_a=\frac{293.2+350.2}{2}=321.7$ K 時，空氣之黏度為 0.019 厘泊，故雷諾數為

$$\boldsymbol{Re}=\frac{DG}{\mu}=\frac{(1.049\times 0.0254)(226.5)}{0.019\times 10^{-3}}=3.2\times 10^5$$

由圖 6–3 查出 $\frac{e}{D}=0.0018$，另根據已知之 $\boldsymbol{Re}$ 與 $\frac{e}{D}$，自圖 6–2 查得 $f=0.0057$。又 $p_1=2$ 大氣壓，$p_2=1$ 大氣壓，而

$$\frac{v_2}{v_1}=\frac{T_2p_1}{T_1p_2}=\frac{(350.2)(2)}{(293.2)(1)}=2.39$$

將以上諸已知值代入式③，則

$$\frac{(226.5)^2}{(1)}\ln(2.39)+\frac{(28.9)[(1)^2-(2)^2]}{(2)(82.057\times 10^{-3})(321.7)}$$
$$+\frac{2(0.0057)(226.5)^2\Sigma L}{(1)(1.049\times 0.0254)}=0$$

$$44\,700-1.6+21\,950\,\Sigma L=0$$

$$\therefore \Sigma L=2.04 \text{ 公尺}$$

6–7 非圓管與相當直徑

圖 6–2 可應用於非圓管中流體輸送之計算，惟此時應以導管之相當直徑

D_{eq}，代替圓管之直徑 D。**相當直徑** (equivalent diameter) 之定義為

$$D_{eq} = 4r_H \tag{6–27}$$

式中 r_H 稱為**水力半徑** (hydraulic radius)，其定義為

$$r_H = \frac{A}{\ell_p} \tag{6–28}$$

其中　ℓ_p = 導管截面上之潤濕周長

　　　A = 導管之截面積

當考慮圓管時，$\ell_p = \pi D,\ A = \dfrac{\pi D^2}{4},\ r_H = \dfrac{D}{4}$，故 $D_{eq} = D$。由此可見式 (6–27) 之定義甚為合理。讀者當可自行證明：同心圓形套管之相當直徑為 $D_2 - D_1$，故

$$\ell w_f = \frac{2 f u_b^2 L}{g_c (D_2 - D_1)} \tag{6–29}$$

且

$$\boldsymbol{Re} = \frac{(D_2 - D_1) u_b \rho}{\mu} \tag{6–30}$$

例 6–5

水以每小時 4.4 立方公尺之流率，流經 20 公尺長之水平同心圓形套管。該套管係以 $\frac{1}{2}$ 吋 40 號管及 $1\frac{1}{4}$ 吋 40 號管所套成。試分別以牛頓 /(公尺)^2 與大氣壓為單位，計算管線上之壓力降落。水之密度為 998 千克 / (公尺)^3，黏度為 0.88 厘泊。

解 因導管係水平置放，而進口（點 1）與出口（點 2）間係不可壓縮流體之恆溫穩定流動，故機械能方程式簡化為

$$\frac{\Delta p}{\rho} = -\ell w_f = \frac{-2 f u_b^2 L}{g_c D_{eq}}$$

由附錄 D 查得：外管之內徑與內管之外徑分別為 1.380 與 0.840 吋，故

$$D_{eq} = (1.380 - 0.840)(0.0254) = 0.0137 \text{ 公尺}$$

由圖 6–3 查得（取小管之值）$e = 0.0005$ 呎，故

$$\frac{e}{D} = \frac{0.0005}{\frac{0.840}{12}} = 0.0021$$

管中水之流速為

$$u_b = \frac{Q}{\frac{\pi}{4} D_{eq}^2} = \frac{\frac{4.4}{3\,600}}{\frac{\pi}{4}(0.0137)^2} = 8.3 \text{ 公尺 / 秒}$$

雷諾數為

$$\boldsymbol{Re} = \frac{D_{eq} u_b \rho}{\mu} = \frac{(0.0137)(8.3)(998)}{0.88 \times 10^{-3}} = 129\,000$$

故由圖 6–2 查得 $f = 0.00625$。將所有已知值代入機械能方程式，則

$$\frac{\Delta p}{998} = -\frac{2(0.00625)(8.3)^2(20)}{(1)(0.0137)}$$

$$\therefore (-\Delta p) = 1.25 \times 10^6 \text{ 牛頓 /(公尺)}^2$$

又由附錄 A 查得，1 大氣壓等於 1.01325×10^5 牛頓 /(公尺)^2，故

$$(-\Delta p) = \frac{1.25 \times 10^6}{1.01325 \times 10^5} = 12.3 \text{ 大氣壓}$$

符號說明

符號	定義
A	導管之截面積，平方公尺
a_x	x 方向之加速度，公尺 / 秒^2
D	管徑，公尺
D_{eq}	相當管徑，公尺
e	粗面管壁上突出之平均高度，公尺
F_x	x 方向之作用力，牛頓
f	摩擦因數
G	質量速度，千克 /(公尺)^2(秒)
g	重力加速度，公尺 / 秒^2
g_c	因次常數，等於 1 (千克)(公尺)/(牛頓)(秒)^2
k	縮小常數，見表 7–1
L	管長，公尺
ℓ_p	導管之潤濕周長，公尺
ℓw	摩擦總損失，(牛頓)(公尺)/ 千克
ℓw_c	縮小之能量損失，(牛頓)(公尺)/ 千克
ℓw_e	擴大之能量損失，(牛頓)(公尺)/ 千克
ℓw_f	管壁之摩擦損失，(牛頓)(公尺)/ 千克
ℓw_p	泵中之能量損失，(牛頓)(公尺)/ 千克
ℓw_t	渦輪機中之能量損失，(牛頓)(公尺)/ 千克
M	分子量，千克 / 千克莫耳
m	質量，千克
P	$p-\rho\left(\frac{g}{g_c}\right)z\cos\beta$，牛頓 /(公尺)^2
P_{x_1}, P_{x_2}	x_1、x_2 處之 P，牛頓 /(公尺)^2
p	壓力，牛頓 /(公尺)^2

p_1, p_2	點 1、點 2 之 p，牛頓 /(公尺)^2
R	管之半徑，公尺；或氣體常數，82.057×10^{-3}(公尺)^3(大氣壓)/(千克莫耳)(K)
Re	雷諾數
r_H	水力半徑，公尺
T	絕對溫度，K
T_a	平均絕對溫度，K
t	時間，秒
u_b	平均速度，公尺 / 秒
$u_{b,1}, u_{b,2}$	點 1、點 2 處之 u_b 值，公尺 / 秒
$u_{b,\ell}, u_{b,s}$	大、小管之 u_b 值，公尺 / 秒
v	單位質量氣體之體積，(公尺)^3/ 千克
w	流體質量流率，千克 / 秒
w_s	機械功，(牛頓)(公尺)/ 千克
x	沿管軸方向之坐標，公尺
x_1, x_2	管軸上之兩點，公尺
z	z 坐標軸，公尺
z_1, z_2	兩點之高度，公尺
α	常數，層流時為 0.5，擾流時為 1.0
β	與垂直方向之夾角，弧度
η_p	泵效率
η_t	渦輪機效率
μ	黏度，千克 /(公尺)(秒)
ρ	密度，千克 /(公尺)^3
τ_s	管壁之剪應力，牛頓 /(公尺)^2
θ	與水平方向之夾角，弧度

習 題

6–1 某鎮擬自附近之湖，泵水至高丘水塔。水管在湖面下 3 公尺，泵之入口處高出湖面 4.5 公尺。水塔中之水始終保持比泵出口處高 95 公尺。管徑為 10 厘米，自湖底至水塔共長 1800 公尺（包括轉彎及閥）。摩擦損失為 420 焦耳 / 千克。倘泵之能力為每分鐘 380 千克，效率為 80%，問泵之馬力多少?

6–2 比重為 0.84、黏度為 30 厘泊之油，以每小時 800 桶（每桶 42 加侖）之流率，經過一管徑為 25 厘米之水平管，輸送至 48 公里之處。倘泵之效率為 60%，問需馬力多少?

6–3 油以每分鐘 950 加侖之速率，沿一 30 公尺之垂直管流下。管頂端之壓力為 1 大氣壓，管底端之壓力為 2 大氣壓，管為 4 吋之 40 號鋼管，油之密度為每立方厘米 0.85 克，黏度為 8 厘泊。若管底接一同樣大小之水平管，水平管末端之壓力為 1 大氣壓，出口處與原來垂直管之底在同一水平面，問其間相距若干?

6–4 水以每分鐘 80 加侖之流率，流經 15 公尺之水平同心圓管，該同心圓管乃以 40 號之 $\frac{1}{2}$ 吋管及 $1\frac{1}{4}$ 吋管所套成者。試計算 1.5 公尺間之壓力降落。假設密度為 1000 千克 /（公尺）^{3}，黏度為 0.88 厘泊。

6–5 密度為每立方公尺 880 千克，黏度為 20 厘泊之油，以每秒 1.2 公尺之速度，沿一 6 吋 40 號之鋼管中流動。試計算:

(1)雷諾數。

(2)流經 8 公里長管所需之動力，假設泵之效率為 60%。

(3) 6.35 厘米銳邊小孔計處，水銀壓力計之讀數若干?

(4)小孔計所消耗之動力。

6–6 比重為 0.850、黏度為 20 厘泊之油，以每分鐘 76 公升之流率，通過一 40 號之 2 吋管。若管中某點之壓力為 4 大氣壓，試估計離該點 60 公尺之下游，而較低 15 公尺處之壓力。

6–7 一工業爐每小時耗費 10 噸之天然氣(主成分為甲烷)，此天然氣與 20% 過剩之空氣起完全燃燒，爐與煙囪之交接處之氣體壓力，為低於大氣壓 25 厘米之水柱。煙囪乃一直徑為 3.35 公尺之鋼管，若煙囪之平均溫度為 260°C，大氣溫度為 21°C，大氣壓力（地面上）為 0.98 大氣壓，問煙囪之高度應若干?

7 流體通過多孔床或粒子床之流動

化學工程中屢有流體通過多孔床或粒子床之操作，例如催化反應器與氣體吸收塔中之流體流動。前者為單相流動，後者則為兩相流動。對於單相流動而言，粒子床有靜床與流體化床之分。靜床有如多孔床，而**流體化床** (fluidized bed) 又可分為密閉式流體化床及連續式流體化床兩種。

於催化反應器與氣體吸收塔中設置多孔床或放置粒子填料之目的，在於增加反應面積或吸收面積，亦即增加接觸面積。流體化床中之粒子能與流體充分接觸，故效率遠比靜床或多孔床者為大；惟流體化床中之壓力落差較大，且粒子因經常碰撞而容易破損，為其缺點。固體流體化之另一用途，乃利用流體輸送固體粒子。

7–1 流體繞過單一固體粒子之流動與單一固體粒子在流體中之沉降

當一顆粒子懸浮於床中，且孔隙度幾乎為 1 時，流體繞過此粒子之速度 u_∞，等於粒子於靜止流體中自由降落時之最大速度 u_t，此最大速度稱為**端速** (terminal velocity)。端速之大小與雷諾數之關係甚鉅，今討論如下：

1. 雷諾數小於 1 時

若粒子甚小，則可視為球體，而當雷諾數小於 1 時，流體之流動或粒子之沉降甚為緩慢，此問題已於 3–8 節中討論過，此時流體對粒子之作用力（不包括浮力）為

$$F_k = \frac{6\pi\mu R u_\infty}{g_c} \tag{3–167}$$

或

$$F_k = \frac{6\pi\mu R u_t}{g_c} \tag{7–1}$$

上面二式稱為 Stokes 定律 (Stokes' law)。

今考慮於帶有黏性之某流體中，起初有一靜止不動之球狀固體。若令其開始自由下降，則此球體最初產生一加速度，等速度增加到某一定速度（端速）後，速度即不再增加。故當球體以最後速度（端速）下降時，其加速度為零，且於垂直地面方向作用於此球體之合力為零。這些作用於球體之垂直方向的力，有一重力作用於下降方向，另有浮力及流體運動之力 F_s，作用於向上方向。若令 R 表球之半徑，ρ_s 表球之密度，ρ 表流體之密度，而 u_t 表球之端速，則

$$\frac{4}{3}\pi R^3 \rho_s \frac{g}{g_c} = \frac{4}{3}\pi R^3 \rho \frac{g}{g_c} + \frac{6\pi \mu u_t R}{g_c} \tag{7–2}$$

故端速可依下式計算：

$$u_t = \frac{2R^2(\rho_s - \rho)g}{9\mu} = \frac{(\rho_s - \rho)gD_p^2}{18\mu} \tag{7–3}$$

式中 D_p 表球之直徑。上式之推導係應用 Stokes 定律，故其適用範圍為

$$\boldsymbol{Re}_t = \frac{D_p u_t \rho}{\mu} < 1.0 \tag{7–4}$$

2. 雷諾數大於 1 時

流體繞過一球時，牽引係數（摩擦因數）之定義可依式 (2–87) 改寫為

$$C_D = \frac{\dfrac{F_d g_c}{\dfrac{\pi D_p^2}{4}}}{\dfrac{\rho u_\infty^2}{2}} \tag{7–5}$$

其中特性面積設定為球之投影面積（即圓之面積，$A = \frac{\pi D_p^2}{4}$）。故當一球自由降落時，流體對球之作用力（牽引力），可由式 (7–5) 寫出，並以 u_t 代替 u_∞

$$F_d = \frac{C_D \pi \rho u_t^2 D_p^2}{8g_c} \tag{7–6}$$

式中牽引係數 C_D 乃雷諾數之函數，可由圖 3–20 查出。球之向下淨力，為球重減去流體之浮力，即

$$F_g = (\rho_s - \rho)\frac{\pi D_p^3}{6}\frac{g}{g_c} \tag{7–7}$$

當粒子以穩態定速下降時，垂直方向之合力為零，即 $F_d = F_g$。合併式 (7–6) 與 (7–7)，得端速度為

$$u_t = \sqrt{\frac{4D_p g(\rho_s - \rho)}{3C_D \rho}} \tag{7–8}$$

由圖 3–19 知，雷諾數介於 500 與 2×10^5 之間時，C_D 幾乎為定值，等於 0.44，故由式 (7–8)

$$u_t = \sqrt{\frac{3D_p(\rho_s - \rho)g}{\rho}}, 500 < \boldsymbol{Re}_t < 2 \times 10^5 \tag{7–9}$$

上式稱為**牛頓定律** (Newton's law)。須注意者，式 (7–3)、(7–8) 與 (7–9) 適用於計算粒子在靜止氣體中自由沉降之端速度 u_t，然亦適用於計算，使粒子穩定漂浮於自下向上流動之氣流中時氣流所應控制之速度 u_∞。

須注意者，由 Stokes 定律知，一圓球緩慢沉降（或流體以層流繞過一球）時流體對固體所呈之力，可由式 (3–167) 計算，即 $F_k = F_d = \frac{3\pi\mu D_p u_t}{g_c}$。故聯合式 (7–6)，得層流時 $C_D = \frac{24}{\boldsymbol{Re}}$，其中 $\boldsymbol{Re} = \frac{D_p u_t \rho}{\mu}$。故以 $C_D = \frac{24}{\boldsymbol{Re}}$ 代入式 (7–8)，又可證式 (7–3) 成立。

例 7–1

直徑為 2 厘米之小球，在 19°C 下之四氯化碳〔$\rho = 1600$ 千克 /(公尺)^3，$\mu = 0.1$ 厘泊〕中穩定漂浮，四氯化碳向上之速度為每秒 0.5 公尺，問球之密度多少？

解 因小球係在流場中漂浮，故上面諸式中之 u_t 應改為 u_∞，由式 (7–4)

$$\boldsymbol{Re} = \frac{D_p u_\infty \rho}{\mu} = \frac{(0.02)(0.5)(1600)}{0.1 \times 10^{-3}} = 1.6 \times 10^5$$

故式 (7–9) 可適用

$$\rho_s = \rho\left(1 + \frac{u_\infty^2}{3gD_p}\right) = 1\,600\left[1 + \frac{(0.5)^2}{3(9.8)(0.02)}\right]$$

$$= 2\,280 \text{ 千克 } /(\text{公尺})^3 = 2.28 \text{ 克 } /(\text{厘米})^3$$

此例題所述方法，可配合實驗，以測定物料之密度。

7–2 通過粒子靜床或多孔床之單相流動

最簡單之靜床（或稱固定床）流動問題，乃污水通過沙床之淨化工程。填料塔中，由於粒子之存在，流體之流動遂遭受相當之阻力，而產生壓力落差損失。故欲使某流體，以定速度通過一已知填料塔時，塔頂與塔底之間須保持某壓力差。如何計算此壓力差，乃本節之主要課題。

若 V_p 表一顆粒子之體積，S_p 表一顆粒子之表面積，則一顆粒子之**比表面積** **(specific surface area)** 可作下面之定義：

$$S_v = \frac{S_p}{V_p} \tag{7–10}$$

若固體粒子為球體，上式變為

$$S_v = \frac{\pi D_p^2}{\frac{1}{6}\pi D_p^3} = \frac{6}{D_p} \tag{7–11}$$

或

$$D_p = \frac{6}{S_v} \tag{7–12}$$

式中 D_p 表球形粒子之直徑。若粒子非球體，則式 (7–12) 中之 D_p 表粒子之**有效**

直徑 (effective diameter)。倘粒子大小不一致時，則採用平均比表面積，即

$$S_{vm} = \sum x_i S_{vi} \tag{7–13}$$

式中 x_i 表 i 種粒子之體積分率。故平均有效粒子直徑為

$$D_{pm} = \frac{6}{S_{vm}} = \frac{6}{\sum x_i S_{vi}} = \frac{6}{\sum x_i \frac{6}{D_{pi}}}$$

$$= \frac{1}{\sum \frac{x_i}{D_{pi}}} \tag{7–14}$$

粒子床之水力半徑可定義如下：

$$r_H = \frac{\text{床之空隙體積}}{\text{粒子之總表面積}}$$

倘粒子床共有 N_p 顆粒子，則粒子之總表面積為 S_pN_p，床之空隙體積為 $\frac{\epsilon V_p N_p}{1-\epsilon}$。故

$$r_H = \frac{\epsilon}{1-\epsilon}\frac{V_p}{S_p} \tag{7–15}$$

式中 ϵ 表**空隙分率** (void fraction) 或稱孔隙度，或**孔性** (porocity)，即

$$\epsilon = \frac{\text{空隙體積}}{\text{床之總共體積}}$$

若以式 (7–10) 與 (7–11) 代入式 (7–15)，則

$$r_H = \frac{\epsilon}{(1-\epsilon)S_p} = \frac{1}{6}\frac{\epsilon}{1-\epsilon}D_p \tag{7–16}$$

故雷諾數之定義為

$$\boldsymbol{Re}'_p = \frac{D_{eq}u_b\rho}{\mu} = \frac{4r_H u_b\rho}{\mu} = \frac{2\,\epsilon}{3(1-\epsilon)}\frac{D_p u_b\rho}{\mu} \tag{7–17}$$

式中 u_b 表床中截面上之**平均真實速度** (average actual velocity)。

討論粒子床中之流動問題時，以**表面速度** (superficial velocity) 替代平均真實速度較方便。表面速度即為粒子床截面上之平均速度，其與平均真實速度之關係，可求出如下：

今考慮一邊長為 x 之立方形粒子床，其空隙體積為 ϵx^3，則流體通過之平均截面積，等於床之厚度除此空隙體積，即 ϵx^2，故流體之流率為 $u_b\epsilon x^2$。又令 u_{bs} 為表面速度，則 $u_{bs}x^2 = u_b\epsilon x^2$，故表面速度與平均真實速度之關係為

$$u_{bs} = \epsilon u_b \tag{7–18}$$

因此雷諾數可改寫為

$$\boldsymbol{Re}'_p = \frac{2}{3(1-\epsilon)}\frac{D_p u_{bs}\rho}{\mu} \tag{7–19}$$

粒子床對流動流體之阻力，乃粒子表面對流體之牽引力。床中粒子間之空隙，形如許多彎曲小水路，又因通常粒子很小，故流體沿這些彎曲小水道之流動，有如沿非圓形管之平行流動，而此非圓形管之水力半徑，由式 (7–16) 計算，決定此流動情形之雷諾數由式 (7–19) 計算。

流體通過導管之摩擦損失，已於第 6 章討論過。討論粒子床時，式 (6–21) 應改寫為

$$\ell w_f = \frac{2f'_p u_b^2 L}{g_c D_{eq}} = \frac{f'_p u_b^2 L}{2g_c r_H} \tag{7–20}$$

式中 L 表粒子床之厚度。將式 (7–16) 與 (7–18) 代入上式，得

$$\ell w_f = \frac{3f'_p u_{bs}^2 L}{g_c D_p}\frac{1-\epsilon}{\epsilon^3} \tag{7–21}$$

因摩擦損失所引起之壓力降落，可由式 (6–19) 計算，即

$$\ell w_f = \frac{-\Delta P}{\rho} \tag{7–22}$$

合併式 (7–21) 與 (7–22)，得

$$f'_p = \frac{g_c D_p(-\Delta P)}{3u_{bs}^2 L\rho}\frac{\epsilon^3}{1-\epsilon} \tag{7–23}$$

為簡單計，今棄去式 (7–19) 與 (7–23) 中之數值，而重作下面雷諾數與摩擦因數之定義：

$$\boldsymbol{Re}_p = \frac{D_p u_{bs}\rho}{\mu(1-\epsilon)} \tag{7–24}$$

$$f_p = \frac{g_c D_p(-\Delta P)\epsilon^3}{L u_{bs}^2 \rho(1-\epsilon)} \tag{7–25}$$

由第 3 章所作因次分析之結果知，若壓力降落乃因黏度效應所引起，則摩擦因數為雷諾數之函數，其關係可作實驗決定之。其結果討論如下：

1. 層狀流動

當 $\boldsymbol{Re}_p < 1.0$ 時，流體於粒子床中呈層狀流動。因流體於圓管中呈層狀流動時

$$f = \frac{16}{\boldsymbol{Re}_D} \tag{2–98}$$

故此處亦假設

$$f_p = \frac{c}{\boldsymbol{Re}_p}$$

由許多實驗數據顯示，最合理之 c 值為 150，故

$$f_p = \frac{150}{\boldsymbol{Re}_p} \tag{7–26}$$

將式 (7–24) 與 (7–25) 代入上式，經重新整理後，得 Kozeny-Carman 方程式

$$\frac{g_c D_p^2(-\Delta P)\epsilon^3}{\mu L u_{bs}(1-\epsilon)^2} = 150 \tag{7–27}$$

倘上式改寫為

$$u_{bs} = \frac{K g_c(-\Delta P)}{\mu L} \tag{7–28}$$

式中

$$K = \frac{D_p^2}{150}\frac{\epsilon^3}{(1-\epsilon)^2} \tag{7–29}$$

稱為**滲透性** (permeability)，與粒子床中粒子之大小及放置情形有關。倘某流體以層流通過一已知固定粒子床，則由式 (7–28) 知

$$u_{bs} = K_1\frac{(-\Delta P)}{L} \tag{7–30}$$

即此時表面速度與壓力差成正比，與床之厚度成反比，上式關係稱為 Darcy 定律；其中 K_1 為比例常數，與床及流體之物理性質有關，故式 (7–30) 亦可應用於多孔床之流動問題。

2. 擾狀流動

當 $\boldsymbol{Re}_p > 10^4$ 時，流體於粒子床中呈擾狀流動。流體於圓管中呈擾狀流動時，對某特定粗面度之管而言，f 值與 $\boldsymbol{Re}$ 無關，即 f 為定值。今假設任何粒子床之

粗面度一樣，且擾狀流動時 f_p 亦與 Re_p 無關，則 f_p 應為定值。由實驗結果知

$$f_p = 1.75,\ \boldsymbol{Re}_p > 10^4 \tag{7–31}$$

故

$$\frac{g_c D_p(-\Delta P)\epsilon^3}{L u_{bs}^2 \rho(1-\epsilon)} = 1.75 \tag{7–32}$$

上式稱為 Burke-Plummer 方程式 (Burke-Plummer equation)。

3. 過渡區域

當雷諾數大於 1.0 並小於 10^4 時，粒子床中之流動，即不是層流亦非完全擾流，稱為過渡區域。Ergum 氏建議此時 f_p 與 $\boldsymbol{Re}_p$ 之關係為

$$f_p = \frac{150}{\boldsymbol{Re}_p} + 1.75 \tag{7–33}$$

須注意者，當 $\boldsymbol{Re}_p < 1.0$ 時，上式可簡化為 $f_p \approx \dfrac{150}{\boldsymbol{Re}_p}$；而當 $\boldsymbol{Re}_p > 10^4$ 時，$f_p \approx 1.75$。故 Ergum 方程式包括式 (7–26) 與 (7–31)，因此適用於任何粒子床中之流動情形。

例 7–2

某一催化反應床高 10 公尺，直徑 5 公尺，以直徑為 2.5 厘米之球體填充。氣體（丙烷，$\mu = 0.013$ 厘泊）在 250°C 下進入床頂，並以同樣溫度離開。床底之壓力為 2 大氣壓，床之孔性為 0.38，而氣體與催化劑（球體）之接觸時間為 5 秒。設此催化反應床為靜床，問入口壓力應多少?

解 將式 (7–24) 與 (7–25) 代入式 (7–33)，並忽略位能項，即 $\Delta P \approx \Delta p$，得

$$\frac{-\Delta p}{u_{bs}^2 \rho}\frac{g_c D_p}{L}\cdot\frac{\epsilon^3}{1-\epsilon}=\frac{150(1-\epsilon)\mu}{D_p u_{bs}\rho}+1.75 \quad \text{①}$$

設入口處之壓力為 p_1 牛頓 /(公尺)^2，而出口壓力為 $p_2 = 2\times 1.01325\times 10^5 = 2.0265\times 10^5$ 牛頓 /(公尺)^2, $u_b = \frac{10}{5} = 2$ 公尺 / 秒，故 $u_{bs} = 2(0.38) = 0.76$ 公尺 / 秒。又 $D_p = 0.025$ 公尺，$L = 10$ 公尺，$\mu = 0.013\times 10^{-3}$ 厘泊 $= 1.3\times 10^{-5}$ 千克 /(公尺)(秒)。因在標準狀態 ($p = 1$ atm, $T = 273.2$ K) 下，1 千克莫耳之丙烷（44 千克）有 2.24×10^{-2} 立方公尺，故 250°C 與平均壓力 $\frac{p_1 + p_2}{2}$ 下丙烷之密度為

$$\rho = \frac{44}{2.24\times 10^{-2}}\left(\frac{273.2}{250+273.2}\right)\left[\frac{p_1 + 2.0265\times 10^5}{2\times 2.0265\times 10^5}\right]$$
$$= 2.53\times 10^{-3}(p_1 + 2.0265\times 10^5) \text{ 千克 /(公尺)}^3$$

將以上諸量代入式①，並左右兩邊乘以 ρ，則

$$\frac{(p_1 - 2.0265\times 10^5)}{(0.76)^2}\frac{(1)(0.025)}{10}\cdot\frac{(0.38)^3}{(1-0.38)}$$
$$= \frac{150(1-0.38)(1.3\times 10^{-5})}{(0.025)(0.76)} + 1.75[2.53\times 10^{-3}(p_1 + 2.0265\times 10^5)]$$

簡化後得

$$3.83(p_1 - 2.0265\times 10^5)$$
$$= 6.363\times 10^{-2} + 4.445\times 10^{-3}\times(p_1 + 2.0265\times 10^5)$$

最後求出所需之入口壓力為

$$p_1 = 2.02846\times 10^5 \text{ 牛頓 /(公尺)}^2 = 2.002 \text{ 大氣壓}$$

故 $\rho = 2.53\times 10^{-3}(2.02846 + 2.0265)\times 10^5 = 1.026\times 10^3$ 千克 /(公尺)^3，

而雷諾數為

$$Re_p = \frac{D_p u_{bs} \rho}{\mu(1-\epsilon)} = \frac{(0.025)(0.76)(1.026\times 10^3)}{(1.3\times 10^{-5})(1-0.38)} = 2.42\times 10^6$$

故若計算之前先假設 $Re_p > 10^4$，而應用式 (7–31) 計算，然後再驗算雷諾數，則處理上較方便。

7–3 固體之流體化

今考慮一垂直管中之粒子床，底部以一篩網支持，頂部則可自由膨脹。當流體以低速自底部通過粒子床之孔隙時，床中之粒子保持不動。惟若令流體之速度逐漸增加，則流體對粒子之牽引力及衝擊力隨之逐漸增加，故通過粒子床之壓力落差亦會增加。其變化情形見圖 7–1。

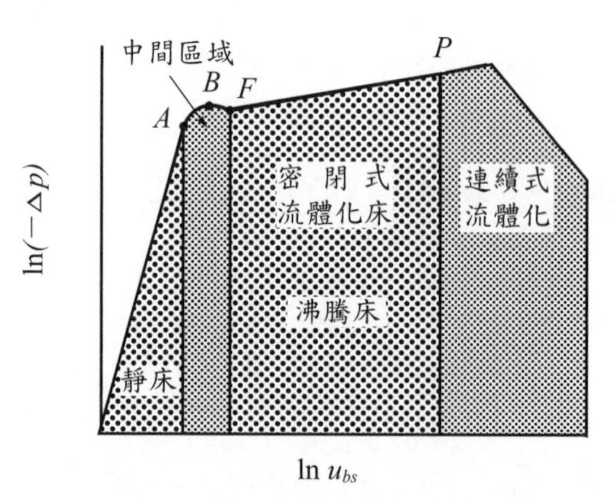

圖 7–1 流體化床中之壓力降落

當流體速度達到點 A 時，壓力差等於粒子之重力，粒子即開始向上移動。此時向上緩慢膨脹，而粒子互相間仍然保持接觸。孔隙度亦增加，然壓力落差之變化卻較緩慢。當速度達到 B 點時，在粒子互相間仍保持接觸之情況下，床中之孔隙度最大。若令流體之速度再繼續增加，則粒子互相分開而產生**固體之流體化** (fluidization of solid)。

速度自點 B 增加至點 F 時，通常壓力差稍為減小。自點 F 後，壓力差又隨速度之增加而增加。若取對數坐標，則其關係成一直線。此時管中粒子沿各方向自由跳動不已，其狀頗似液體之沸騰，故稱為**沸騰床** (boiling bed)。當速度達到 P 點時，所有粒子隨流體之流動而漂流，此時孔隙度約等於 1，而粒子床則已不存在。

粒子不隨流體漂流之流體化，稱為密閉式流體化；粒子完全隨流體漂流之流體化，稱為連續式流體化。

7–4 最小流體化速度

若令流體通過粒子床之速度逐漸增加，以致流體對床之向上作用力，超過床向下之淨力，此時粒子即開始流體化，而稱此速度為**最小流體化速度** (minimum fluidization velocity)。

粒子床向下之淨力，乃床之重力減去流體對床之浮力，即

$$F_g = (\rho_s - \rho)AL(1-\epsilon)\frac{g}{g_c} \tag{7–34}$$

式中 F_g 表床之向下淨力，ρ_s 表粒子之密度，A 表床之截面積，L 表床之厚度。流體對床單位截面積上向上之作用力，乃向上之壓力差。設 F_d 表流體對床向上之作用力，則

$$F_d = A(-\Delta P) \tag{7–35}$$

上式中之壓力差可由式 (7–25) 計算，而式 (7–25) 中之 f_p 則由式 (7–33) 計算，上式變為

$$F_d = \frac{(\frac{150}{\boldsymbol{Re}_p} + 1.75)\rho L u_{bs}^2 (1-\epsilon) A}{D_p g_c \epsilon^3} \tag{7–36}$$

因開始流體化時，$F_g = F_d$；合併式 (7–34) 與 (7–36)，並應用式 (7–24) 之定義及令 $u_{bs} = u_{mf}$，整理後得最小流體化速度之二次方程式

$$u_{mf}^2 + \left[\frac{150(1-\epsilon)\mu}{1.75 D_p \rho}\right] u_{mf} - \frac{(\rho_s - \rho) g D_p \epsilon^3}{1.75\rho} = 0 \tag{7–37}$$

故最小流體化速度可依下式計算：

$$u_{mf} = \frac{150(1-\epsilon)\mu}{3.5 D_p \rho}\left[\sqrt{1 + \frac{7(\rho_s - \rho) g D_p^3 \epsilon^3 \rho}{[150(1-\epsilon)\mu]^2}} - 1\right] \tag{7–38}$$

7–5 沸騰床

當粒子床中之流體速度逐漸增加而超過最小流體化速度時，粒子即開始流體化，而床遂開始膨脹。若流體速度繼續增加，床亦隨之繼續膨脹，一直到流體之速度等於端速度，其間粒子膨脹且呈沸騰狀，稱為沸騰床。又因到此為止，粒子僅膨脹與沸騰而尚無流出，故此沸騰床又稱為密閉式流體化床。

若 ϵ_M 與 u_{mf} 分別表最小流體化速度時之孔性與速度，ϵ_t 與 u_t 分別表端速時之孔性與速度，由實驗知，在沸騰床範圍內，孔性 (ϵ) 與流體表面速度 (u_{bs}) 在對數坐標上呈線性關係，即

$$\frac{\ln\epsilon_t - \ln\epsilon_M}{\ln u_t - \ln u_{mf}} = \frac{\ln\epsilon_t - \ln\epsilon}{\ln u_t - \ln u_{bs}}$$

整理上式，並令 $\epsilon_t = 1$，得沸騰床之表面速度與孔性之關係為

$$u_{bs} = u_t \exp\left[-\frac{\ln \epsilon}{\ln \epsilon_{mf}} \ln\left(\frac{u_t}{u_{mf}}\right)\right] \tag{7-39}$$

若沸騰床中粒子之運動情形完全任意，且每一粒子之行徑互不相干，此過程稱為**均勻流體化** (homogeneous fluidization)。此現象屢發生於通過之流體為液體時，此時粒子於床中循環上下跳動，其狀頗似均勻之沸騰現象，其**福樂德數** ($\frac{u_{mf}^2}{gD_p}$) 一般小於 1。

通過之流體為氣體時，沸騰床中粒子之運動既不均勻且不穩定，甚至床中又有氣泡，此情形稱為**非均勻流體化** (heterogeneous fluidization)，其福樂德數一般大於 1。

例 7–3

每小時有 10000 千克之水通過一 20°C 之沸騰床，床中置有 40 千克之球形粒子，粒徑為 0.25 厘米，比重為 1.20。若沸騰床之體積為固定床（靜床）之 1.5 倍，試估計此沸騰床之直徑及高度。假定靜床之孔性為 0.40。

解 此問題應先求出最小流體化速度與端速，然後由式 (7–39) 算出表面速度，最後即可求出床之直徑與高度。20°C 下水之密度為 1002 千克 / (公尺)^3，黏度為 1×10^{-3} 千克 /(公尺)(秒)，故最小流體化速度可由式 (7–38) 計算

$$u_{mf} = \frac{150(1-0.4)(1\times 10^{-3})}{(3.5)(0.0025)(1002)} \times$$

$$\left[\sqrt{1+\frac{7[(1.2-1)(1002)](9.8)(0.0025)^3(1-0.4)^3(1002)}{[150(1-0.4)(1\times 10^{-3})]^2}}-1\right]$$

$= 0.01027(2.596 - 1)$

$= 0.0164$ 公尺 / 秒

$= 59$ 公尺 / 小時

端速度一般由式 (7–8) 求出。假設 $C_D = 0.8$，則

$$u_t = \sqrt{\frac{4(0.0025)(9.8)(1.2-1.0)}{3(0.8)(1.0)}}$$

$$= 0.09 \text{ 公尺／秒}$$

$$= 325 \text{ 公尺／小時}$$

此時須由式 (7–4) 驗算雷諾數

$$\boldsymbol{Re}_t = \frac{(0.0025)(0.09)(1\,002)}{1 \times 10^{-3}} = 225$$

而由圖 3–20 查得 $C_D = 0.8$，故計算中所作 $C_D = 0.8$ 之假設正確。

當靜床膨脹至沸騰床時，其體積增大 1.5 倍，因 $\epsilon_M = 0.4$，即 $\epsilon = 0.6$。又 $u_{mf} = 59$ 公尺／小時，$u_t = 325$ 公尺／小時，將這些已知值代入式 (7–39)，得沸騰床之流體表面速度為

$$u_{bs} = 325 \exp\left[-\frac{\ln 0.6}{\ln 0.4} \ln\left(\frac{325}{59}\right)\right]$$

$$= 325 \exp\left[-\left(\frac{0.51}{0.916}\right)(1.706)\right]$$

$$= 125.7 \text{ 公尺／小時}$$

故質量流通量為

$$G = u_{bs}\rho = (125.7)(1\,002) = 125\,950 \text{ 千克／(小時)(公尺})^2$$

粒子床之截面積為

$$A = \frac{w}{G} = \frac{10\,000}{125\,950} = 0.0794 \text{ 平方公尺}$$

床之直徑為

$$D = \sqrt{\frac{4A}{\pi}} = \sqrt{\frac{4(0.0794)}{\pi}} = 0.318 \text{ 公尺}$$

沸騰床之體積為

$$V = \frac{w_s}{\rho_s(1-\epsilon)} = \frac{40}{1.2(1\,002)(1-0.6)} = 0.083 \text{ 立方公尺}$$

故床之高度

$$L = \frac{0.083}{0.0794} = 1.05 \text{ 公尺}$$

7–6 流體化之最小孔隙度

固體流體化時，由於流體之速度不同，床之膨脹度亦不同，以致床之孔隙度亦異。流體之速度愈大，則孔隙度愈大，而以開始流體化時（亦即粒子開始分開時），孔隙度最小，稱為流體化之最小孔隙度。一般而言，粒子愈大，則流體化之最小孔隙度愈小。

當粒子之直徑介於 0.005 與 0.05 厘米之間時，流體化之最小孔隙度可用下面實驗式估計：

$$\epsilon_M = 1 - 0.356(\log D_p - 1) \tag{7–40}$$

式中 ϵ_M 表流體化之最小孔隙度，D_p 表粒子之直徑，其單位為微米（micron，等於 1×10^{-6} 公尺），log 表以 10 為底之對數。一般而言，流體化之最小孔隙度，即是靜床（固定床）之孔隙度。

7–7 沸騰床中粒子床之高度

當流體之表面速度超過最小流體化速度時，粒子床即開始膨脹，且呈沸騰狀。床愈膨脹，其孔隙度亦愈大。倘容器之截面積不變，則孔隙度與床之高度成正比。令 L_0 表孔隙度為零時床之高度，亦即將容器中之粒子熔成一整塊時之高度；L 表沸騰（膨脹）床之高度，則孔隙度（孔性）可用下式表示：

$$\epsilon = \frac{L - L_0}{L} = 1 - \frac{L_0}{L} \tag{7–41}$$

若 $\epsilon = \epsilon_1$ 時床之高度為 L_1，$\epsilon = \epsilon_2$ 時床之高度為 L_2，則應用上式得

$$L_2 = L_1 \frac{1 - \epsilon_1}{1 - \epsilon_2} \tag{7–42}$$

又若以 V_1 與 V_2 分別表 ϵ_1 與 ϵ_2 時床之體積，則沸騰床之高度與膨脹體積間之關係可由上式求出如下：

$$\frac{L_2}{L_1} = \frac{1 - \epsilon_1}{1 - \epsilon_2} \cdot \frac{V_1}{V_1} = \frac{V_2}{V_1} \tag{7–43}$$

即床之高度與體積成正比，此結果乃理所當然，蓋因膨脹過程中床之截面積保持不變也。

通常流體化之最小孔隙度為已知，倘此時床之高度 L_M 或體積 V_M 亦知，則可應用上式計算沸騰床膨脹過程中，任何孔隙度 ϵ 時床之高度 L 與體積

$$\frac{L}{L_M} = \frac{1 - \epsilon_M}{1 - \epsilon} = \frac{V}{V_M} \tag{7–44}$$

例 7–4

置 40 千克之球形粒子於一粒子床，床之截面積為 0.0794 平方公尺，床之孔隙度為 0.4，粒徑為 0.25 厘米，固體粒子之密度為 1202 千克 /(公尺)^3，求床膨脹 1.5 倍時之孔隙度及高度。

解 靜床時之高度為

$$L_M = \frac{40}{(1202)(1-0.4)(0.0794)} = 0.699 \text{ 公尺}$$

因 $\epsilon_M = 0.4$，由式 (7–44)

$$\frac{1-0.4}{1-\epsilon} = \frac{V}{V_M} = 1.5$$

即 $\epsilon = 1 - \frac{1-0.4}{1.5} = 0.6$

故床膨脹 1.5 倍時，孔隙度為 0.6；至於此時床之高度亦可用式 (7–44) 算出

$$L = L_M \frac{1-\epsilon_M}{1-\epsilon} = 0.699 \times \frac{1-0.4}{1-0.6} = 1.05 \text{ 公尺}$$

或

$$L = L_M \frac{V}{V_M} = 0.699(1.5) = 1.05 \text{ 公尺}$$

讀者可將此結果與〔例 7–3〕對照。

7–8 沸騰床中之壓力落差

若令 ϵ_M 表開始流體化時之最小孔隙度，L_M 表此時之床高(即靜床之床高)。因開始流體化時，床在垂直方向所受之總力為零，即 $F_g = F_d$，故合併式 (7–34)

與 (7–35) 得

$$\frac{(-\Delta P)}{L_M} = (\rho_s - \rho)(1 - \epsilon_M)\frac{g}{g_c} \tag{7–45}$$

倘令流體之速度繼續增加，則壓力落差緩慢增大，其變化甚小，如圖 7–1 所示。故一般而言，沸騰床膨脹過程中，壓力落差可假設不變，而其值亦以式 (7–45) 計算。將式 (7–44) 代入式 (7–45)，得沸騰床中之壓力落差方程式

$$\frac{(-\Delta P)}{L} = (\rho_s - \rho)(1 - \epsilon)\frac{g}{g_c} \tag{7–46}$$

須注意者，

$$\frac{(-\Delta P)}{L(1 - \epsilon)} = \frac{g}{g_c}(\rho_s - \rho) = \text{常數} \tag{7–47}$$

即對某特定粒子與流體而言，沸騰床（密閉式流體化床）中之 $\frac{\Delta P}{L(1 - \epsilon)}$ 值不變。

例 7–5

一直徑為 4 公尺之圓筒容器中，放置 100 篩孔（直徑為 1.5×10^{-2} 厘米）之砂 5×10^{4} 公斤，砂之密度為每立方公尺 2 700 公斤。倘 400°C、17 大氣壓之空氣通過此粒子床，而空氣之黏度為 0.032 厘泊，試求：

⑴流體化之最小孔隙度；

⑵流體化床之最低高度；

⑶通過沸騰床之壓力落差。

解 ⑴流體化之最小孔隙度可用式 (7–40) 計算

$$\epsilon_M = 1 - 0.356[\log(1.5\times10^{-2}\times10^{4}) - 1] = 0.581$$

⑵若粒子床中之砂能熔成一塊，其體積為

$$V_0 = \frac{5 \times 10^4}{2\,700} = 18.52 \text{ 立方公尺}$$

此時此塊固體於圓筒中之高度為

$$L_0 = \frac{18.52}{\frac{\pi}{4}(4)^2} = 1.47 \text{ 公尺}$$

此時孔隙度為 $\epsilon_0 = 0$。將已知值代入式 (7–42)，則流體化床之最低高度為

$$L_M = L_0 \frac{1 - \epsilon_0}{1 - \epsilon_M} = (1.47)\frac{1 - 0}{1 - 0.581}$$
$$= 3.51 \text{ 公尺}$$

(3)標準狀態（0°C 與 1 大氣壓）下，1 克莫耳空氣之體積為 22.4 公升，故依據理想氣體定律，400°C 與 17 大氣壓下之空氣密度可計算如下：

$$\rho = \frac{28.9}{22.4 \times 10^{-3}} \times \frac{273.2}{673.2} \times \frac{17}{1}$$
$$= 8.9 \times 10^3 \text{ 克} /(\text{公尺})^3$$
$$= 8.9 \text{ 千克} /(\text{公尺})^3$$

因此空氣通過沸騰床之壓力落差可依式 (7–45) 計算

$$-\Delta P = 3.51(2\,700 - 8.9)(1 - 0.581)\left(\frac{9.8}{1}\right)$$
$$= 3.88 \times 10^4 \text{ 牛頓} /(\text{公尺})^2$$

因 1 大氣壓 $= 1.01325 \times 10^5$ 牛頓 /(公尺)^2 $= 1.01325 \times 10^5$ 巴斯卡 (Pa)，

$$\therefore -\Delta P = 0.383 \text{ 大氣壓} = 38.8 \text{ kPa}$$

7–9 沸騰床中之流體表面速度

一般流體化過程中，固體粒子極小，流體速度緩慢，故雷諾數亦小。當 $\boldsymbol{Re}_p < 1$ 時，流體以層流通過靜床，此時流體之表面速度可由式 (7–27) 計算

$$u_{bs} = \frac{(-\Delta P) g_c D_p^2 \epsilon^3}{150 L \mu (1-\epsilon)^2}, \boldsymbol{Re}_p < 1.0 \tag{7–48}$$

由式 (7–47) 知，沸騰床（密閉式流體化床）中 $\dfrac{\Delta P}{L(1-\epsilon)}$ 為常數，故吾人假設流體通過沸騰床之表面速度為

$$u_{bs} = k \frac{\epsilon^3}{1-\epsilon} \tag{7–49}$$

式中 k 為實驗常數。由許多實驗結果證實：當液體通過均勻密閉式流體化床，而 $\epsilon < 0.8$ 時，上式成立。

7–10 流體化床與靜床之比較

當流體通過靜床時，由於粒子相互接觸，以致部分表面被遮住。若這些固體粒子為催化劑，則反應效率因而降低。又若化學反應為放熱反應，則常因熱量之不易發散，以致產生溫度不均勻現象，而影響反應效率。反之，若改用沸騰床（密閉式流體化床），則因流體可與每顆粒子充分接觸，且溫度均勻，故使用同量之催化劑時，沸騰床中之反應率往往比靜床中所得者大數倍。同理，進行固體結晶之烘乾時，沸騰床之乾燥率亦比靜床中所得者大數倍。固體之流體化始用於石油工業之催化煤裂工程中；今則廣用於許多催化過程，以及固體結晶之烘乾。

然而流體化床中之壓力落差比靜床中者大，故流體輸送之能量消耗亦大。又流體化床中之粒子因經常互相碰撞，故容易破損。再者，微小粒子每隨流體之流動而消失，故須有回收此微小粒子之裝置，這些乃流體化床之缺點。

7–11 連續式流體化

當流體通過粒子床之速度增加至可帶走固體粒子時，粒子床已非沸騰床，而此非密閉式之流體化，稱為連續式流體化，其主要用於工廠中固體粒子之輸送。

最常用以輸送固體粒子之裝置為**氣運機** (pneumatic conveyor)。空氣通過氣運機之壓力落差，可求出如下。設 n 表每千克空氣所帶固體粒子之千克數，則由機械能結算

$$E_s = n\left(\frac{\Delta p}{\rho_s} + \frac{\Delta u_s^2}{2g_c} + \frac{g}{g_c}\Delta z\right) \tag{7–50}$$

式中 E_s 表每千克空氣對固體粒子所作之功，ρ_s 表固體密度，Δp 表出口處與入口處之壓力差，u_s 表固體速度，z 則表出入口處之高度差。

若壓力差不大，則空氣可視為不可壓縮流體；又若空氣出入口處之動能差可略而不計，則由機械能方程式

$$\frac{\Delta p}{\bar{\rho}} + \frac{g}{g_c}\Delta z = -E_s - \ell w_f \tag{7–51}$$

式中 $\bar{\rho}$ 表空氣之平均密度，ℓw_f 表流動中之全部摩擦損失，此損失包括粒子表面、管線及管件等之摩擦損失。關於 ℓw_f 之計算，請參閱 M. Leva 氏所著 *Fluidization* (McGraw-Hill, New York, 1959) 一書，自第 132 至 166 頁。

連續式流體化之壓力落差計算式，可合併式 (7–50) 與 (7–51) 以消去 E_s，整理後得

$$(-\Delta p) = \frac{\frac{g}{g_c}(1+n)\Delta z + \frac{n\Delta u_s^2}{2g_c} + \ell w_f}{\frac{1}{\rho} + \frac{n}{\rho_s}} \tag{7–52}$$

7–12 通過靜床之兩相流動

不少化工單元操作中，牽涉兩異相流體通過粒子床之流動。例如：氣體吸收塔，以及填料精餾塔中之操作等；此類操作下，粒子之用途在於增加兩相流體之接觸面積，且流體係互相逆向流動。另如：吹進空氣以排除濾餅中之液體，以及吹送氣體將沙石中之油排去之操作等；此時兩異相流體係朝同一方向流動。

當兩相流體通過粒子床時，其中一種流體（即液體）可將固體粒子變濕而沿粒子間流過；第二流體（即氣體）則在空隙流過，與第一流體接觸，但不與粒子接觸。故第一流體所經過之孔隙，乃未濕者；而第二流體所經過之孔隙，則為已濕者。考慮上述第二流體流動之前，須先研究第一流體之流動情形，俾可獲知濕孔性與濕孔隙之形狀，然後再討論第二流體之流動。

符號說明

符　號	定　義
A	粒子床之截面積，平方公尺
C_D	摩擦因數
D_{eq}	相當直徑，公尺
D_p	粒子之直徑，公尺
E_s	每千克空氣帶走固體粒子所作之功，(牛頓)(公尺)/千克空氣
F_d	流體對粒子床或對一顆固體粒子之牽引力，牛頓
F_g	粒子床或一顆固體粒子向下之淨力，牛頓

f	導管中之摩擦因數
f_p	粒子床中之摩擦因數
g	重力加速度，公尺 /(秒)^2
g_c	因次常數，等於 1 (千克)(公尺)/(牛頓)(秒)^2
K	滲透性，平方公尺
K_1	比例常數，見式 (7–30)，(公尺)^4/(牛頓)(秒)
k	實驗常數，公尺 / 秒
L	粒子床之高度，公尺
L_0, L_M	$\epsilon = 0$、$\epsilon = \epsilon_M$ 時粒子床之高度，公尺
ℓw_f	氣運機中之摩擦總損失，(牛頓)(公尺)/ 千克空氣
P	$p + \rho z \frac{g}{g_c}$，牛頓 /(公尺)^2
p	壓力，牛頓 /(公尺)^2
r_H	水力半徑，公尺
$\boldsymbol{Re}$	管中之雷諾數
$\boldsymbol{Re}_p$	粒子床中之雷諾數
$\boldsymbol{Re}_t$	端速時之雷諾數
S_p	一顆粒子之表面積，平方公尺
S_v	一顆粒子之比表面，1 / 公尺
u_b	平均真實速度，公尺 / 秒
u_{bs}	表面速度，公尺 / 秒
u_{mf}	最小流體化速度，公尺 / 秒
u_t	端速，公尺 / 秒
u_∞	主流速度，公尺 / 秒
V_p	一顆粒子之體積，立方公尺
V	粒子床之體積，立方公尺
w_s	粒子床之粒子質量，千克
x	立方形粒子之邊長，公尺
x_i	同類（形狀大小相同）粒子之體積分率
z	高度坐標，公尺
ϵ	粒子床之孔隙度

ϵ_M	流體化床之最小孔隙度
μ	流體之黏度，克 /(公分)(秒)
ρ	流體之密度，千克 /(公尺)^3
ρ_s	固體粒子之密度，千克 /(公尺)^3

7–1　38°C 與 1 大氣壓之空氣，以每小時 240 千克之流率，通過一直徑為 10 厘米、高為 20 厘米之填料床，其填料為 1.27 厘米之球。若填料之孔性為 0.38，試求通過此填料床之壓力降落。

7–2　一重力過濾機之主要部分，為由球形顆粒所堆成之床。填料顆粒中 50%（質量）之比表面積為 8 厘米，另 50% 為 12 厘米。床之孔性為 0.43，床之直徑為 30 厘米，高度為 1.5 公尺。若 24°C 之水高出填料床 25 厘米，求水之流率。水之密度為 1000 千克 /(公尺)^3，黏度為 0.98 厘泊。

7–3　24°C 之水藉重力通過一球形顆粒之填料床，顆粒之直徑為 1.9 厘米，填料床為圓管，床之孔性為 0.4。若水面與填料床齊高，水入床及出床處之壓力均為 1 大氣壓，求水之表面速度。

8 流體之攪拌與混合

兩種或兩種以上之物料，經**摻和** (blending)、**捏和** (kneading) 或**攪拌** (agitation) 而成均勻物料之操作，稱為**混合** (mixing)。原料經良好之混合操作後，可使化學反應之進行易於控制，同時產品之混合程度亦能決定成品品質之優劣，因此混合操作在工業上所占之地位相當重要。然而混合程度之標準不易制定，且混合器之種類繁多，因此吾人尚無法創立一套完整之理論，以計算混合所需之時間。目前混合器之設計，係藉**因次分析法** (dimensional analysis) 與實際經驗結合而成之半實驗公式，予以計算。

混合操作之種類，依混合物料之不同而異。習慣上固體與固體之混合，稱為摻和；黏稠性物料與固體之混合，稱為捏和；低黏度液體間，或少量固體與多量液體間之混合，稱為攪拌。

8-1 混合作用

化學工廠中進行混合操作，其主要目的在促進化學反應與物理變化。實際操作上，吾人雖不可能令其達到完全混合，然為簡單計，理論上之探討慣視其為完全混合狀態而處理之。至於混合器之設計，亦以操作時能盡量接近完全混合為依據，此有賴在混合槽內引起各種運動。目前工業上混合器中能發生之運動項目如下：

⑴**自由迴轉運動** (free rotational motion)

若令圓筒形混合桶內之攪拌槳迴轉，則因剪力之作用，可使桶內之物體產生圓周運動。此時物體迴轉運動所受之阻力為容器之壁面與底面，以及物體本身之黏力。此種運動廣發生於各種混合裝置。

⑵**阻礙運動** (impeded motion)

於混合槽中置**擋板** (baffle plate)，可阻擋自由迴轉運動，而產生激流，增加混合效率，此乃一般攪拌槽設計所樂意採用者。

⑶**倒轉運動** (tumbling motion)

於混合槽中另加倒轉運動，亦能增強混合作用。

⑷**振盪運動** (shaking motion)

使混合槽作左右上下之振動，以增強混合效應。

⑸**球磨機運動** (ball-mill motion)

於水平圓筒混合槽中放置研磨圓球，能促進物體之混合作用。

⑹**脈動運動** (pulsating motion)

如選礦之操作，令有孔之活塞作往復運動，使混合液體產生脈動而混合。

⑺**直線流運動** (straight line motion)

使液體產生直線流而行混合之運動，此乃屬最緩慢之混合作用。

⑻**不規則運動** (random motion)

使液體產生不規則之運動者，有如在攪拌槽底予以加熱而所產生之流體流動。

工業上之混合處理中，有含上舉運動之一者，亦有二者以上之組合者，其情況端視操作上之需要而作適當之選定。

8-2 混合操作之目的

吾人若依使用之情形將混合操作之目的加以分類，則其目的有：

1. 純粹混合之目的

如水與酒精之液體間混合，水與糖蜜之液體間混合，甚至微粉末各色顏料固體間之混合等，均屬此類之混合。此類混合之過程中，既無物理變化，亦不起化學變化。

2. 為行使物理變化而混合之目的

為促使如加熱、冷卻、溶解、結晶、吸著等物理變化之加速進行，而執行之混合操作者。

3. 為行使化學變化而混合之目的

為促使如有機工業反應槽中及硝酸纖維素製程上之化學變化，而執行之攪拌作用者。

4.製備懸濁液或乳濁液而混合之目的

如製造沙拉醬與冰淇淋時之混合操作，以及苛性鈉溶液與汽油之混合等，屬乳濁液之混合狀態；又如礦石之浮選操作，乃屬懸濁液之混合狀態。

8–3 影響混合作用之諸物理性質

物理性質如混合物之黏度、比重、各成分之比重差、潤濕性及表面張力等，皆影響混合作用。今依序說明如下：

1.黏 度

黏度對混合作用中之剪力效應影響至鉅，混合物之黏度小，則混合容易，黏度大則不但混合困難，動力之消耗亦大。

2.混合物之比重及各成分之比重差

同黏度之混合物中，平均比重愈大者混合時所需之動力愈大。又混合物中各成分之比重差愈大者，混合時所需之動力亦愈大。例如製造硫化鐵粉末與水所混成之均勻懸濁液，遠比製造碳酸鈣與水混成之懸浮液為難。

3.潤濕性

粉狀物與糊狀液體或可塑性物體混合時，其混合之容易度端視粉末體所受潤濕性之大小而定。潤濕性大則混合容易，反之則難。若固體與液體之化學構造愈相似，則潤濕性愈大。又粉體粒子之形狀亦影響潤濕性甚鉅。若粒子表面凹凸不平，則其空隙充滿氣體而不易潤濕。此時可先將氣體移去而增加潤濕性。

4. 表面張力

液體之表面張力對乳濁液之形成及安定性有極大之關係，一般而言，表面張力有助於乳濁液之形成及安定性之建立。

5. 粒子之大小

固體與固體間或固體與液體間之混合時，粒子愈小則愈能達到均勻之程度，且有固體之溶解目的時，粒子愈小，愈能加速溶解。另者，大小粒子混合時，由於粒徑之不同，微小粒子易自大粒子間沉降至底部，以致混合效果不良。

6. 成分比

混合成分比將影響混合物之物理性質，尤以黏度為最。例如水與燈油個別之黏度均低，惟若以燈油 4 及水 1 之比例配成乳濁液時，因水遮住油滴表面而形成奶油狀之高黏度混合物。然若以燈油 1 及水 4 之比例配成乳濁液時，因油遮住水滴表面，其黏度僅比純燈油者稍高而已。

7. 混合順序

混合順序亦可能大大影響混合操作。例如於水泥或窯業工業中，欲以水與黏土混合而得泥漿時，若先將黏土置於混合器中，然後一邊加入水一邊攪拌，則混合困難且動力之消耗甚大。惟若先將水置入混合器中，然後一邊加黏土一邊攪拌，則又另當別論。

8–4 混合強度

嚴格而言，混合裝置內各點之混合情況不同，各點之混合程度亦不均一，故混合強度之定義不易。目前有三種不同混合強度之定義：

⑴於液體中投入不溶解性之微粒固體，經攪拌後測定各種混合操作條件對粒子分布之影響，而以粒子之分布情形，作為混合強度之比較。

⑵於液體中投入可溶性之微粒固體，經攪拌後測定各種混合操作條件對溶解速率之影響，而以溶解速率作為混合強度之比較。

⑶槽內之液體受外面之加熱，經攪拌後測定各種混合條件對溫度分布之影響，而以液體之溫度分布情形，作為混合強度之比較。

雖然上面三種混合強度之定義中，測定溶解速率的方法較為實際。然而固體粒子之溶解速率，除與液體及固體之物理性質有關外，亦受固體粒子表面積大小之影響甚鉅，而進行混合操作時，粒子之表面積係隨時改變，因此混合強度之比較較為困難。

8–5 混合裝置

混合器之種類甚多，不但形式複雜且應用範圍尤多紛歧，然吾人可依其操作情形之不同，將較重要之混合器併成如下之三大類：

1. 攪拌器 (agitator)

⑴槳式攪拌器

⑵輪機式攪拌器

⑶螺旋槳式攪拌器

⑷壓氣攪拌器

⑸螺旋帶式攪拌器

2. 摻和器

⑴雙錐摻和器

⑵球磨機型摻和器

⑶逆流型螺旋摻和器

⑷垂直型螺旋摻和器

3. 捏和器

⑴腕形捏和器

⑵槳式捏和器

⑶磨機型捏和器

⑷滾筒式捏和器

8–6 攪拌器

攪拌器係由一圓桶及一攪拌翼所組成。攪拌翼之種類甚多，如圖 8–1 ⒝所示。當攪拌翼轉動時，其翼尖對液體有高剪力，遂於液體中產生擾流區，而使物料混合。液體亦有藉壓縮氣體以攪拌者，稱為氣攪拌器。

吾人設計一攪拌器時，除了攪拌器種類之適當選擇外，攪拌器能量 (capacity) 之大小亦是重要項目之一。若攪拌液之黏度高達 200 000 cP 時，攪拌液之體積不宜超過 70 立方公尺。至於黏度介於 100～200 000 cP 之間之液體行攪拌時，攪拌液之容積應在 19～70 立方公尺之間斟酌限定。

8-7 槳式攪拌器

此式攪拌器既簡單且價廉，其主體為一圓桶，內置如划槳之物數片，固定於旋轉軸上而成，適用於低黏度之液體。操作時由於攪拌翼之旋轉而產生離心力，於是液體遂在旋轉方向發生運動。

1. 平底桶槳式攪拌器

圖 8-1 (a)乃一平底攪拌桶。圖 8-1 (b)則展示六種不同結構之划槳，其中(A)為六種型態中最簡單者；(B)係槳與中心軸不正交者，於是旋轉時能使液體發生縱面運動，故其混合效率優於(A)者；(C)之槳係木製而削成扁平形者，適用於小型槽；(D)係左右對生之槳；(E)與(C)外形相同，然係以鐵製造者；(F)中有三槳可旋轉，另五槳則固定於桶邊上。

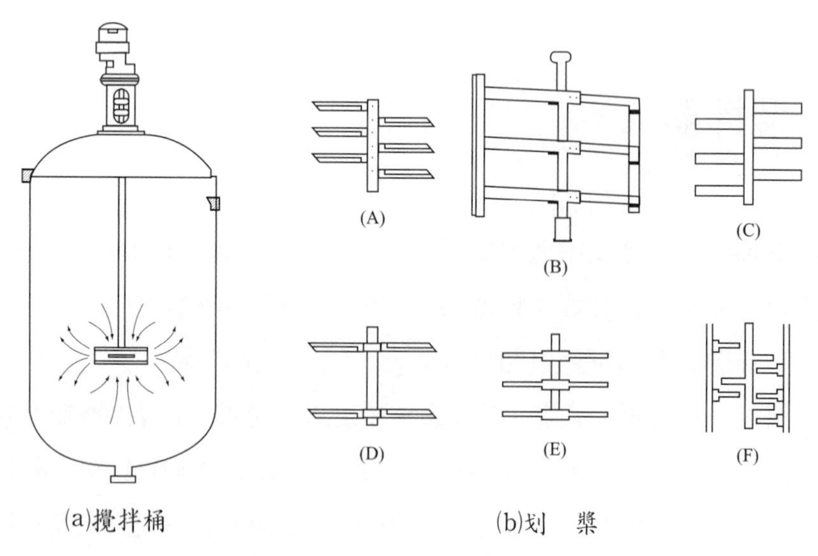

圖 8-1　平底桶槳式攪拌器

2. 圓底桶槳式攪拌器

此型攪拌器由雙層桶所構成，故進行攪拌操作時，可同時通蒸汽入桶壁間而加熱，適用於高黏度之液體。圖 8–2 展示此種攪拌器，其中(a)為此型中構造最簡單者，(b)乃(a)之改良型，適用於較黏液體之攪拌。

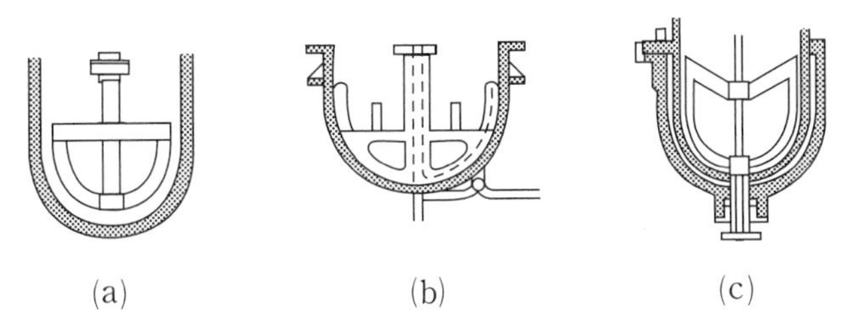

圖 8–2　圓底桶槳式攪拌器

3. 雙動槳式攪拌器

此類攪拌器中槳之形式與前二者相同，然裝有內外二座槳，可作相反方向之旋轉，使槽中液體有多方面之流動，而達到迅速充分之混合。此型攪拌器特別適用於黏性液體之攪拌，例如巧克力、沙拉醬、重油與肥皂工業之製造等。

4. 移動槳式攪拌器

此裝置屬大型攪拌器，廣用於水泥與紙漿工業。操作時攪拌槳一邊旋轉一邊在槽內移動，以使偌大之槽內每一部分皆能被攪拌到。

8–8 槳式攪拌器之性能

槳式攪拌器之性能與攪拌翼之大小與位置、攪拌器之大小以及攪拌液之黏度有關。今分述如下:

1. 攪拌翼大小之影響

實驗結果發現: 攪拌翼長度與攪拌器（圓筒）直徑比在 70% 以下時，攪拌強度隨比值之增大而增強; 惟比值超過 70% 以後，攪拌強度遂保持定值。又加大攪拌翼寬度，可增強攪拌強度，而以攪拌翼之迴轉數低時較為明顯。

2. 攪拌翼位置之影響

攪拌翼在攪拌器中之位置可上可下，可中可偏，其影響攪拌強度甚鉅。若將攪拌翼安置於攪拌器之中央軸但調整翼離器底之高度 (h)，則由實驗知: 靠近器底處，翼之高度愈低，攪拌強度愈大; 當高度逐漸提高，攪拌強度逐漸降低; 惟當 h 值提高至某位置後，攪拌強度卻反隨翼高度之提高而增大，亦即器中存在一 h 值，使攪拌強度最小。另者，攪拌強度隨翼偏離中央軸之距離之增加，而有劇烈增大之趨勢。

3. 攪拌器大小及形狀之影響

Hixson 與 Wilkens 二氏曾經依幾何相似之關係，以圓筒形攪拌槽之直徑代表攪拌器之大小，從實驗數據探討其對攪拌強度之影響。結果發現: 攪拌器愈大，攪拌強度亦愈大; 又攪拌翼之迴轉數低於 125 rpm 時，攪拌強度隨迴轉數之增加而劇烈增加；惟超過此迴轉數後，攪拌強度遂保持一定值。

除了上述之圓筒型攪拌槽外，實際工業上亦屢採橢圓型攪拌槽，而在二焦點上各置一攪拌翼，以增加攪拌效果。

4.黏度之影響

前已述及，黏度對混合作用之影響甚鉅；黏度愈大，攪拌強度愈小。

8-9 槳式攪拌器所需之動力

攪拌器的好壞，應視其攪拌強度與動力消耗而定；惟工業上以其動力之消耗量為主要之選擇條件。倘若其攪拌器之攪拌性能甚優，然若所消耗之動力亦甚可觀，則在工業上實無被採用之價值。

單一槳型攪拌器所需之動力，與攪拌翼之迴轉數有關。由實驗結果知：混合器愈大，所需動力隨迴轉數之增加而更劇烈增大。

White 氏曾就廣範圍黏度之液體，作單一槳型攪拌器之動力消耗實驗，而得如下之實驗式：

$$P = 0.000129 L^{2.72} \mu^{0.14} N^{2.86} \rho^{0.86} D^{1.1} W^{0.3} H^{0.6} \tag{8-1}$$

式中 P = 所需之動力，馬力

L = 攪拌翼之長度，呎

W = 攪拌翼之寬度，呎

D = 攪拌器之直徑，呎

H = 器中液體之高度，呎

N = 每秒之迴轉數，rps

ρ = 液體密度，磅 /(呎)^3

μ = 液體黏度，磅 /(呎)(秒)

8–10 輪機式攪拌器

輪機式攪拌器係由槳式攪拌器發展而來，可視為槳式之一特殊型。其構造如輪機泵，故輪機式與槳式在操作上主要之不同為：槳式器將能量給予液體後，遂使之產生離心力而在旋轉方向發生運動；輪機式則使流體產生徑向之離心高速運動。輪機式攪拌器對比重相異之液體，或含微粒固體之液體，特具混合之效果。

1. 簡單型輪機式攪拌器

圖 8–3 示此型攪拌器中渦輪之構造，一般其直徑約為 20～100 厘米，使用之材料有鐵、蒙耐合金 (monel metal) 或木材，視液體之性質而定。此型器最適用於低黏度液體之混合，亦適用於低黏度泥漿或高黏度懸濁液，如紙漿等之混合。

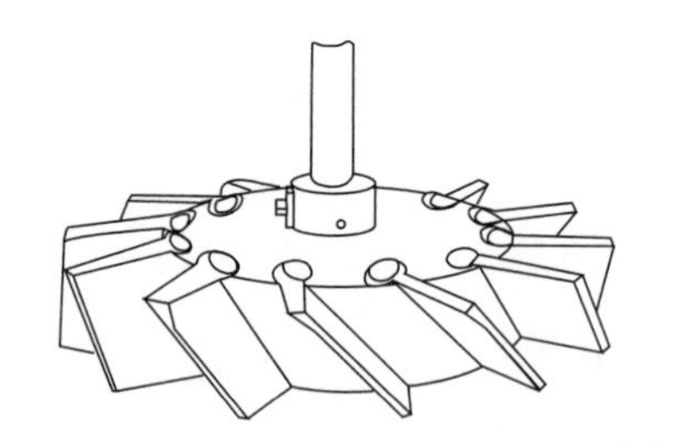

圖 8–3　簡單型輪機式攪拌器之渦輪

2. 含固定導向翼型輪機式攪拌器

此型混合器之構造如圖 8–4 所示，器內除有渦輪外，亦裝有如輪機泵中**導向翼** (guide vane) 之固定翼。此器特別適用於需迅速溶解之操作，可處理廣黏度範圍之液體，例如自流動性大之水至高黏度之糖蜜。

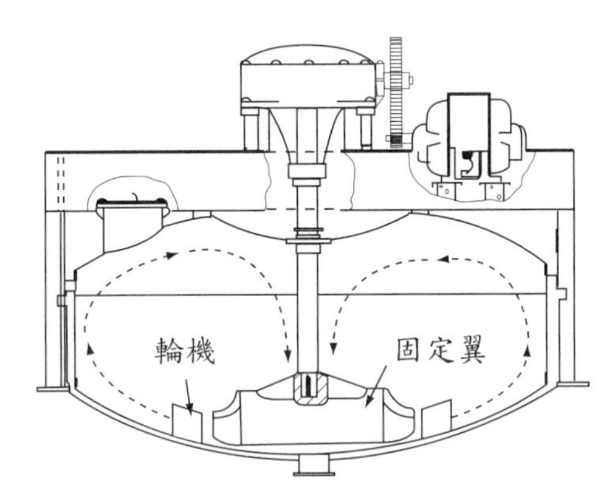

圖 8–4　含固定導向翼型輪機式攪拌器

3. 連續型輪機式攪拌器

此型器乃由前項器型數個組合而成，故不但具有前項混合器之性能，且能連續由頂部輸入液體而操作，而液體遂由上下移，逐步在各小室中被攪拌。

容積為 0.75 立方公尺之此型攪拌器，1 天可處理 100 噸之飽和食鹽水，每小時可處理 450 立方公尺柏油與揮發油之混合液。

8–11 液體黏度對輪機式攪拌器動力之影響

圖 8–5 橫坐標為黏度，縱坐標為與水所需之動力比的百分率。圖中顯示，當黏度超過 10000 cP 時，所需動力隨黏度之增大而劇增。

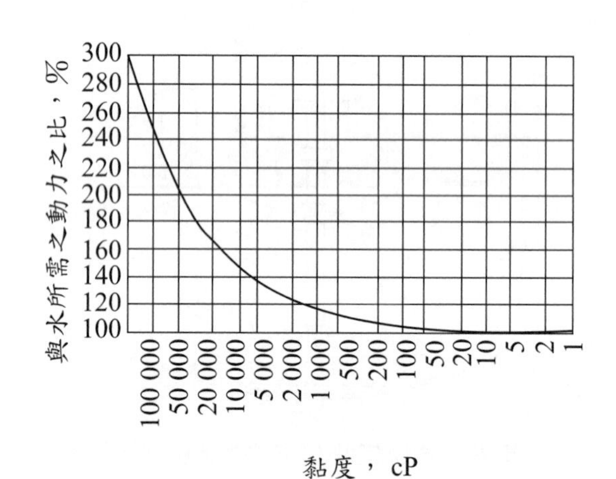

圖 8–5 所需動力與黏度之關係

8–12 螺旋槳式攪拌器

此類型攪拌器構造簡單，價格低廉，故廣受歡迎使用。前已述及，攪拌翼賦予液體能量後，槳型攪拌器中之液體主要會產生旋轉方向之運動，輪機型攪拌器中之液體則主要會產生徑向之運動，而引起攪和現象，達到混合之目的。螺旋槳攪和器除了能發生上述之運動外，另外還能發生垂直方向之運動，且此為其最主要之操作。

1. 直立型螺旋槳式攪拌器

此型攪拌器主要用於化學反應槽中，圖 8–6 所示者乃為其一例。槽中旋轉軸上裝有兩個反方向螺旋槳，故操作時上部螺旋槳使流體向下旋轉流動，下部螺旋槳則使流體向上旋轉流動。於是流體在二槳間互相衝擊而往外側流動，遂產生一循環攪拌作用。倘如圖中之安排，將旋轉軸偏離槽之中央線，則由經驗知，此時攪拌效果可大為提高。

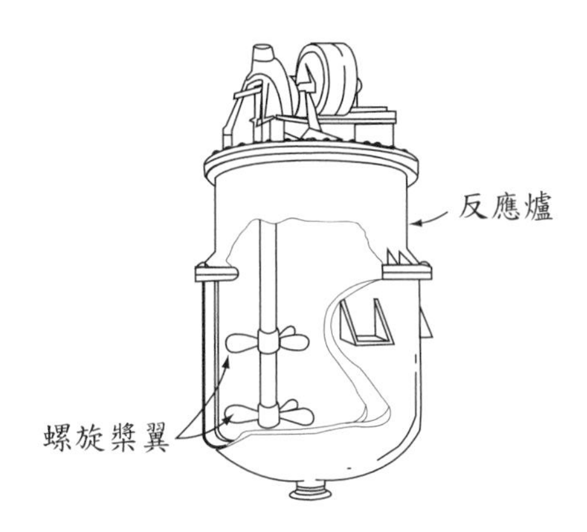

圖 8–6 直立型螺旋槳式攪拌器

2. 攜帶型螺旋槳式攪拌器

此型攪拌器小，移動自如，適合裝入任何型之攪拌槽，故廣用於流性大之液體。圖 8–7 所示者，乃其代表型之外觀，其規格有自 $\frac{1}{20}$ 馬力研究室用之小型器，至 10 馬力工業上用之大型器，而迴轉數可高達 400～1 500 rpm。

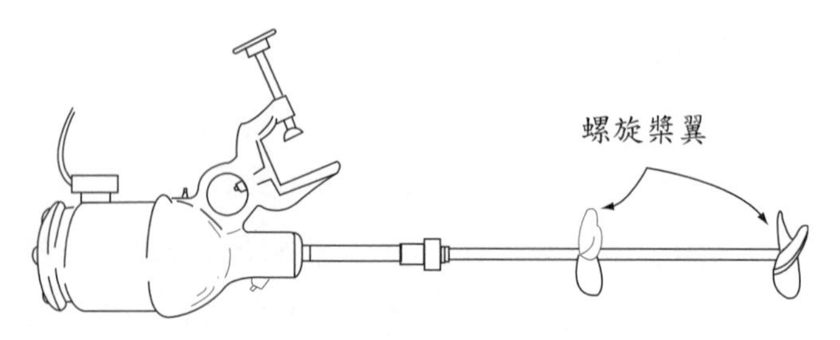

圖 8–7 攜帶型螺旋槳式攪拌器

3. 橫置型螺旋槳式攪拌器

此型攪拌器之螺旋翼如前項者，惟安裝時係橫置靠近於槽底處。操作時液體成上下循環運動而產生混合效果。此型器對輕且低黏度之液體（如汽油與稀薄水溶液等），大量置於攪拌器中行混合作用時，甚具特效。

4. 圓筒管型螺旋槳式攪拌器

前已述及，螺旋槳式攪拌器主要係藉液體之垂直運動而達到混合效果。圓筒管型螺旋槳式攪拌器之設計目的，主要即在盡力抑制液體之旋轉及徑向運動，而將槳翼所賦予之能量，使液體盡量發生垂直方向之運動效果。如圖 8–8 所示，攪拌器內置有一固定之圓筒管，其管徑比螺旋槳翼稍大些，槳翼則置於圓筒管之下端，故當螺旋槳旋轉時，液體之旋轉及徑向運動易被抑制，而液體遂大量朝往下之垂直方向自圓筒管中排出，然後經攪拌槽與圓筒管間，最後再流回圓管而形成循環。

此型攪拌器廣用於酸及石油等工業，對比重有顯著差異之液體，或如硝化反應時因大量放熱而需除熱之攪拌作用，更具特效。

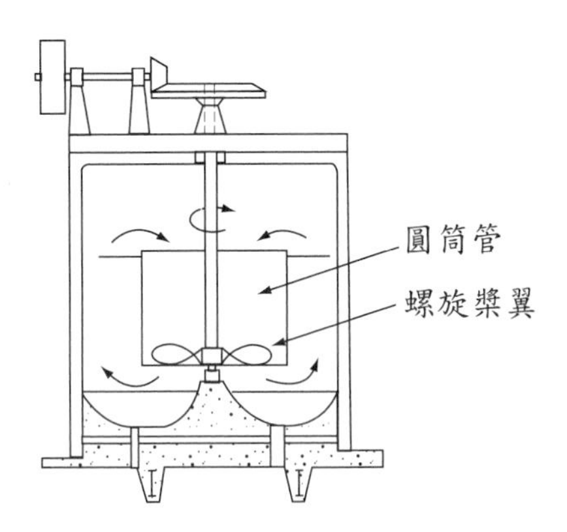

圖 8–8　圓筒管型螺旋槳式攪拌器

圓筒管型螺旋槳式攪拌器亦有各種改良型問世。例如於圓筒管內壁置擋板，或以斷面為正方形之管替代圓筒管，其目的不外乎盡力抑制液體之旋轉及徑向運動，而全力發揮垂直運動。

8–13　壓氣攪拌器

此類攪拌器中最具代表性者為**道爾** (Dorr) 攪拌器，廣用於冶金工業及化學工業，可促使固液萃取時達到攪拌溶解之效果。道爾攪拌器之構造如圖 8–9 所示，其殼為一平底桶，桶中 A 為一空心軸，其上下兩端各設一迴轉臂，壓縮空氣自 A 軸下端噴射，可使細粒及液體之混合物沿 A 軸中上升，然後自迴轉臂 B 底面小孔均勻噴濺於器中液面上。當細粒自液面沉降至桶底時，部分可溶物即被溶解；而尚不溶解固體沉於器底後，遂被迴轉臂 C 掃至中心，而令壓縮空氣噴舉入空心軸 A。如此循環操作，最後可達到攪拌溶解之效果。又桶之內壁裝有蒸汽管數圈，用以加溫桶內之液體。此型攪拌器內徑約為 6～12 公尺，高約 3～7 公尺，迴轉數約為 2.5～5 rpm。

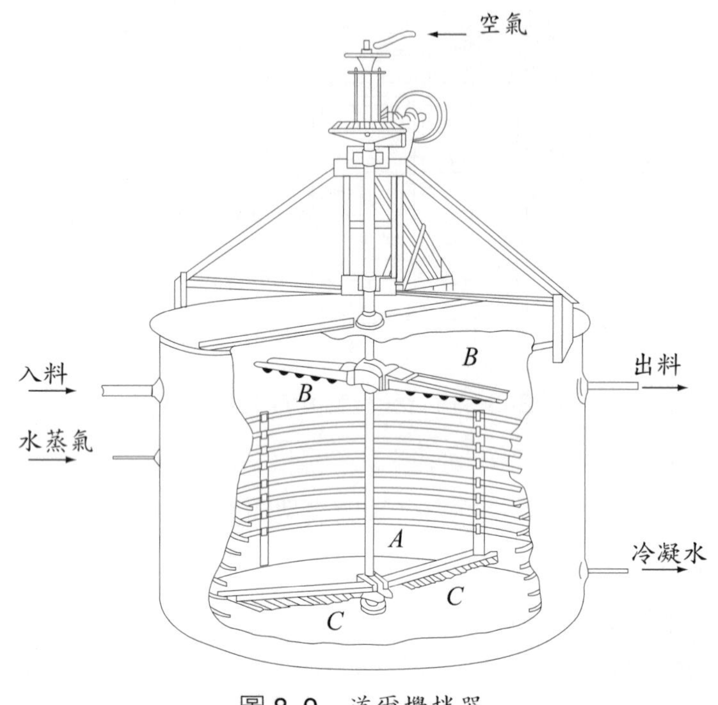

圖 8–9 道爾攪拌器

8–14 螺旋帶式攪拌器

圖 8–10 示一直立型螺旋帶式攪拌器，金屬螺旋帶附著於中心軸上，旋轉時混合物遂沿容器壁而被推上，達相當高度後再墜下，於是形成上下循環運動而達到混合之效果。此器可適用於高黏度液體之混合，亦可用以攪拌流動性大之糊狀體。迴轉速率約為 15～20 rpm，容積能量 (capacity) 約為 4×10^{-2}～4 立方公尺。

由於特殊之目的，此式攪拌器之螺旋帶亦有橫置型者多種。

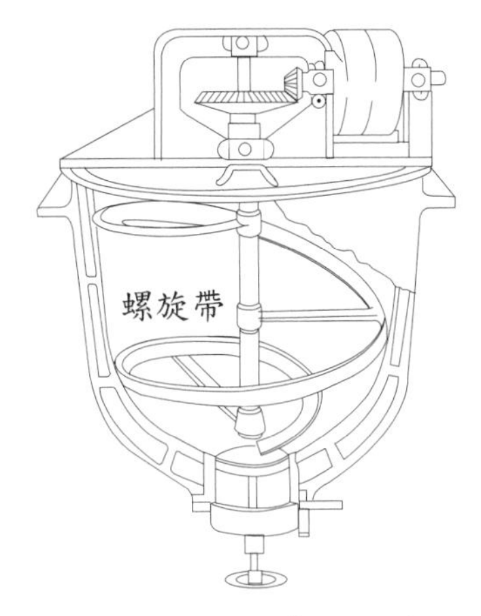

圖 8–10　螺旋帶式攪拌器

8–15　固體之摻和操作與裝置

良好之固體粒子混合條件為：⑴固體粒子愈細愈好；⑵固體粒子之大小愈均勻愈好。因此工業上之固體粒子混合操作應同時伴有壓研操作，而固體之摻和應屬於粉粒體之混合。有關粉粒體之混合乃屬「粉粒體操作」，將於第二冊中敘述。

8–16　捏和操作

前已述及，固體與少量黏稠液體混合，或與高黏性液體混合時，稱為捏和。因此可塑性及擬可塑性物質之混合，可視為捏和。實際上黏度在 200000 至數百萬範圍內物質之混合，即屬捏和。例如柏油、黏土、巧克力等之糊狀體，即係捏和而成。

欲使此種富黏性物質產生運動時，會呈現相當大之阻力，故捏和器所需之動力消耗大，且器之結構需堅固。因此捏和器之容積不可能太大，一般在 4 立方公尺以下。

8–17 捏和裝置

1. 腕形捏和器

圖 8–11 示一腕形捏和器，係由一開口槽，半圓形底及兩 Z 形橫刀所組成。操作時兩 Z 形刀作反方向轉動，於是令物料沿槽邊上升，復由槽中下降，而達到捏和之目的。如前所述，捏和器所消耗之動力甚鉅；例如使用一容積為 1.1 立方公尺之捏和器處理黏土時，所需之動力為 75 馬力，所需之時間為數小時。

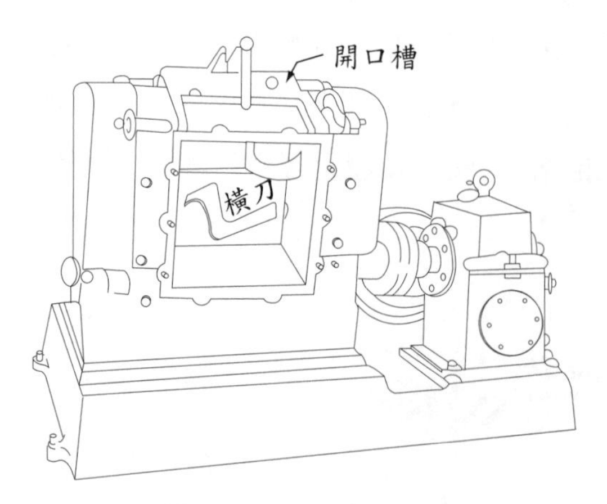

圖 8–11　腕形捏和器

2. 垂直型槳式捏和器

其主要構造，乃垂直軸上裝設一或兩組槳翼；操作時除槳翼迴轉外，容器本身亦依偏心作反方向之轉動。因所需動力大，故槳翼以鋼製成。此裝置廣用於油漆、塗料及顏料等之混合。

3. 窯泥磨機型捏和器

此型廣用於陶瓷工業中質地土之捏和，其主要構造為密閉容器內置有二水平軸，軸上裝設多副螺旋槳。質地土從容器的一端輸入後，遂受槳翼旋轉之影響，而行切斷及捏和作用，並漸往他端移動，最後自器壁上之小孔（一個或兩個）擠出。因質地土與槳翼間之摩擦損失甚大，故動力之消耗亦大。

4. 滾筒式捏和器

其構造主要由兩個表面平滑之滾筒所構成，操作時兩圓筒以不同之速度反向轉動，物體則反覆通過兩筒間而行捏和作用。實際應用之例子，如橡膠工業中生橡膠與添加物混合之操作。所使用滾筒之直徑為 45～65 厘米，速度比為 1 : 1.2，圓周速度為 2.1～4.2 公尺 / 分鐘。若欲行 20～40 公斤之捏和操作，需 10～30 分鐘。

8–18 乳化操作

兩種或兩種以上互不混合之液體，進行強力之攪拌後，其中之一種液體遂形成無數微小球體之不連續相，其他液體則在外側將其包圍而成**連續相**（continuous phase)。因其狀頗似牛奶，故此類所形成之液體稱為**乳濁液** (emulsion)，而其形成過程稱為乳化操作。

重要之天然原料，例如重油、橡膠乳液及牛奶等，與水所形成之乳濁液，占化學工業製品中之一部分。另外，不溶性殺蟲劑與水或肥皂水所混成之液體，亦為乳濁液之實例。工業上水與油所形成之乳濁液有兩種：一種為由油形成微小球粒，水則包圍其外，稱為**油－水乳濁液** (oil-water emulsion)；另一種係相反，即由水形成微小球粒，油則包圍其外，稱為**水－油乳濁液** (water-oil emulsion)。

8–19 乳化之安定性

調製乳濁液時若不加添加物，則長期放置後一般微粒液滴將凝集成大液滴。又因兩液體密度之不同，最後遂成上下兩層而分開。故調製乳濁液時需添加適當之添加物，才能使調成之乳濁液安定而不至於破壞。目前使用之**乳化添加劑** (emulgator) 有以下兩種：

1. 固體微粒子添加劑

此種添加劑乃微小粉狀物質，如鐵與銅之硫酸鹽、鋅與鋁之氫氧化物及黏土等。其粒子徑遠小於乳濁液粒徑，且對兩液體無完全潤濕性。故當添加劑投入液體而攪拌時，此微小粒子遂分布在兩液體之界面上，而形成一保護膜，以達到防止液滴凝集之目的。

2. 可溶性添加劑

肥皂為最常用之可溶性乳化添加劑，工業上亦屢用可溶性蛋白及鹼溶液等。

8–20 乳化裝置

目前有關乳濁液之安定性，尚無正確之理論根據可循。乳化裝置之設計原理，乃盡可能使液粒之粒徑微小且互不凝集。工業所使用之乳化裝置如下：

1. 攪拌型乳化器

調製多量乳濁液時，以採用振盪器或攪拌器為宜。最簡單者如圖 8–1 (B)(F) 所示之槳型攪拌器，惟其乳化效果不完全。圖 8–12 所示之槳型乳化器，可使液體產生劇烈運動，而達到充分乳化之目的。

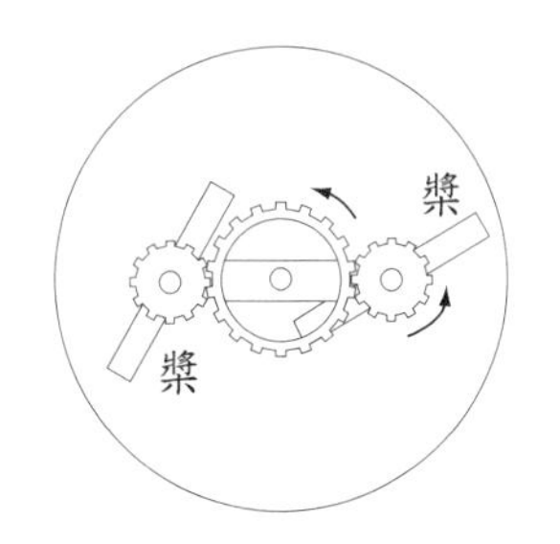

圖 8–12　槳型乳化器

2. 離心型乳化器

其構造如圖 8–13 所示，原料自導管 ℓ 由外面輸入，器內之液體則再由 i 及 k 口吸入。於是當垂直軸 b 旋轉時，液體遂自 c、d、e 及 h 口以高速度向器壁噴出，而行乳化作用。噴出口 c 及 d 處各設一擋板（f 與 g），可使高速噴出液改向，而在兩者間行混合作用。上部之乳化液尚需在下部之 h 口藉迴轉噴出，以達到完全乳化操作。

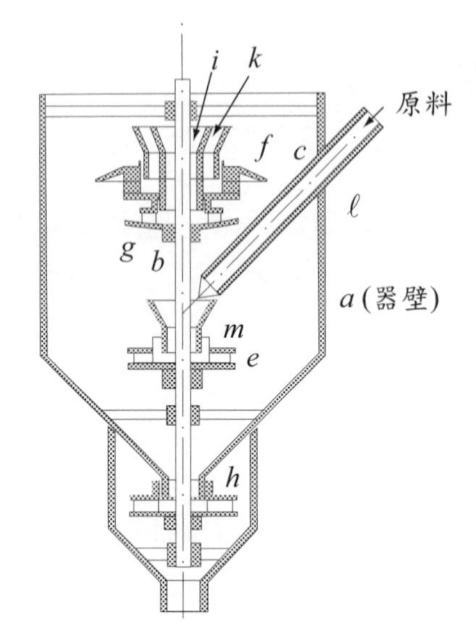

圖 8–13 離心型乳化器

3. 均質乳化器

令液體自狹小之孔或溝擠出，可達到**均質乳化** (homogeneous emulsion) 之目的。由攪拌器或其他混合器卸出之不完全乳化液，可再輸入如圖 8–14 所示之均質乳化器處理，而得均勻完全乳化之乳濁液。操作時待乳化之液體自底部管輸入，乳化添加劑則同時由左右口（c 與 d）引入。若在連續數段圓錐形及圓筒形之極細環狀溝內施以 100～300 公斤重 /(厘米)^2 之高壓，則液體在數段溝內受擠壓而行乳化作用，最後由頂部噴出。為避免液體在間隙中產生阻塞，可令圓筒迴轉。

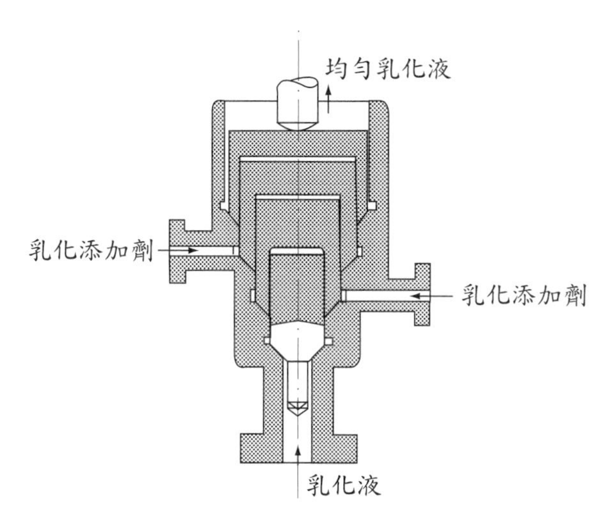

圖 8–14 均質乳化器

習 題

8–1 試指出攪拌、摻和與捏和之不同。

8–2 混合器可能發生之運動有那些項目?

8–3 試敘述三種測定混合強度之方法。

8–4 試列舉影響槳式攪拌器馬力之因素。

8–5 固體微粒子乳化添加劑有那些?

8–6 可溶性乳化添加劑有那些?

8–7 試區分油—水乳濁液與水—油乳濁液。

9 過　濾

過濾 (filtration) 者，乃利用**多孔介質** (porous medium)，從液體或氣體中，分離固體粒子之操作也。操作時，過濾介質令混合物中之流體通過，而留住固體粒子，因此將固體與流體分開。實驗室中之過濾操作甚為簡單，即置一過濾紙於漏斗上，然後將液體與固體之混合物倒入，即達到分離之目的。然工廠中因牽涉大量混合物之分離操作，須使用機械化之過濾裝置，故過濾操作較繁。

過濾時，混合物之所以能流動，乃係受推動之故；此項推動力，或為重力，或為壓力差，或為離心力，故過濾機須有真空泵或離心機等之配件裝置。由於過濾介質將固體粒子留住，故濾液通過時，這些固體粒子即附著於介質上，成為多孔之餅。此項濾餅受介質支持，且繼續將混合物中之固體粒子留住，故隨著所通過濾液之增加，濾餅亦逐漸加厚，而使過濾操作愈來愈困難。因此當濾餅增厚到某程度時，須暫時停止操作以清除濾餅；或在操作中經常清除之。

混合物通過過濾介質及濾餅之流動，乃流體通過填料床之流動問題，故第 8 章中之理論可應用於此。

9–1 過濾裝置

工業上所使用之過濾機種類雖然很多，然吾人可依其施加之推動力及除去濾液之方向的不同，分成下列四大類：

(1)重力濾器 (gravity filter)

a.敞開式 (open)

b.加壓式 (pressure)

(2)壓濾機 (filter press)

a.廂式 (chamber)

b.板框式 (plate and frame)

(3)分批式葉濾機 (batch leaf filter)

(4)連續式旋轉真空濾機 (continuous rotary vacuum filter)

a.奧立佛式 (Oliver)

b.道柯式 (Dorrco)

c.頂部加料式 (top-feed)

9–2 重力濾器

重力濾器乃最古老最簡單之過濾器，廣用於含有少許固體之大量流體，例如水之淨化工程。其主要係由一個槽及置於槽內之過濾介質所構成，槽乃由金屬或其他適當材料所製，使用之過濾介質亦因處理之混合物的不同而異。例如處理污水時，槽每以混凝土所造，有孔之假底上置 1 呎以上碎石或粗礫，其上再放均勻之石英砂作為過濾介質。若濾液為硫酸時，容器須用包鉛之匣，而介質則用一定大小之碎焦炭。過濾鹼性溶液時，則用壓碎之石灰石為介質。有機溶劑之過濾，則每用木炭為過濾介質。無論所用介質為何物，其下必置一層較粗之粒子於孔假底上，以支持過濾介質。重力濾器中之各層不可混雜，應置大粒於下，小粒於上。所用之砂，須大小一致，俾使孔性最大，以免流體流過之阻力太大。

此種濾器中之流體流動，頗似通過有孔填充塔之流動問題。操作中，流體通常藉重力以層流緩慢流下，故濾器中之流速，可應用 Kozeny-Carman 氏公式計算。由式(7–27)

$$u_{bs}=\frac{g_c D_p^2(-\Delta P)\epsilon^3}{150\mu L(1-\epsilon)^2} \tag{9–1}$$

此時因濾器係垂直放置，且流體係藉重力向下流動，故頂部與底部之壓力差乃流體本身之重量，即

$$-\Delta P=\rho\Delta z\frac{g}{g_c}=\rho L\frac{g}{g_c} \tag{9–2}$$

將上式代入式 (9–1)，得

$$u_{bs}=\frac{\rho D_p^2 g\epsilon^3}{150\mu(1-\epsilon)^2} \tag{9–3}$$

惟過濾操作中，混合物中之固體粒子皆留於介質上；時間愈久，堆積愈多，因此阻力愈大，流量亦逐漸減少。此點與填料床中之流動不同，故式 (9–3) 僅適用於含固體粒子甚少之混合物之過濾，且操作時間不太長者。為使過濾器之**能力 (capacity)** 不致太低，隔相當時間後須將水逆向沖洗，俾將過濾介質洗淨，以恢復其過濾能力。清洗過濾器時，洗水之速度不宜太大，以免使床體變為流體化，而擾亂濾器中填料之放置情形，且使砂粒混在洗水中而損失。

若欲提高濾器之能力，可使床體置於密閉器中，而整個在壓力下操作，此裝置稱為加壓式砂濾器。

例 9–1

今擬用一重力濾器使 20°C 之水（密度為每立方公尺 1000 公斤；黏度為 1 cP）淨化。濾器之截面積為 2 平方公尺，器中置 0.5 公尺厚 35 網目（直徑為 0.0417 厘米）之清潔砂，孔性為 0.3。倘假設水中固體粒子極少，試計算此重力濾器之能力（立方公尺濾液 / 每小時）。

解 因水中固體粒子極少，因此操作中過濾阻力幾乎不變，以致濾器之能力亦幾乎不變。因 1 cP = 1×10^{-3} 千克 /(公尺)(秒)，由式 (9–3)

$$u_{bs}=\frac{(1\,000)(0.0417\times10^{-2})^2(9.8)(0.3)^3}{150(1\times10^{-3})(1-0.3)^2}=6.26\times10^{-4}\text{ 公尺 / 秒}$$

今驗算雷諾數如下：由式 (7–24)

$$\boldsymbol{Re}_p=\frac{D_p u_{bs}\rho}{\mu(1-\epsilon)} \tag{7–24}$$

$$=\frac{(0.0417\times10^{-2})(6.26\times10^{-4})(1\,000)}{(1\times10^{-3})(1-0.3)}=0.373<1.0$$

因 $\boldsymbol{Re}_p<1.0$，因此 Kozeny-Carman 氏公式可適用，而 $u_{bs}=6.26\times10^{-4}$ 公尺 / 秒，故濾液之能力為

$$C=(6.26\times10^{-4})(2)(3\,600)=4.5\ (\text{公尺})^3/\text{小時}$$

9–3 壓濾機

壓濾機主要分為兩種，即板框式及廂式。

1. 板框式壓濾機

圖 9–1 展示兩種板框式壓濾機之板與框。應用時，板面上先放置濾布（過濾介質），然後令板與框間隔相疊，並用螺旋或水力壓緊，而成如圖 9–2 所示之板框式壓濾機。

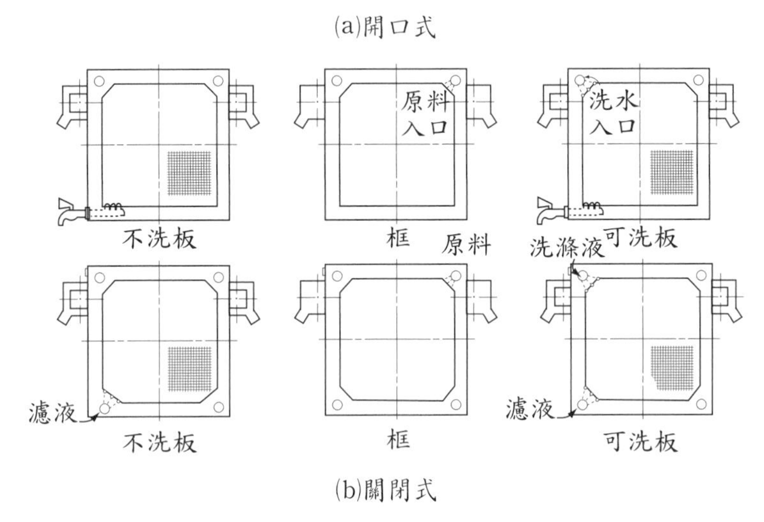

圖 9–1　板框式壓濾機之板與框

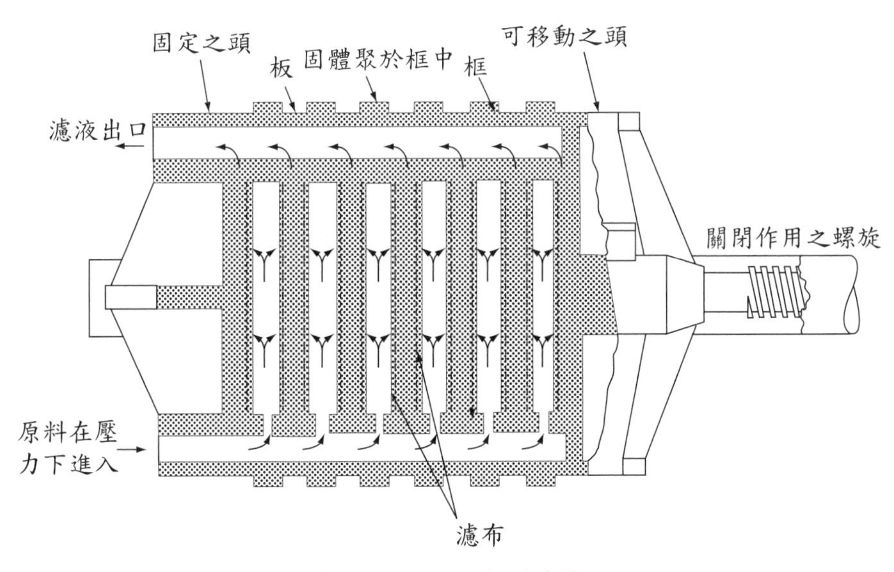

圖 9–2　板框式壓濾機

如圖 9–1 所示，**濾漿** (slurry) 或稱混合物，自板及框右上角之孔所成之溝道中進入，每一框又有一小孔，使濾漿自該溝道進入兩板之間。此時若施以壓力，則濾漿中之固體留於濾布上，濾液則經過濾布，再經過濾布與板面間之空隙，向出口流出。若每板下端皆有出口，如圖 9–1 (a)所示，則稱為開啟出口式壓濾機；倘濾液沿每個板與框之角上之孔所組成之溝道流出，如圖 9–1 (b)所示，則稱為關閉出口式壓濾機。

當板兩邊濾布上之濾餅厚度相當大時，操作即應停止，並自混合物入口處通入洗滌用之流體。俟濾餅洗過後，將壓緊各板之力放鬆，以卸開各板及框，並除去濾餅，然後再將各板與框重新安裝，恢復過濾工作。

板框式壓濾機乃早期最普遍使用之過濾機器，尤以濾餅之價值較高，且數量不太多時為然。但近年來大規模之過濾操作，已逐漸為連續式過濾機所取代。

2. 廂式壓濾機

廂式壓濾機與板框式壓濾機極相似，如圖 9–3 所示；所不同者，廂式壓濾機中板之四周隆高，以代替板框式壓濾機中之框，故廂式壓濾機中所得之濾餅厚度為一定；然板框式壓濾機中，因能使用厚度不同之框，故濾餅之厚度可任意選擇。

如圖 9–4 所示，濾板中心有一圓孔，各濾板裝合後，該圓孔前後連串而成一通道，以便濾漿輸入。進行過濾操作時，先在各濾板上放置一濾布，大小與板相若，中央鑿一圓孔。濾漿由圖中 C 處壓入板之中心孔道，然後流入各板之間，其濾液遂透過濾布，而由 D 處排出。固體則積留於濾布上而成濾餅。因中央孔道不小，故廂式壓濾機可應用於含大粒固體之濾漿。

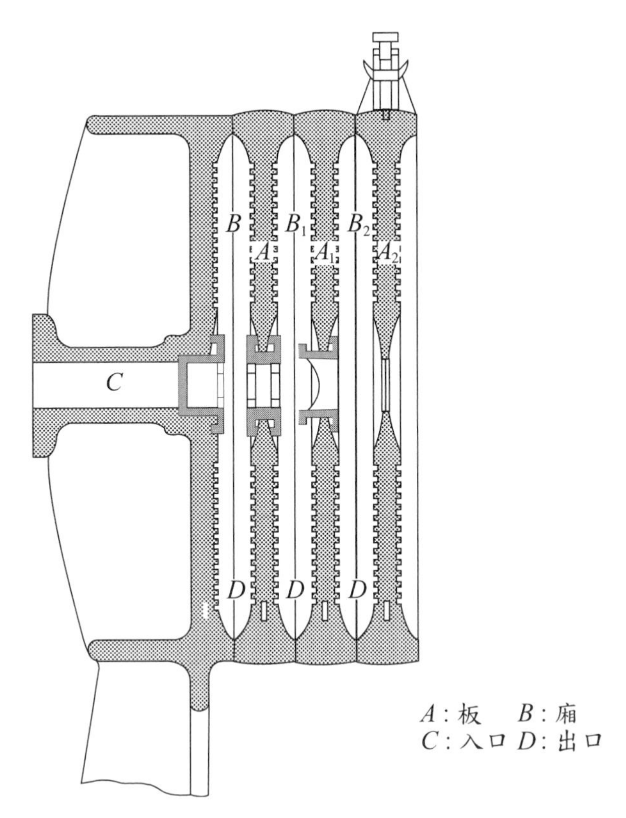

圖 9–3 廂式壓濾機

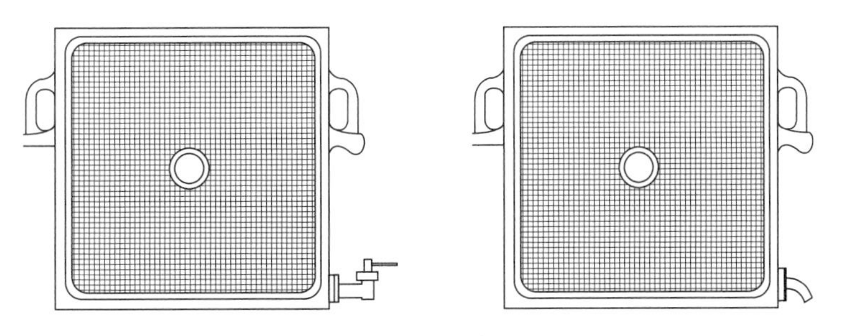

圖 9–4 廂式壓濾機之板

9–4 葉濾機

葉濾機之主要構造為葉子，如圖 9–5 所示。操作時整個葉子浸在槽裡的混合物中，於是葉之兩邊均生成濾餅，而濾液則透過濾餅，由粗網內流出，而混合物係藉加壓或抽真空方法引入槽中。

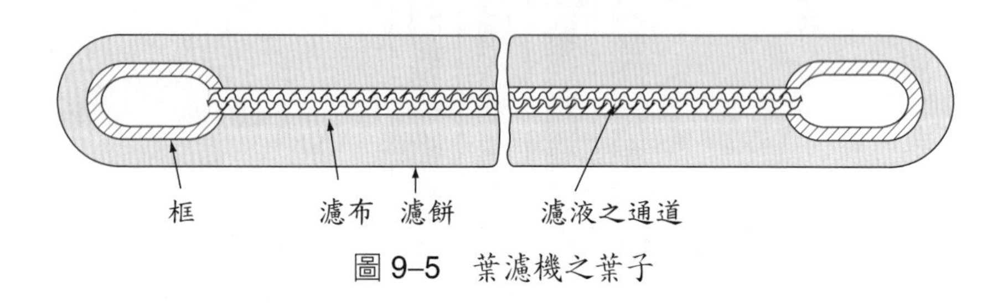

圖 9–5 葉濾機之葉子

進行操作時，濾餅在葉子之兩面形成，如圖 9–5 所示。當濾餅已達相當厚度，或過濾速度已過低時，操作即應停止。此時可將原料閉斷，開啟底部流盡之閥，吹入壓縮空氣，將剩餘之混合物除去。然後用洗滌液洗去附著於濾餅上之混合物，洗後再用與前類似之法除去過剩之洗滌液。最後將濾餅用空氣吹乾，吹乾濾餅後，啟開葉濾機，用壓縮空氣除去濾餅。

9–5 連續式旋轉真空濾機

前面所提之壓濾機及葉濾機，皆屬逐批式 (batch type)，若欲進行大規模且連續操作，則宜採用旋轉真空濾機。連續式旋轉真空濾機有下面三種:

1.奥立佛式過濾機

圖 9–6 乃奥立佛式過濾機之剖面圖，其主要部分為一可旋轉之濾筒，筒表面上分成過濾、洗滌、乾燥及卸餅四區域。進行過濾時，可旋轉之濾筒浸於混合液中，混合液經常受攪拌，以防止固體下沉。同時，筒中抽真空，故濾液得以透過附於筒面之濾布進入筒中，最後轉入濾液輸送管。固體則附著於濾布上而成濾餅，當濾餅轉至洗滌區域時，附著於濾餅上之濾液即被洗去；然後轉入乾燥區域，使用真空抽去濾餅上之洗滌液；最後轉至卸餅區域時，一方面以壓縮空氣使濾餅鬆懈，一方面以刮刀除去濾餅。如此成為一循環，故為連續自動化操作。因此此類過濾機所需之人工甚少，操作費低廉，適用於含有大量固體之濾漿。旋轉真空過濾機曾用於採礦工程，今則廣用於化學工業。

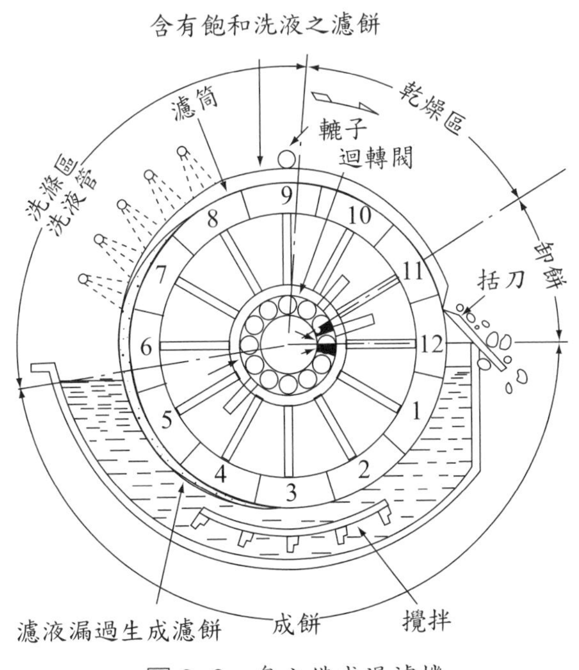

圖 9–6　奥立佛式過濾機

2. 道柯式過濾機

其構造如圖 9–7 所示，而過濾原理與奧立佛式者相同，但過濾面積在筒之內部。因內部之弧度較小，故此機不適用於較難過濾之混合物及須徹底洗滌之濾餅。惟對於易下沉之固體，則頗適用，蓋如固體易於沉下，則奧立佛式過濾機不能適用也。倘固體粒子大小不一，則大粒子在底，小粒子在上，此時使用道柯式過濾機時，非常適宜。

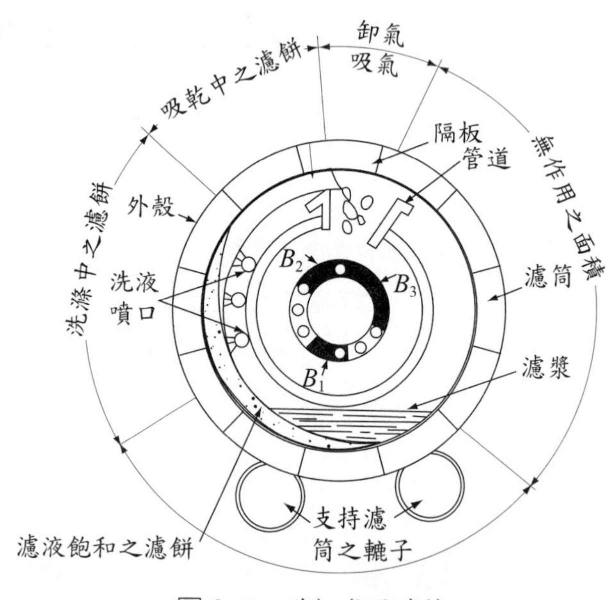

圖 9–7　道柯式過濾機

3. 頂部加料式過濾機

頂部加料式過濾機之構造如圖 9–8 所示。此過濾機之優點為：

⑴濾漿自頂部加入而分布於筒面，故筒面可利用之面積較大；

⑵筒外加罩並吹入熱空氣，用以乾燥筒面之濾餅，故刮下後之濾餅可以成為乾成品。

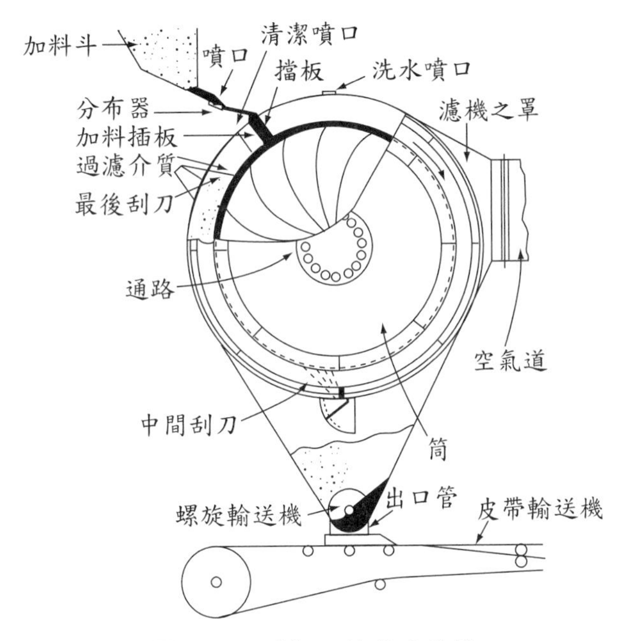

圖 9–8 頂部加料式過濾機

9–6 過濾操作

最簡單之過濾操作方式，乃始終保持一定之壓力。此法之缺點乃開始操作時壓力失之過大，因此最先附著於濾布上之固體，可能被壓成滲透性甚低之緻密體，以致過濾後期之速率降低。另一相反之操作方式，乃使濾液始終保持一定之流速。此法之缺點乃開始操作時壓力頗低，所成之濾餅較鬆，因此初期之濾液呈混濁現象。故最理想之操作方法，乃在初期時使濾液之流率一定，俟濾布沉積一層良好濾餅而濾液亦已澄清後，再增高壓力至最大，改在恆壓下操作。

9–7 過濾機之選擇

過濾機之種類甚多，特性不一，故選擇使用那一種過濾機之前，須對各種過濾機之特性有所認識。現就三大類過濾機討論如下：

⑴壓濾機占地最小，價格最低，為其優點。惟將壓濾機啟開以卸料之費用甚高，尤以大型機器為然，故不適用於大量無價值固體之過濾。然而此種過濾機對固體幾可全部收回，故適用於數量不多且價值昂貴之固體，如染料。

⑵葉濾機操作簡便，使用人工少，洗滌效率高，且濾餅卸出時無須將濾葉取出。葉濾機中之洗滌水與濾液同一途徑，故凡需要洗滌以收回濾餅中殘餘時，以採用葉濾機為宜。

⑶連續式迴轉真空濾機之操作，自加料、過濾、洗滌以至卸去濾餅，係採全自動連續式，故該機適用於沉澱量大、人工資費貴之處。然其購置費甚高，故選擇時，須於購置費與維持費之間加以斟酌，以定取捨。

9–8 過濾介質之選擇

過濾介質之功用，乃使混合物中之流體通過，以將固體留住。工業上常用之介質種類繁多，如砂、礫、石棉、布等。

介質將混合物中固體與流體分離之程度，稱為介質效力。介質效力愈高愈好，然效力愈高之過濾介質，其購置費及維持費往往較貴，故選擇過濾介質時，須考慮這些因素。

9–9　過濾理論

1. 質量結算式

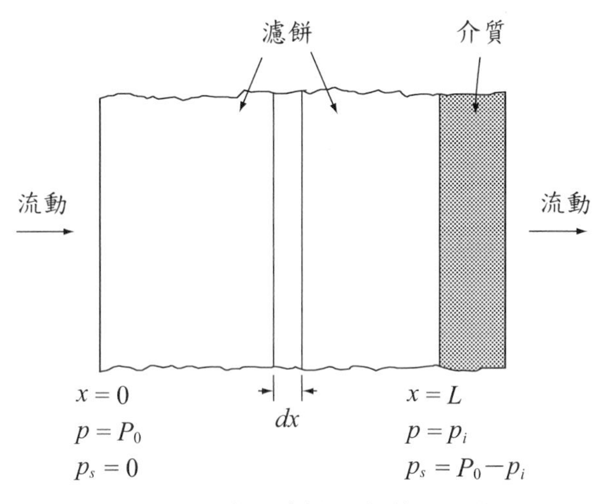

圖 9–9　通過濾餅及介質之流動

圖 9–9 示流體通過濾餅及介質之情形。厚度為 dx 之濾餅中所含固體之質量，可用下式表示：

$$\begin{Bmatrix}\text{厚度為 } dx \text{ 之濾餅}\\ \text{中所含固體質量}\end{Bmatrix}=\begin{Bmatrix}\text{體積 } dV \text{ 之濾液過濾時附}\\ \text{著於濾布上之固體質量}\end{Bmatrix}+\begin{Bmatrix}\text{附著於此濾餅上之混}\\ \text{合物中所含固體質量}\end{Bmatrix} \tag{9–4}$$

設　dM_c = 厚度為 dx 之濾餅中所含固體質量

ρ = 濾液之密度

s = 混合物中固體之質量分率

m = 濕濾餅與乾濾餅之質量比

則式 (9–4) 可寫成

$$dM_c = \frac{s\rho}{1-s}dV + \frac{(m-1)s}{1-s}dM_c$$

重整後得

$$dM_c = \frac{s\rho}{1-ms}dV \tag{9–5}$$

又設　ρ_s = 乾固體之密度

A = 濾餅之截面積

ϵ = 濾餅之孔性

則濾餅中之固體質量亦可用下式表示:

$$dM_c = (1-\epsilon)\rho_s A dx \tag{9–6}$$

因固體粒子極小,故通過濾餅之流動可視為層流,而 Kozeny-Carman 方程式可適用,此點已於 7–2 節中述及。惟此處係考慮厚度僅為 dx 之填料床,故 Kozeny-Carman 方程式應寫成微分式。若不計位能差,則由式(9–1)

$$-\frac{dp}{dx} = \frac{150\mu u_{bs}(1-\epsilon)^2}{g_c D_p^2 \epsilon^3} \tag{9–7}$$

因固體粒子之粒子徑用比表面積表示,即

$$D_p = \frac{6}{S_v} \tag{7–12}$$

故式 (9–7) 又可寫成

$$-\frac{dp}{dx} = \frac{kS_v^2\mu u_{bs}(1-\epsilon)^2}{g_c\epsilon^3} \tag{9–8}$$

式中 $k = \dfrac{150}{36} = 4.17$，然精確之值須以實驗數據決定之。

2. 比濾餅阻力

倘以 P_0 表濾餅上 $x=0$ 處之總過濾壓差，p 表 $x=x$ 處之過濾壓差，p_i 表濾餅與介質界面處 $(x=L)$ 之過濾壓差，則定義**固體壓力** (solid pressure) 如下：

$$p_s = P_0 - p \tag{9–9}$$

即固體壓力乃使濾液通過 $x=x$ 處之推動力；於 $x=0$ 處，其值為零；$x=L$ 處，其值最大，等於 $P_0 - p_i$。倘以式 (9–9) 代入式 (9–8)，得

$$\frac{dp_s}{dx} = \frac{kS_v^2\mu u_{bs}(1-\epsilon)^2}{g_c\epsilon^3} \tag{9–10}$$

合併式 (9–6) 與 (9–10)，得

$$\frac{dp_s}{dM_c} = \frac{\alpha\mu u_{bs}}{g_c A} \tag{9–11}$$

式中

$$\alpha = \frac{kS_v^2(1-\epsilon)}{\rho_s\epsilon^3} \tag{9–12}$$

稱為**比濾餅阻力** (specific cake resistance)，與濾餅之性質有關，其單位為公尺／千克。若濾餅為可壓縮者，則 α 與 p_s 有關。

式 (9–11) 表固體壓力隨濾餅中固體質量之變化情形，若擬以通過濾液之體積替代濾餅中之固體質量，則可合併式 (9–5) 與 (9–11) 而得

$$\frac{dp_s}{dV} = \frac{\alpha\mu q s\rho}{g_c A^2(1-ms)} \tag{9–13}$$

式中曾以 $\frac{q}{A}$ 替代 u_{bs}，而 q 表濾液之體積流率。

倘於過濾中某定時間沿著整個濾餅，自 $x=0$ $(p=P_0, V=0)$ 積分至 $x=L$ $(p=p_i, V=V)$，其中 V 表濾餅厚度自 0 形成 L 時之所通過之總濾液，則

$$\int_0^{P_0-p_i}\frac{dp_s}{\alpha}=\frac{\mu qs\rho}{A^2g_c(1-ms)}\int_0^V dV \tag{9–14}$$

計算後得

$$P_0-p_i=\frac{\alpha_{av}\mu qs\rho V}{A^2g_c(1-ms)} \tag{9–15}$$

式中

$$\alpha_{av}=\frac{P_0-p_i}{\displaystyle\int_0^{P_0-p_i}\frac{dp_s}{\alpha}} \tag{9–16}$$

倘比濾餅阻力為定值，則濾餅為不可壓縮者；然大部分之混合物皆形成可壓縮之濾餅，亦即 α 為 p_s 之函數，此時 α 須取平均值，其值可依式 (9–16) 計算。

3. 介質阻力

因 p_i 乃 q 與介質特性之函數，而 q 愈大 p_i 亦大，故習慣上以 q 與介質特性代替 p_i。假設介質之阻力，相當於通過假想體積 V_m 之濾液所形成濾餅之阻力，則應用式 (9–15) 於介質之間，得

$$p_i-0=\frac{\alpha_{av}\mu qs\rho V_m}{A^2g_c(1-ms)} \tag{9–17}$$

或

$$p_i = \frac{\mu R_m q}{g_c A} \tag{9–18}$$

式中

$$R_m = \frac{\alpha_{av} s \rho V_m}{(1-ms)A} \tag{9–19}$$

稱為**介質阻力** (resistance of the medium)。

4.過濾方程式

倘將式 (9–18) 代入式 (9–15)，得

$$P_0 = \left[\frac{s\rho V \alpha_{av}}{(1-ms)A} + R_m\right]\frac{\mu q}{g_c A} \tag{9–20}$$

若形成之濾餅為不可壓縮者，則上式可簡寫為

$$P_0 = (K_1 V + K_2) q \tag{9–21}$$

式中

$$K_1 = \frac{s\rho\mu\alpha_{av}}{(1-ms)A^2 g_c} \tag{9–22}$$

$$K_2 = \frac{R_m \mu}{A g_c} \tag{9–23}$$

對某不可壓縮濾漿及過濾裝置而言，K_1 及 K_2 為定值，可由實驗數據決定之。

式 (9–21) 表通過濾餅及介質之瞬時壓力差 P_0，其與濾液體積流率 q 及通過之濾液累積總體積 V 間之關係。一般而言，進行過濾操作時，P_0 與 q 隨時改變，濾餅厚度由 0 增至 L_f，通過之濾液體積則由 0 增至 V_f。若以 θ_f 表過濾所需之時間，則

$$q=\frac{dV}{d\theta} \tag{9–24}$$

移項並積分之

$$\int_0^{\theta_f} d\theta=\int_0^{V_f}\frac{dV}{q} \tag{9–25}$$

合併式 (9–21) 與 (9–25) 以消去 q，得

$$\theta_f=\int_0^{V_f}\frac{(K_1V+K_2)dV}{P_0} \tag{9–26}$$

上式乃一般過濾方程式，下面將應用此方程式，討論不可壓縮過濾之操作理論。

9–10 不可壓縮過濾之計算

若形成之濾餅為不可壓縮者，則比濾餅阻力為定值，故對濾漿及過濾裝置而言，K_1 及 K_2 亦為定值。

1. 恆壓操作

當濾漿以定壓進入過濾機時，P_0 為定值。積分式 (9–26)，得恆壓下之過濾方程式為

$$\theta_f=\frac{K_1}{2P_0}V_f^2+\frac{K_2}{P_0}V_f \tag{9–27}$$

若將上式改寫為

$$\frac{\theta_f}{V_f}=\frac{K_1}{2P_0}V_f+\frac{K_2}{P_0} \tag{9–28}$$

則可用以求 K_1 及 K_2。蓋若應用實驗數據，以 $\frac{\theta_f}{V_f}$ 為縱坐標，V_f 為橫坐標畫圖，所得直線之斜率為 $\frac{K_1}{2P_0}$，截距為 $\frac{K_2}{P_0}$，如圖 9–10 所示。再由已知之 P_0 值，最後即可得 K_1 與 K_2 值。惟此時所得之 K_1 與 K_2 值，僅適用於所用之濾漿及介質，若欲知不同條件下之 K_1 與 K_2，可重新做實驗再求出，或藉式 (9–22) 與 (9–23) 之定義求出。

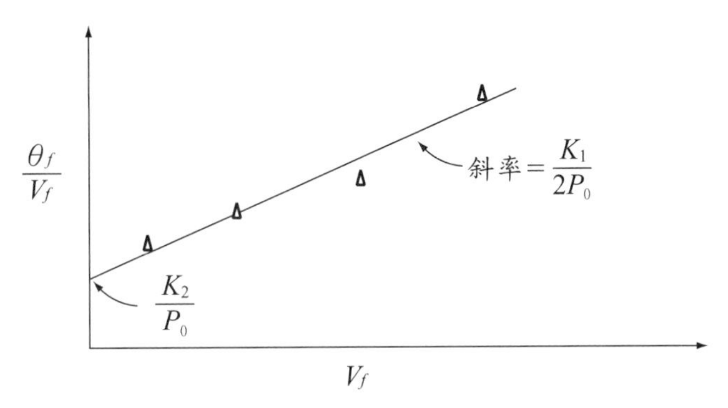

圖 9–10 恆壓下以實驗數據決定 K_1 與 K_2

2. 恆速操作

當壓力自低壓漸漸增加，而使通過之濾液保持一定體積流率 q_0 時，由式 (9–25) 得過濾方程式如下：

$$V_f = q_0\theta_f \qquad (9\text{–}29)$$

於操作中任何瞬間時

$$V = q_0\theta \qquad (9\text{–}30)$$

當 q 為定值 q_0 時，由式 (9–26) 知，P_0 與 V 呈直線關係，即

$$P_0 = (K_1 V + K_2) q_0 \tag{9-31}$$

將式 (9–30) 代入式 (9–31)，得

$$P_0 = K_1 q_0^2 \theta + K_2 q_0 \tag{9-32}$$

此時若應用實驗數據，以 P_0 為縱坐標，θ 為橫坐標畫直線，則所得斜率為 $K_1 q_0^2$，截距為 $K_2 q_0$，如圖 9–11 所示。於是由已知之 q_0 值，即可算出 K_1 與 K_2 值。

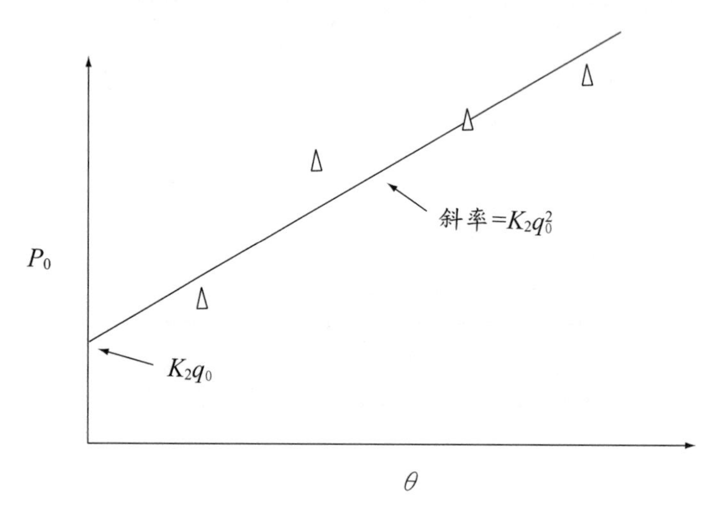

圖 9–11 恆速下以實驗數據決定 K_1 與 K_2

3. 隨時改變流量及改變壓力之操作

當進料係藉離心泵輸入過濾機時，操作中之流量及壓力乃隨時改變，其改變過程取決於泵之特性。離心泵的操作壓力與流量之關係，稱為特性曲線，可用下式表示：

$$P_0 = f(q) \tag{9-33}$$

若將過濾方程式，式 (9–26)，代入上式，則

$$\theta_f = \int_0^{V_f} \frac{dV}{f_1(V)} \tag{9-34}$$

積分之，即知欲得濾液 V_f 所需之過濾時間 θ_f。

4. 過濾週期

當形成之濾餅已達相當厚度時，過濾速度大大降低。此時若令其繼續操作，則未免太不經濟，倒不如暫時停工，除去濾餅，然後再繼續操作較為上策。

除去濾餅之前須用適當量之洗滌液，洗去濾餅中之濾漿。洗滌工作係在定壓下進行，而洗滌過程中不再增加濾餅之形成，亦即不增加洗滌阻力，故實際上洗滌過程為既定壓又定速之操作。若 q_w 與 P_w 分別表洗滌速率與壓力，則應用式 (9–21)，得

$$P_w = (K_1 V_f + K_2) q_w \tag{9-35}$$

式中 V_f 為常數，乃表洗滌前所收集之濾液總體積，其值與形成之濾餅厚度（或濾餅阻力）成正比。倘以 V_w 表洗滌液之體積，則洗滌所需之時間為

$$\theta_w = \frac{V_w}{q_w} \tag{9-36}$$

洗滌完畢後，先除去濾餅中殘留之洗滌液，然後卸下濾餅，並清除濾機，最後裝合濾機。設此一連串操作所需之時間為 θ_d，則一個循環所需之週期為

$$\theta_c = \theta_f + \theta_w + \theta_d \tag{9-37}$$

一個循環中實際用以進行過濾之時間為 θ_c 中之 θ_f，所得濾液為 V_f，故一部過濾機之**能力** (capacity) 可定義如下：

$$C = \frac{V_f}{\theta_c} \tag{9-38}$$

最適過濾週期 (the optimal period of filtration)，乃指能使 C 值最大之 θ_c。因此，若 θ_c 能以 V_f 之函數表示，抑或 V_f 能以 θ_c 之函數表示，則吾人即能藉極值之必要條件 ($\frac{dC}{dV_f}=0$ 或 $\frac{dC}{d\theta_c}=0$)，由上式求出最大能力時之 V_f 與 θ_c 值。

例 9-2

某小型葉濾機在恆速下操作。若最初過濾壓差（操作壓差，P_0）為 40 千巴 (kPa)，則 15 分鐘後壓差增高為 400 千巴，且共收集濾液 150 公升。今若以此濾機在 400 千巴之恆壓差下過濾相同之濾漿，問 15 分鐘後共收集濾液若干？

解 恆速操作之過濾方程式為

$$P_0 = K_1 q_0^2 \theta + K_2 q_0$$

其中

$$q_0 = \frac{150}{15} = 10 \text{ 公升 / 分鐘}$$

今由已知條件求 K_1 與 K_2 如下：

(1)因 $\theta = 0$ 時，$P_0 = 40$ 千巴

$$\therefore 40 = K_1(10)^2(0) + K_2(10)$$

即 $K_2 = 4$ (千巴)(分鐘)/ 公升

(2)又因 $\theta = 15$ 時，$P_0 = 400$ 千巴

$$\therefore 400 = K_1(10)^2(15) + (4)(10)$$

即 $K_1 = 0.24$ (千巴)(分鐘)/(公升)^2

今改以恆壓差操作，其過濾方程式為

$$\theta_f = \frac{K_1 V_f^2}{2P_0} + \frac{K_2 V_f}{P_0}$$

若以 $P_0 = 400$ 千巴進行 $\theta = 15$ 分鐘之恆壓差操作時，

$$15 = \frac{0.24 V_f^2}{2(400)} + \frac{4V_f}{400}$$

整理之

$$V_f^2 + \frac{100}{3} V_f - 50\,000 = 0$$

解之，得收集之濾液共有 207.6 公升。

例 9–3

今擬用實驗室之漏斗過濾 12 公升之濾漿。初試的結果發現：10 分鐘的連續操作中，共收集 0.5 公升之濾液。設拆卸、清除及重新裝合漏斗所需之時間為 1 分鐘，而濾紙之阻力可略而不計，且假設恆壓操作。問理論上最短之操作時間若干？操作中不必洗滌濾餅。

解 因實驗室之漏斗過濾係恆壓操作，且濾紙之阻力可略而不計，故過濾方程式為

$$\theta_f = \frac{K_1 V_f^2}{2P_0}$$

因 $\theta = 10$ 分鐘時，$V_f = 0.5$ 公升，則

$$10 = \frac{K_1 (0.5)^2}{2P_0}$$

故得

$$\frac{2P_0}{K_1} = 0.025 \text{（公升）}^2 / \text{分鐘}$$

過濾週期為

$$\theta_c = \theta_f + \theta_w + \theta_d = \frac{K_1 V_f^2}{2P_0} + 0 + \theta_d$$

過濾能力為

$$C = \frac{V_f}{\theta_c} = \frac{2P_0 V_f}{K_1 V_f^2 + 2P_0 \theta_d}$$

欲使過濾時間最短，則需在最大能力下操作。令 $\frac{dC}{dV_f} = 0$，得

$$2P_0 \left[\frac{(K_1 V_f^2 + 2P_0 \theta_d) - V_f (2K_1 V_f)}{(K_1 V_f^2 + 2P_0)^2} \right] = 0$$

故

$$V_f = \sqrt{\frac{2P_0}{K_1} \theta_d} = \sqrt{0.025(1)} = 0.158 \text{ 公升}$$

此時所需之過濾週期為

$$\theta_c = \left(\frac{K_1}{2P_0} \right) V_f^2 + \theta_d = \left(\frac{1}{0.025} \right) (0.158)^2 + 1 = 2 \text{ 分鐘}$$

過濾 12 公升所需之週期數為

$$\frac{12}{0.158} = 76$$

故最短之過濾時間為

$$76 \times 2 = 152 \text{ 分鐘}$$

9–11 可壓縮過濾之計算

倘濾餅之物性隨操作壓力而變，則所形成之濾餅為可壓縮者。可壓縮過濾之計算較繁，蓋因此時 α 與 α_{av} 均非定值之故。通常此類問題須藉實驗數據，應用圖積分法或數值積分法求出。

9–12 離心過濾

過濾操作之推動力除重力、壓力或真空外，亦有藉離心力者。離心過濾機乃於過濾機上加上離心裝置，適用於濾漿中固體顆粒粗大且含量較多者。操作時泥漿受濾機旋轉所產生離心力之影響，促使液體通過濾布而固體堆積於濾布上，於是固體與液體得以分離。有關離心機之種類、構造以及操作原理，將於第 11 章中詳述。

符號說明

符 號	定 義
A	濾餅之截面積，平方公尺
C	過濾能力，(公尺)^3/ 小時
D_p	固體粒子直徑，厘米
g	重力加速度，公尺 /(秒)^2
g_c	因次常數，等於 1 (千克)(公尺)/(牛頓)(秒)^2
K_1	常數，見式 (9–22)，(千巴)(分鐘)/(公升)^2
K_2	常數，見式 (9–23)，(千巴)(分鐘)/ 公升
k	常數，等於 4.17

L	濾餅之厚度，公尺
L_m	相當於介質阻力之濾餅厚度，公尺
M_c	濾餅中之固體質量，千克
m	濕濾餅與乾濾餅之質量比
P_0	過濾操作之總壓力差，千巴 (kPa)
P_w	洗滌操作之壓力差，千巴
p	濾餅中任何點之過濾壓差，千巴
p_i	濾餅與介質界面處之過濾壓差，千巴
q	濾液之流率，公升／分鐘
q_0	恆速過濾之濾液流率，公升／分鐘
q_w	洗滌液之流率，公升／分鐘
$\boldsymbol{Re}_p$	填料床之雷諾數
s	混合物中固體之質量分率
S_v	粒子之比表面積，(公尺)$^{-1}$
u_{bs}	表面速度，公尺／秒
V	濾液體積，立方公尺
V_f	過濾操作所收集之總濾液體積，立方公尺
V_m	形成厚度為 L_m 之濾餅時所通過之濾液，立方公尺
z	填料塔之高度坐標，公尺
α	比濾餅阻力，公尺／千克
α_{av}	α 之平均值，見式 (9–16)，公尺／千克
ϵ	填料床或濾餅之孔性
θ	時間，小時
θ_c	過濾週期，小時
θ_d	過濾機之拆卸、清除、裝合等所需時間，小時
θ_f	過濾操作之時間，小時
θ_w	洗滌時間，小時
μ	濾液之黏度，千克 /(公尺)(秒)
ρ	濾液之密度，千克 /(公尺)^3
ρ_s	固體之密度，千克 /(公尺)^3

習 題

9–1　某葉濾機在恆壓下進行不可壓縮之過濾，問在下舉之情況下，收集液之量變化若干?

⑴加倍濾液之黏度

⑵加倍過濾機之面積

⑶加倍過濾時間

9–2　某小型之葉濾機在恆速下操作。若初壓為 1.34 大氣壓，則 20 分鐘後，壓力增高為 4.4 大氣壓，且共收集濾液 30 加侖。今若以此濾機在 4.4 大氣壓之恆壓下，過濾同樣之濾漿，問 20 分鐘後共收集濾液若干?

9–3　含 15%（質量）固體之均勻濾漿，於一葉濾機中進行 5 大氣壓之恆壓操作。1 小時後共收集 1800 加侖之濾液，並形成 2.5 厘米厚之濾餅。若每一週期中，拆卸、除餅及裝合所需之時間共 11 分鐘，而洗滌液之用量與收集濾液之比為 2 : 9，且濾液與洗滌液同物性，問此濾機一天之最大能量 (capacity) 為若干(包括濾液及濾餅)? 假設過濾介質無阻力。

9–4　某葉濾機在 4.4 大氣壓下進行恆壓過濾操作。最初濾液之流率為每分鐘 10 加侖，1 小時內共收集 100 加侖。倘用 15 加侖之水流洗滌，費 20 分鐘拆卸、清除及裝合濾機，問最大過濾能量若干?

9–5　密度為 1280 千克 /(公尺)^3 之濾漿，自一槽中藉重力流至一葉濾機，槽中之液位保持一定。葉濾機比槽中之液面低 18.3 公尺，操作第一分鐘內，收集 10 加侖之濾液，第二分鐘內收集 4.14 加侖之濾液。若管線上之動能變化及摩擦損失可忽略，且槽面上及過濾機出口之壓力均為 1 大氣壓，問 10 分鐘後共收集濾液若干?

9–6　今有 10 公升之濾漿，擬用實驗室之漏斗加以過濾。在 12.5 分鐘的連續操作中，共收集 500 立方厘米之濾液。設拆卸、清除及重新裝合過濾漏斗所需之時間為1分鐘，濾紙之阻力可略而不計，且假設恆壓操作，問理論上最短之操作時間若干？操作中不必洗滌濾餅。

10 離心分離

密度不同之固體與液體行沉澱或過濾操作時，若僅藉重力為推動力，有時有力不足之嫌，此時可利用離心效應，以增強其分離效果。物體在曲線途徑上運動時，會產生**離心力** (centrifugal force)，其方向與曲度中心之方向相反。此時如欲使此物體維持在曲線途徑上運動，則應另需一大小相同、方向相反之**向心力** (centripetal force)，使之作用於該物體上而達到力之平衡。

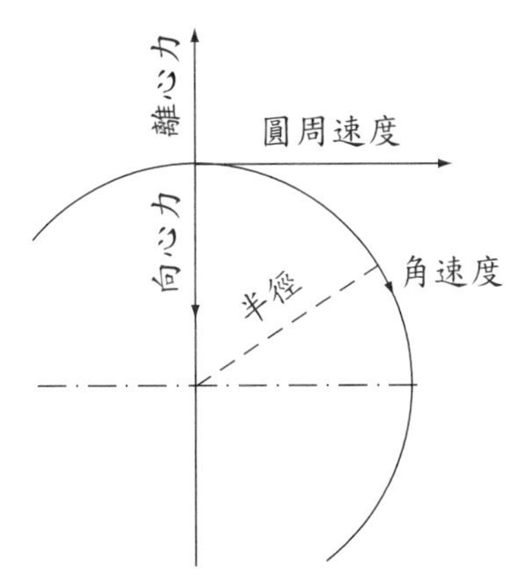

圖 10–1　離心裝置中力之作用情形

圖 10–1 示物體作圓周運動時力之作用情形。離心力之表示式為

$$F = \frac{m}{g_c}(r\omega^2) = \frac{m}{g_c}\frac{u^2}{r} \tag{10-1}$$

式中　F = 離心力，牛頓

m = 物體之質量，克

u = 圓周速率，公尺 / 秒

r = 圓周半徑，公尺

ω = 角速度，弧度

g_c = 因次常數，等於 1 (千克)(公尺)/(牛頓)(秒)^2

10–1 離心裝置

工業上最早應用離心力以處理物料者，首推離心過濾機。初時此種離心機之直徑大而速度低，係用以除去結晶固體中之水分或其他流體；近年來新發展者為直徑小而速度大之離心機。離心機可作如下之分類：

1. 低速離心機

(1)批式離心機
(2)連續式離心機
(3)自動批式離心機

2. 高速離心機

(1)管狀離心機
(2)盤狀離心機
(3)超速離心機

10–2 批式離心機

此類裝置最簡單者為垂直有孔籃式離心機，籃直徑一般為 30、40 或 48 吋，惟特殊用途者有自 12 吋至 84 吋者。直徑為 30 吋者，電動機可使軸每分鐘產生 1 200～2 000 迴轉。因為此類機器大，故電動機之起動扭力需大，以致有使用**離心離合器 (clutch)** 或**聯軸節 (coupling)** 者，以得迅速加速。30 吋直徑籃之離心機宜用 25 馬力之電動機，並須具有制動器，以便隨時減速或停車。

圖 10–2 所示者，乃最普通之懸籃式離心機，動力係傳於籃之垂直軸。此種頂部傳動之懸籃式離心機，廣用於蔗糖及其他粒狀晶體之去水。大規模生產，如每 8 小時產量超過 1 噸時，以改用連續式離心機或真空濾機為宜，如此可節省人力。該圖所示實乃此類機器之截面，分成左右兩式樣。左式樣乃一平底盤，最初操作時籃以中等速度轉動，稠厚漿陸續加入其中，籃篩內部遂結成厚餅，此時濾液經過濾餅及過濾介質，其情形與一般過濾操作相同。接著停止加料，並以高速迴轉，以除去大部分液體。最後減速、制動，再將底部閥門啟開以卸料。固體經一孔落至離心機下之運送機或烘乾機，此時籃底之閥閉起，而重新操作。每一循環操作需數分鐘至 1 小時不等，視洗滌程度及濾餅之旋乾程度而定。圖中右邊為一圓錐底之盤，此式樣之濾餅不必自篩上刮下即可除下。

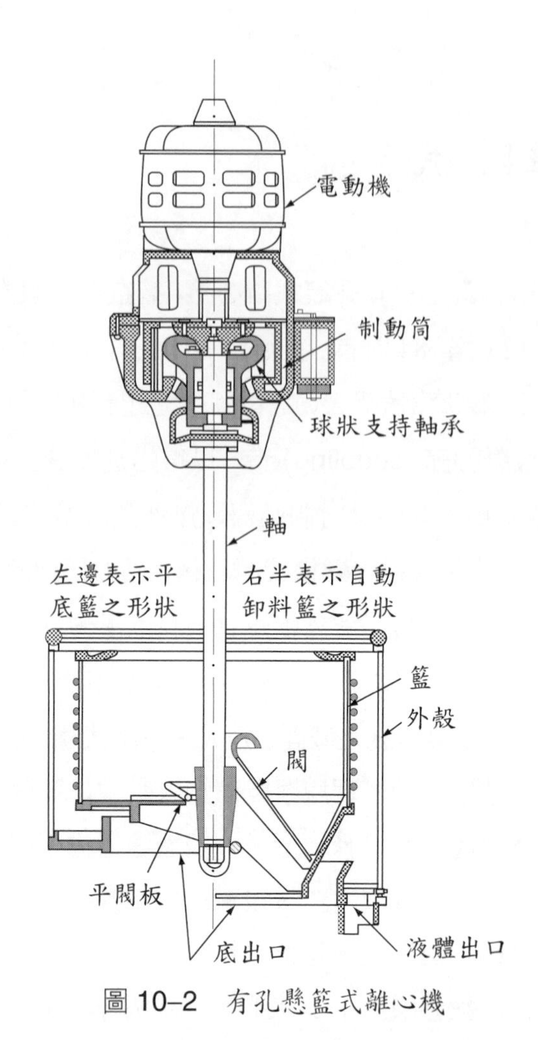

圖 10–2　有孔懸籃式離心機

圖 10–3 示另一垂直軸之批式離心機，係以底部傳動並以聯桿懸持者。因上部啟開，則加料及清除皆易，故廣用於洗濯工場及製藥工業。另者，此類濾機亦可密蓋，使可揮發之蒸汽不致散逸，上部所占空間亦較少。

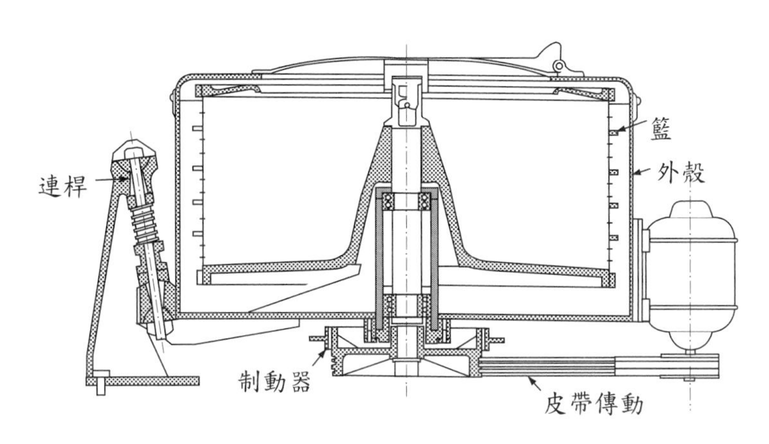

圖 10–3　有孔籃式離心機（底部傳動）

圖 10–4 所示乃一無孔籃式離心機，因為此時澄清液係自頂部溢出而非經濾餅流出，故其作用為沉澱器或稠化器，而非過濾器。操作時原料充滿容器，固體以濃漿狀積於壁上，液體則溢流而出，積於迴轉籃外之殼內。倘原料中所含固體在 1% 以下，則此種機器可有效使流體澄清。此機器亦可用為水篩機，此時可快速加料，細粒物體與流體一同溢流而出，粗物則積於籃壁，然後自底部卸出。

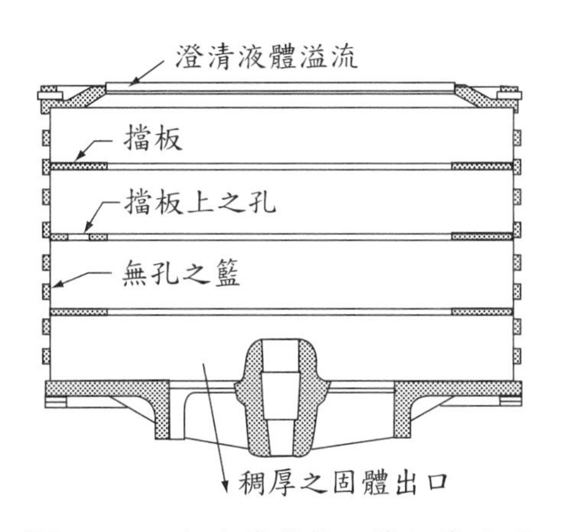

圖 10–4　無孔籃式離心機之截面圖

10–3 連續式離心機

連續式離心機之特點為能連續除去固體。圖 10–5 所示乃水平斜面式者，機上之**螺旋刮刀 (spiral scraper)** 可用於有孔籃，亦可用於無孔籃。此種裝置實即為連續式沉澱器，原料及洗用水自軸中心流入，澄清液自右方濾液孔道流出，孔道之大小可調節。刮刀之迴轉速較筒（即籃）者稍低，故兩者發生相對運動，使固體被推向左，離開池子，稍經洗滌淋乾後，再自左方出口而出。倘內部之液面加深、迴轉速加快時，細粒可隨液體流出。

圖 10–6 乃此類機器之有孔籃者，濾餅亦係被鈀子鈀下。外殼分若干節，第一節用以收集濾液，其後之數節則用以收集洗液。此機適用於粒子較粗且不脆弱之晶體。

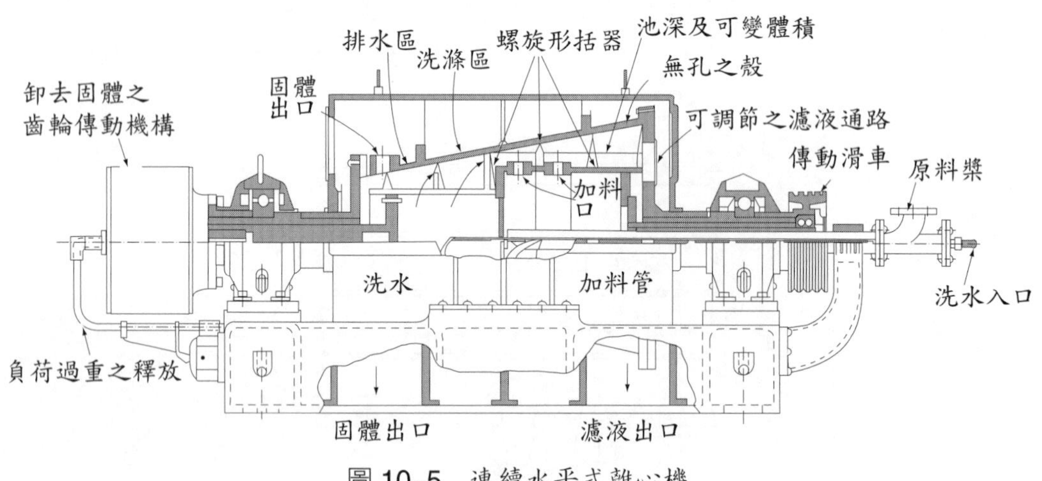

圖 10–5 連續水平式離心機

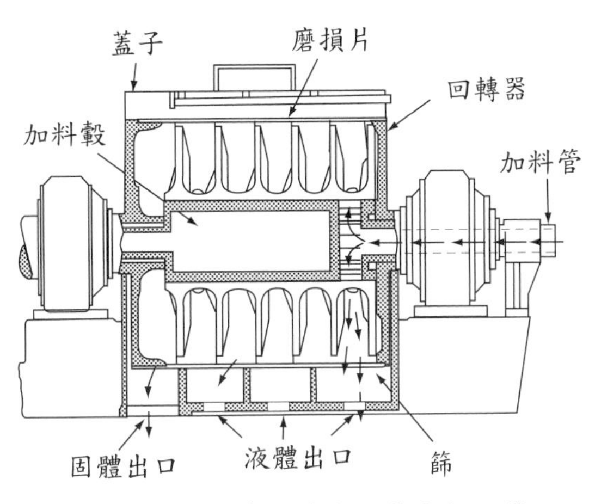

圖 10–6　連續水平有孔籃式離心機

圖 10–7 為上舉有往復推動機構者。液體自漏斗淋下，於是篩上結成濾餅，濾液則流出。洗滌液噴於其上，亦可經篩濾過。推動器受油壓操縱，每向前推動一次，即將濾餅卸下。濾餅之厚度受篩籃及原料間之距離所支配，機器之能量則受原料漏斗之直徑及推動器之衝程及推動頻率所支配。此機適用於處理較脆弱之結晶體，直徑為 24～96 吋，每小時能量為 1～20 噸固體。

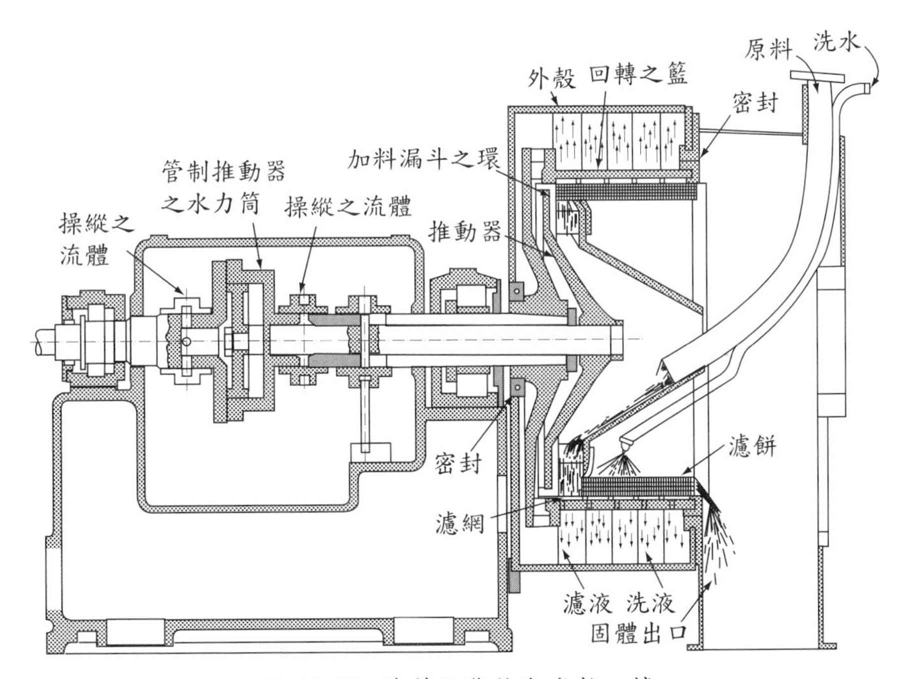

圖 10–7　連續往復推動式離心機

10–4 自動批式離心機

使大型批式離心機自動化，可節省人力，且可繼續操作，故能省去起動之大扭力及停車時之制動損失。圖 10–8 示水平自動有孔之離心機，原料自噴口噴入，脫水後刮刀自動舉起，而將濾餅卸出。

此類機器適用於易濾過之晶體，即其粒子不能少於 150 網目者。若欲使操作滿意，濾餅中之水分不能超過 15～18%，一般以 2～5% 為宜。其操作性能與普通非自動式者相同；惟裝卸均在機器速度甚快之時，故結晶極易破裂。又因近篩面處始終有一層結晶，故操作時間久後，有不透過之慮。

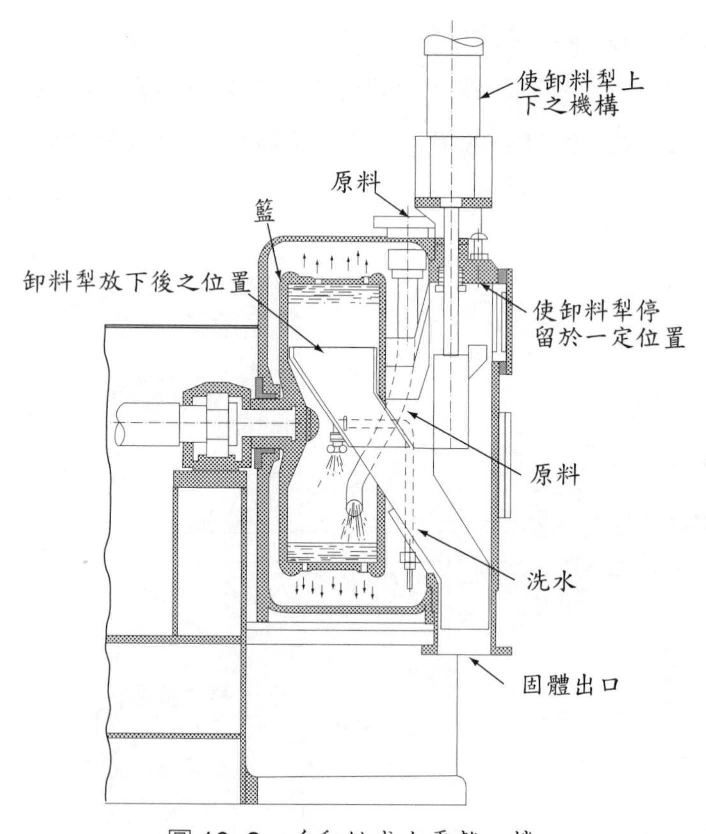

圖 10–8　自動批式水平離心機

10–5 高速離心機

一般而言，低速離心機直徑大，速度低；高速離心機直徑小，速度大。

1. 管狀高速離心機

其主體為一可旋轉之直立管，操作轉速約為每分鐘 15 000 轉。管以垂直細軸支持於抗衡力軸承中，而以一彈簧支持之**襯套** (bushing) 導之。其轉動係藉電動機及皮帶間接傳動，或用蒸汽渦輪直接傳動。

2. 盤狀高速離心機

主要係由若干圓錐形盤所組成，各盤間之距離至少為最大固體粒子之 2 倍，廣用於自牛乳製備乳酪。盤之直徑可大至 41 吋，其轉速較管狀者為低。

3. 超速離心機

此機可達更高速度，例如 4 吋直徑者每分鐘約達 100 000 迴轉。此類機器之操作屬批式，且一次處理之量甚少。轉動時藉空氣渦輪或油渦輪發動，軸承用壓縮空氣膜潤滑。迴轉器或置於真空中，或置於低壓力之氫中，以減少摩擦而不致使迴轉器變熱。

超速離心機廣用於實驗室，可根據懸浮粒子析出之速率，決定粒子之大小或分子量。**同位素** (isotope) 可因密度之微小不同，亦可在此機中被分離。

習 題

一、選擇題

1. (　　) 離心力之方向與曲率中心之方向(A)相同，(B)相反，(C)垂直，(D)無關。
2. (　　) 離心效應可應用於(A)沉澱，(B)過濾，(C)蒸餾，(D)吸收。
3. (　　) 離心力與圓周半徑之(A)一次方成正比，(B)一次方成反比，(C)二次方成正比，(D)二次方成反比。
4. (　　) 離心力與圓周速率之(A)一次方成正比，(B)一次方成反比，(C)二次方成正比，(D)二次方成反比。
5. (　　) 低速離心機之(A)直徑大，(B)直徑小，(C)速度大，(D)速度小。
6. (　　) 高速離心機之(A)直徑大，(B)直徑小，(C)速度大，(D)速度小。
7. (　　) 批式無孔籃式離心機適用於(A)沉澱，(B)稠化，(C)過濾，(D)混合。
8. (　　) 適用於實驗之離心機為(A)低速批式，(B)低速自動式，(C)高速管狀式，(D)超速式。

二、填充題

1. 低速離心機有＿＿＿＿＿，＿＿＿＿＿與＿＿＿＿＿三種。
2. 高速離心機有＿＿＿＿＿，＿＿＿＿＿與＿＿＿＿＿三型。
3. 連續式離心機為能連續除去固體，機上裝有螺旋＿＿＿＿＿。
4. 連續往復推動式離心機之能量受原料漏斗之＿＿＿＿＿及推動器之＿＿＿＿＿及＿＿＿＿＿所支配。
5. 自動批式離心機可省去起動之＿＿＿＿＿及停車時之＿＿＿＿＿損失。

11 機械分離

化工廠中因操作或市場的需要與方便，每須將混合物依大小、形狀、密度或其他特殊物理性質（如磁力、電力）相同之物質歸類，此種分離混合物之方法，統稱謂**機械分離** (mechanical separation)。機械分離包括固體—氣體、固體—液體、固體—固體、液體—液體以及液滴—氣體等混合物之分離。

機械分離方法有多種，其中最常見者有**過濾** (filtration)、**篩選** (screening)、**離析** (classification)、**浮選** (flotation)、**沉析** (sedimentation) 及**離心分離** (centrifugal separation) 等六種。過濾乃從液體或氣體中藉介質分離固體粒子之操作；篩選乃利用篩，將固體粒子依大小分開之操作；離析乃利用固體在流體中沉降速度 (falling velocity) 或靜電力或磁力之不同，而將固體粒子歸類分離之操作；浮選乃利用固體粒子在流體中之可濕性之不同而分離者；沉析乃利用固體自身之重力在流體中下沉而分離者，但必要時尚需利用離心之力，使微小固體顆粒加速下沉。

過濾所包括之內容較多，而離心分離與過濾操作息息相關，因此這兩種分離操作已分別於第 9 與 10 章中專章討論過。至於篩選乃屬粉粒體操作，將於第二冊中討論，因此本章將就其他三種分離操作，另加集塵與氣體之淨化，以及水油分離，作概要之說明。

11–1 離 析

離析依使用**介質** (medium) 之不同，而區分為水力離析、靜電離析及磁力離析等。今分別敘述如下：

1. 水力離析

此係以水為介質而將固體粒子分離之方法。此法又可分成兩大類：一是物料的密度相同，僅就粒子大小而分離者，稱為**水篩** (sizing)；一是物料之大小相同，就密度之相異而分離者，稱為**水選** (sorting)。若以其他流體（氣體或液體）代替水，只要不與物料發生作用者，亦可用來當介質。不過水和空氣為最廉價且最易獲得者，故常用之。

通常此法之操作，係藉一橫向之水流，將物料帶過一體積較大之槽，如圖 11–1 所示。如此則較大或較重物料，於進口不遠處即先下沉；較細較輕物料，則被帶至較遠處才沉至桶底。吾人只要調節水流速度、桶之深淺或擋板之高度，即可將大小輕重之物料分開。

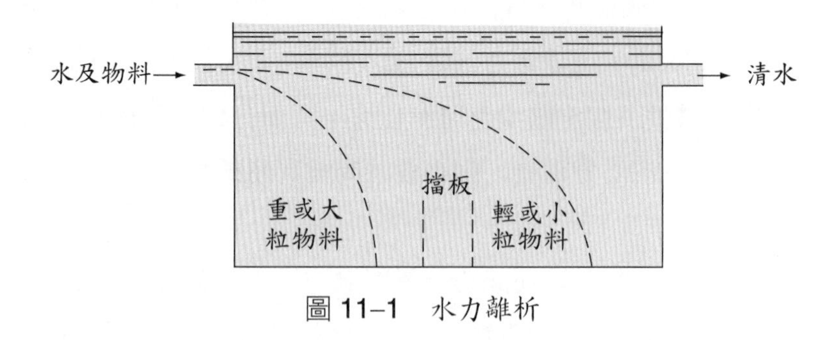

圖 11–1　水力離析

2. 靜電離析與磁力離析

此兩者乃利用外加電場或磁場，使固體粒子受到不同的作用力，而達到分離之目的。

11–2 沉降定律

一般之沉降，可分為**自由沉降 (free settling)** 與**受阻沉降 (hindered settling)** 兩種。前者係指粒子之沉降不受其他粒子之影響，此種單一粒子之沉降問題已於 7–2 節中敘述過，而單一粒子之端速度可依式 (7–8) 計算

$$u_t = \sqrt{\frac{4D_p g}{3C_D\rho}(\rho_s - \rho)} \tag{7–8}$$

式中 ρ_s 表粒子之密度，ρ 表流體之密度，D_p 表粒子之直徑，C_D 則表**牽引係數 (drag coefficient)**。

若流體呈層狀流動，其雷諾數小於 1.0，此時牽引係數為

$$C_D = \frac{24}{\frac{D_p u_t \rho}{\mu}} = \frac{24}{\boldsymbol{Re}}$$

故式 (7–8) 變為

$$u_t = \frac{(\rho_s - \rho)gD_p^2}{18\mu} \tag{7–3}$$

$$\boldsymbol{Re} = \frac{D_p u_t \rho}{\mu} < 1.0 \tag{7–4}$$

受阻沉降時固體粒子彼此影響下降，因此沉降端速須加修正如下：

$$u_{ht} = \frac{(\rho_s - \rho) g D_p^2}{18\mu} F_s \tag{11–1}$$

又球狀粒子在**黏擾流動** (viscous turbulent flow) 時，呈下列關係：

$$F_s = \frac{u_{ht}}{u_t} = \frac{x^2}{10^{1.82(1-x)}} \tag{11–2}$$

式中　x = 流體在混漿中所占之**體積分率** (volume fraction)

u_{ht} = 受阻沉降時之沉降端速

11–3　等落速粒子

若 A 與 B 兩種不同固體粒子在同一流體中自由沉降，且具有相同沉降端速，則

$$u_t = \sqrt{\frac{4(\rho_{s_A} - \rho) g D_{p_A}}{3\rho (C_D)_A}} = \sqrt{\frac{4(\rho_{s_B} - \rho) g D_{p_B}}{3\rho (C_D)_B}}$$

上式整理後得

$$\frac{D_{p_B}}{D_{p_A}} = \frac{(\rho_{s_A} - \rho)}{(\rho_{s_B} - \rho)} \left[\frac{(C_D)_B}{(C_D)_A} \right] \tag{11–3}$$

在完全擾流，且 A 與 B 粒子之球度相同時，C_D 之值可視為定值，即 $\frac{(C_D)_B}{(C_D)_A} = 1$，故上式可簡化為

$$\frac{D_{p_B}}{D_{p_A}} = \frac{\rho_{s_A} - \rho}{\rho_{s_B} - \rho} \tag{11–4}$$

層流時，由式 (2–100) 與 (2–101) 知

$$C_D = \frac{24}{\boldsymbol{Re}} \tag{11–5}$$

$$\boldsymbol{Re} = \frac{D_p u_t \rho}{\mu} < 1.0 \tag{11–6}$$

將之代入式 (11–3)，得

$$\frac{D_{p_B}}{D_{p_A}} = \sqrt{\frac{\rho_{p_B} - \rho}{\rho_{p_A} - \rho}} \tag{11–7}$$

11–4 水力離析之理論

水力離析或稱水分，係以水為媒介物，將大小輕重不同之固體分離之謂。

1. 水　篩

固體粒子之密度相同，僅依其體積大小而分類者，稱為水篩。須注意者，水篩法亦可用第二冊粉粒體操作中之篩選法替代之。設固體粒子之球度相同，則牽引係數僅為雷諾數之函數，因此其端速可依流動情形分別表示如下：

⑴在完全層狀流動時，由式 (11–1)

$$u_t = \frac{(\rho_s - \rho)gD_p^2}{18\mu} = K_1 D_p^2 \tag{11–8}$$

因粒子之密度相同，且流體之密度一定，故 $K_1 = \dfrac{(\rho_s - \rho)g}{18\mu}$ 為一常數。

⑵在擾流時，C_D 可視為常數，由式 (7–8) 可得

$$u_t = K_2 \sqrt{D_p} \tag{11–9}$$

式中 $K_2 = \sqrt{\dfrac{4(\rho_s - \rho)g}{3\rho C_D}}$ 為一常數。

⑶在擾流與層流之過渡區域內，由式 (7–8) 得

$$u_t = K_3\sqrt{\frac{D_p}{C_D}} \tag{11–10}$$

式中 $K_3 = \sqrt{\dfrac{4(\rho_s - \rho)g}{3}}$ 為一常數。

吾人可由實驗測定某粒子之 u_t 值，並判定其流動情形而定出 K_i $(i = 1, 2, 3)$ 值，最後即得式 (11–8) 至 (11–10) 之實驗式。實驗既得，則可由往後的實驗測得之 u_t 值而求出顆粒之大小 D_p。

例 11–1

原有 A 與 B 兩種大小不同之玻璃球，其直徑分別為 0.00625 與 0.00540 厘米。其在 20°C 之水中多次測得之平均終端速度分別為 17.84 與 13.31 厘米 / 分鐘，求其 K_i 值。今改投 C 與 D 兩種大小不同之玻璃球，並測得其平均端速度分別為 10.18 與 4.56 厘米 / 分鐘，求 C 與 D 玻璃球之直徑。

解 20°C 水之黏度為 1 厘泊 = 0.01 克 /(厘米)(秒)，則 A 與 B 粒子之自由沉降雷諾數分別為

$$\boldsymbol{Re}_A = \left(\frac{D_p u_t \rho}{\mu}\right)_A = \frac{(0.00625)\left(\dfrac{17.84}{60}\right)(1)}{0.01} = 0.186 < 1$$

$$\boldsymbol{Re}_B = \left(\frac{D_p u_t \rho}{\mu}\right)_B = \frac{(0.00540)\left(\dfrac{13.31}{60}\right)(1)}{0.01} = 0.120 < 1$$

因雷諾數皆小於 1，故式 (11–8) 可適用。

$$\therefore K_1=\left(\frac{u_t}{D_p^2}\right)_A=\frac{\frac{17.84}{60}}{(0.00625)^2}=7.61\times10^3/(\text{厘米})(\text{秒})$$

或

$$K_1=\left(\frac{u_t}{D_p^2}\right)_B=\frac{\frac{13.31}{60}}{(0.00540)^2}=7.61\times10^3/(\text{厘米})(\text{秒})$$

設 C 與 D 玻璃球之自由沉降亦為層流，則

$$(D_p)_C=\sqrt{\frac{(u_t)_C}{K_1}}=\sqrt{\frac{\frac{10.18}{60}}{7.61\times10^3}}=0.0047\ \text{厘米}$$

$$(D_p)_D=\sqrt{\frac{(u_t)_D}{K_1}}=\sqrt{\frac{\frac{4.56}{60}}{7.61\times10^3}}=0.0032\ \text{厘米}$$

由已知之 u_t 及計算而得之 D_p，讀者應不難證明 C 與 D 玻璃球之自由沉降確為層流。

2. 水　選

將不同密度之物料，利用沉降端速之差異而分離之操作，稱為水選。尤當固體粒子之大小形狀相近，用篩選法不能分開者，水選法不失為一有效之方法。水選可分為**浮沉法** (sink and float method) 和**差別沉降法** (differential settling) 兩種。

浮沉法是利用一流體，其密度介於所欲分離之輕重物料之間，則重粒子於該流體中沉落，輕粒子則浮於液面。此分離只和兩物料之密度有關，與粒子大小形狀無關，故又稱為**重流體分離法** (heavy fluid separation)。

重流體分離法一般用於處理比較粗糙粒子，通常在 10 網目以上者。應用浮

沉法，首先須選擇適當比重之流體，使輕物料浮起，而重物料沉落。此流體之選擇，比重常在 1.3～1.5 之間或以上，但很少流體能同時具有比重大並兼具經濟、無毒及無腐蝕性等性質。礦物鹽類水溶液對上面幾種性質大致具備，例如氯化鈣適用於碳之淨化。另外一種常用之介質流體，稱為**假流體 (pseudo fluid)**，由重礦物之微細粒子懸浮在水面上而形成。例如磁鐵礦（比重為 5.17）、**矽鐵**（ferrosilicon，比重為 6.3 至 7.0）、**方鉛礦**（galena，比重為 7.5）等。礦物與水的比例可加以改變，以適應所需之中間流體密度。

差別沉降法則利用密度不同，導致沉降端速差異之分離操作，此時介質流體之比重小於任一粒子之比重。設有 A 與 B 兩種物料，顆粒大小及形狀相近，兩者之比重均大於媒介流體，且 A 之比重大於 B，則由式 (7–8) 可得 A 與 B 兩種粒子之沉降端速如下：

$$(u_t)_A = \sqrt{\frac{4(\rho_{s_A} - \rho) g D_{p_A}}{3\rho (C_D)_A}}$$

$$(u_t)_B = \sqrt{\frac{4(\rho_{s_B} - \rho) g D_{p_B}}{3\rho (C_D)_B}}$$

兩式相除，得

$$\frac{(u_t)_A}{(u_t)_B} = \sqrt{\frac{(\rho_{s_A} - \rho)(C_D)_B}{(\rho_{s_B} - \rho)(C_D)_A}} \tag{11–11}$$

若 $(C_D)_A$ 與 $(C_D)_B$ 大約相等，則

$$\frac{(u_t)_A}{(u_t)_B} = \sqrt{\frac{\rho_{s_A} - \rho}{\rho_{s_B} - \rho}} \tag{11–12}$$

11–5 水力離析之實際應用

水分法在工礦上之實際應用對象，常為密度與顆粒大小均異之混合物，而質輕之較大粒子與質重之較小粒子，因具有甚為接近之沉降端速，以致淆混而不易分離。例如方鉛礦 ($\rho_{s_A} = 7.5$) 和石英 ($\rho_{s_B} = 2.65$)，雖然 $\rho_{s_A} > \rho_{s_B}$，因此同大小之方鉛礦粒子之沉降端速較石英者快，但較大之石英粒子可能具有相等甚至大於方鉛礦粒子之沉降端速。

圖 11–2 示方鉛礦與石英粒子之沉降端速，縱軸代表粒子之沉降端速，橫軸代表粒子直徑。設兩物顆粒之直徑範圍皆在 D_{p_1} 至 D_{p_4} 之間，由圖可知：直徑在 D_{p_1} 至 D_{p_2} 間之所有輕成分 B，比任何 A 成分沉降得慢，因此可以完全與 A 成分分離。同理，直徑在 D_{p_3} 至 D_{p_4} 間之全部重成分 A，比任何 B 成分之沉落來得快速，因此在該區域內亦可獲得純 A 成分。但輕成分 B 之直徑在 D_{p_2} 至 D_{p_4} 之間者，與重成分 A 之直徑在 D_{p_1} 至 D_{p_3} 之間者，俱含有同樣之沉降速度，故此區域內未能達到完全分離之目的。

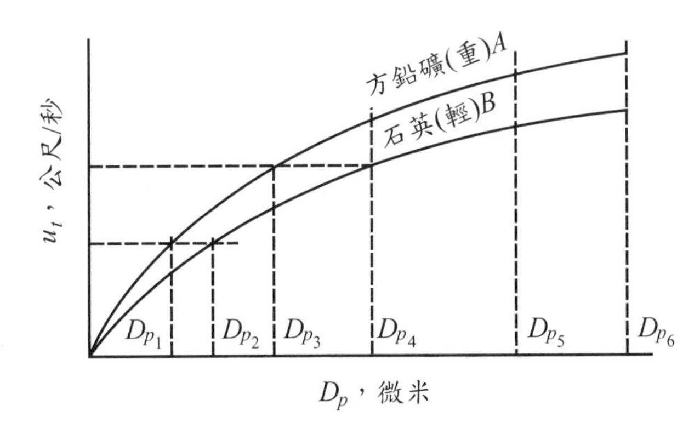

圖 11–2　方鉛礦及石英粒子之沉降端速

由圖 11–2 吾人不難發現，若欲減少混合顆粒，或完全分離二物，不外以下二途：

(1)設法使進料之顆料大小相近，如 A 與 B 兩成分顆粒之範圍在 D_{p_3} 至 D_{p_4} 之間，或在 D_{p_5} 至 D_{p_6} 之間，則可完全分離。

(2)增加球之沉降比，即加大在同一沉降端速下 D_{p_B} 與 D_{p_A} 之差，如圖 (11–2) 中之 D_{p_4} 與 D_{p_3}，以及 D_{p_2} 與 D_{p_1} 等。由式 (11–3) 可知，增加 ρ 值，將使球之沉降比增加，分離範圍也因此擴大。在受阻沉降下，介質之整體密度較流體之密度大，因此受阻沉降之分離範圍較自由沉降廣，但沉降速率則較慢，是為美中不足。

例 11–2

今擬以水力離析法分離方鉛礦 ($\rho_{s_A} = 7.4$) 及石英 ($\rho_{s_B} = 2.62$) 相混之固體。求石英與方鉛礦粒子之沉降比，以及在何種範圍內始能完全分離。若以比重為 1.7 之液體為介質流體以替代水，結果又如何？

解 (1)以水為介質流體時

(a)擾狀流動

$$\frac{D_{p_B}}{D_{p_A}} = \frac{\rho_{s_A} - \rho}{\rho_{s_B} - \rho} = \frac{7.4 - 1}{2.62 - 1} = 3.9$$

故石英之直徑 D_{p_B} 必須小於方鉛礦粒徑 D_{p_A} 之 3.9 倍時，始能完全分離。例如若 $D_{p_B} = 0.005$ 厘米，則 $D_{p_A} < 0.0195$ 厘米時始能完全分離。

(b)層狀流動

$$\frac{D_{p_B}}{D_{p_A}} = \sqrt{\frac{\rho_{s_A} - \rho}{\rho_{s_B} - \rho}} = \sqrt{\frac{7.4 - 1}{2.62 - 1}} = 1.98$$

(2)若以比重為 1.7 之液體替代水，則

(a)擾狀流動

$$\frac{D_{p_B}}{D_{p_A}}=\frac{7.4-1.7}{2.62-1.7}=6.20$$

(b)層狀流動

$$\frac{D_{p_B}}{D_{p_A}}=\sqrt{\frac{7.4-1.7}{2.62-1.7}}=2.49$$

由以上計算之結果知，擾流時之分離範圍較層流時大；重媒介流體比輕媒介流體能獲得較廣之分離範圍。

11–6 水力離析裝置

1. 自由沉降水分器

圖 11–3 示**自由沉降水分器 (free settling classifier)** 中最簡單者，其主要部分為一垂直管，稱為**分析柱 (analyzing column)**，底部有進水口及固體儲瓶，頂部為加料裝置及出口槽。操作時適當調節進水量，使水流速度介於大小粒子沉降速度之間，因此可令大粒子下沉，而小粒子則隨水流由上溢出。自由沉降水分器可用於水篩與水選。

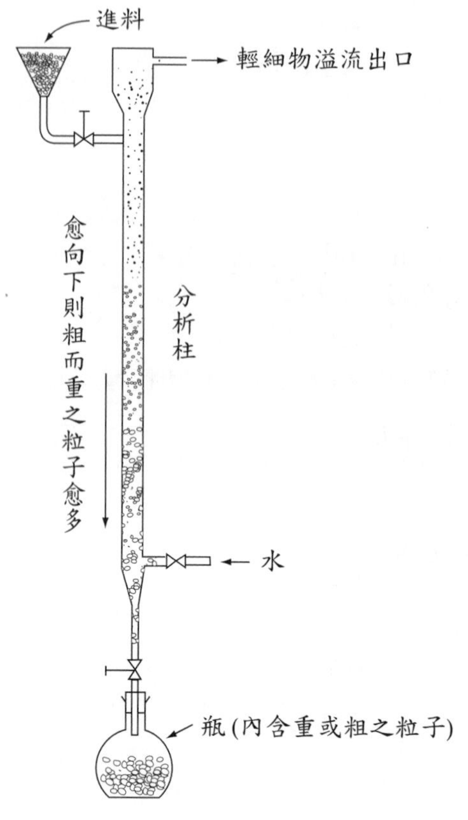

圖 11–3 自由沉降水分器

2. 雙錐水分器

雙錐水分器 (double-cone classifier) 之構造如圖 11–4 所示。操作時物料由上方 A 加入，助析水自 B 進入，然後沿二錐之間隙上升，而在 C 處與加入之進料相遇。因此較細顆粒隨水流而上，終溢流於 D；而較粗顆粒則下沉於 E。吾人可視所欲分離之顆粒粗細，而調節水流速度和平輪 F，使改變兩錐之間隙分離之。

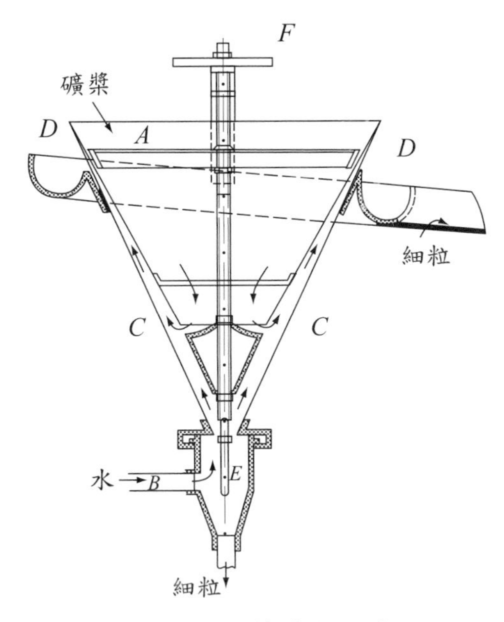

圖 11–4　雙錐水分器

雙錐水分器和前述之自由沉降水分器，均可用空氣或其他流體替代水。但因空氣之密度、黏度皆小於水，以致固體在空氣中之沉降速度較在水中約大百倍。

11–7 框　篩

框篩乃水選之另一特殊型式，其給予密度不同之粒子作短時間之沉降，於是形成若干層而分離。前所述及之水力離析，係利用沉降端速之差異而分離者。若粒子作極短時間之沉降，則未能達到沉降端速；且剛開始沉降之極短時間內，速度甚小，以致流體阻力可略而不計。故沉降方向粒子所承受之總力為

$$F = m\frac{a}{g_c} = m\frac{g}{g_c} - w\frac{g}{g_c}$$

即

$$a = \left(\frac{m - w}{m}\right)g = \left(\frac{\rho_s - \rho}{\rho_s}\right)g = \left(1 - \frac{\rho}{\rho_s}\right)g \tag{11–13}$$

式中　m = 粒子之質量

w = 與粒子同體積之流體質量

a = 粒子之沉降加速度

g = 重力加速度

g_c = 因次常數

F = 粒子所承受之總力

由上式知，最初之沉降速度，與粒子及流體之密度有關，而與粒子之形狀與大小無關，因此粒子可完全依密度而分離。

設有 A 與 B 兩種不同物料，其初加速度比可用下式表示：

$$\frac{a_A}{a_B} = \frac{(\rho_{s_A} - \rho)\rho_{s_B}}{(\rho_{s_B} - \rho)\rho_{s_A}} \tag{11–14}$$

如圖 11–5 所示，所有石片之最初速度，均較煤粒之初速為大。在時間 t 內沉降之距離為

$$\int_0^t u dt$$

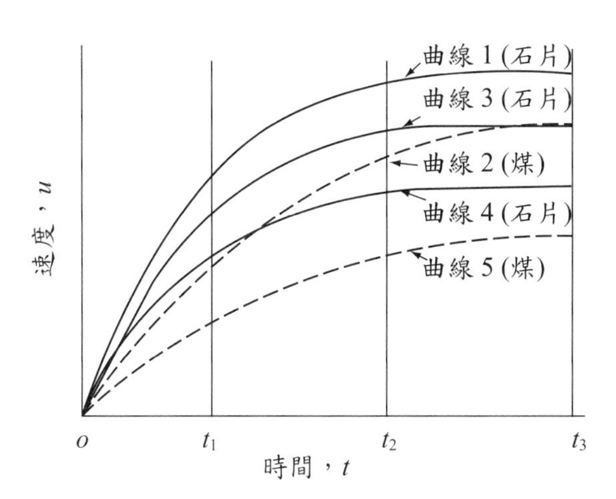

圖 11–5　石片與煤之相對落速與時間之關係。曲線 1、2 乃同大小之粒子，曲線 3 為較小之石片，其沉降端速與曲線 2 之煤相等。曲線 4、5 為更小之粒子。

亦即圖 11–5 中自 $t=0$ 至 $t=t$ 間，曲線與橫坐標所圍成之面積。若時間甚短，如 t_1 時，一切石片均較煤粒落下距離為多，故可完全分離；但如時間延長為 t_2 時，則曲線 2 與曲線 4 下之面積幾乎相等，以致無法將此二物分離，此情形稱為等框篩落速；若時間超過 t_3，則所賴以分離之重要因素，即為終端落速，此時之操作乃水力離析，而非屬框篩之範疇矣。

圖 11–6 所示者為**活塞式固定框篩 (fixed-screen plunger jigs)**，其底呈斜斷面，上部隔成左右兩室，左室有一篩子，欲分離之物料在篩之一端輸入，他端溢出。右室為一活塞，附著於一偏心輪，作上下往復運動，使室內之水向篩上之物料作上下反覆之沖刷。結果所得之成品，自面至底依序為：⑴細而輕之物隨水溢出器外、⑵篩面之上層物料為中顆粒之重物及粗顆粒之輕物、⑶篩面之底層物料為不能通過篩孔之大顆粒重物、⑷通過篩孔之細顆粒重物。

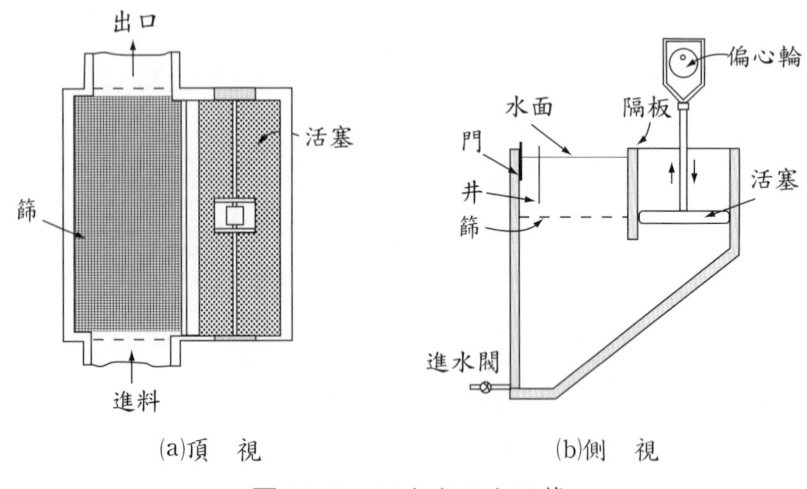

(a)頂　視　　(b)側　視

圖 11–6　活塞式固定框篩

11–8　靜電離析

各種物料依其在電場內性質之不同而析開，稱為**靜電離析** (electrostatic classification)。圖 11–7 所示為一**靜電分離器** (electrostatic separator)，固體由漏斗加入，經裙式振動加料器到輥筒上，此筒可帶動或接地，其旁不遠處有**放電極** (discharge electrode)，帶相反之電。物料離輥筒之處，則視所需之電而定，吾人只要適當調整 *A*、*B* 與 *C* 槽之位置，即可得到相當完全之分離。

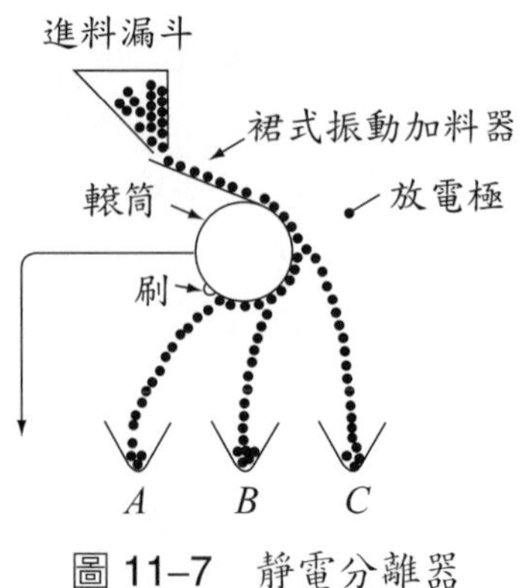

圖 11–7　靜電分離器

11–9 磁力離析

與靜電離析相似，**磁力離析** (magnetic classification) 可將順磁性與非順磁性物料分離。如圖 11–8 所示，於推動輪 *A* 處設有電磁，非順磁性物料因向心力不夠，必先落下；磁性物料續磁力所吸，至皮帶離開圓輪，磁力消失而落下。

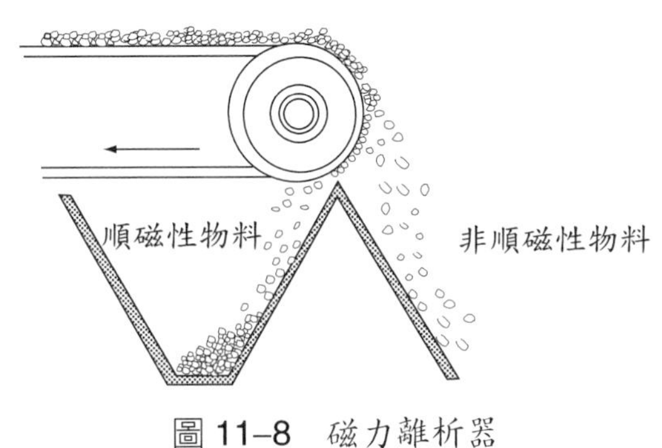

圖 11–8 磁力離析器

11–10 浮 選

固體顆粒在流體中之可濕性不同，因此可用含有藥劑之水配合空氣，以產生泡沫而使固體分離，此操作稱為**浮選** (floatation)。浮選器主要由分離器與攪動設備組合而成，分離器之底稍傾斜，底面上鋪以帆布。如圖 11–9 所示，操作時物料隨水及藥劑自左方加入器中，而空氣則自器下通過帆布送入器中。由於空氣之攪動，遂產生一厚層之泡沫，浮於水面，因此細粒之粉末狀物料隨同泡沫自器之堰口溢出；粗粒物料則沉於器底，隨時取出。

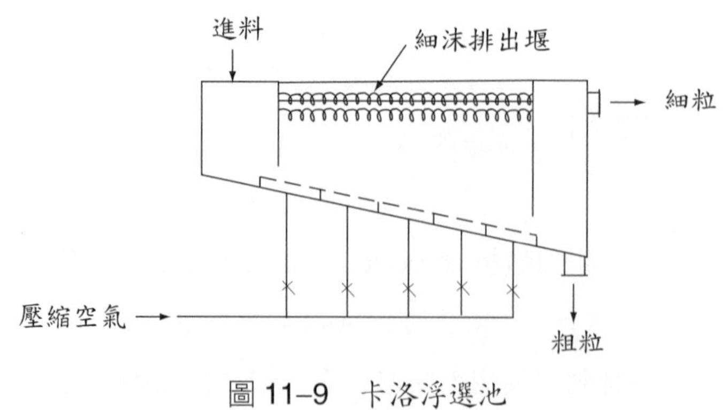

圖 11–9　卡洛浮選池

浮選用之藥劑計有:

(1)起泡劑——使發生泡沫，如樟腦油、松油及甲酸等。

(2)捕集劑——使物料附著於氣泡而浮上，如黃原酸酯、二硫化磷酸鹽及 α–萘胺等。

(3)抑制劑——其作用恰與捕集劑相反，即用以抑制物料之上浮而與浮選物分離，如氰化鈉、氰化鉀及硫化鈉等。

(4)活性劑——用以輔助捕集劑之用，以增強物料之附著，如硫酸銅及硫酸。

(5)分散劑——使物料在泥漿中均勻分散而不團結，如水玻璃、澱粉及偏磷酸鈉等。

11–11　沉析與稠化

使固體顆粒因重力在靜止液體中逐漸下沉，而密集成含固體甚多之泥漿，以致與上層之澄清液分離之操作，稱為**沉析** (sedimentation)。工業上沉析操作多用於選礦，其裝置稱為**稠化器** (thicker)。稠化器相當龐大，操作時多採連續操作。圖 11–10 所示為 Dorr 稠化器，其主要部分為一傾斜底之大圓桶。操作時原料自插入器中之管道加入，器底有漿鈀。當鈀緩慢轉動時，可將濃渣鈀至中央後排出器外，而澄清液則自桶邊緣之堰口溢出。

微小顆粒在液體中之自由沉降非常緩慢，因此為加速其分離，可應用離心效應。故吾人若利用較大之離心力，以增加微小顆粒在液中之沉降速度，則可提高固體與液體之分離效率。

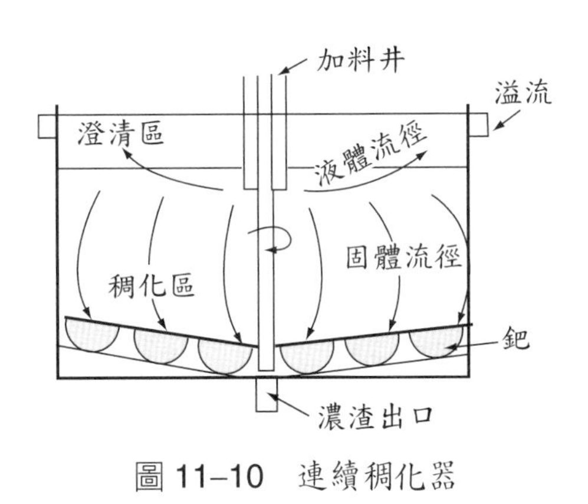

圖 11–10 連續稠化器

11–12 集塵與氣體之淨化

氣體中常夾帶固體微粒或液體微滴，如煙囪廢氣中之碳黑與灰塵、麵粉廠中之粉灰、液體沸騰所產生之霧沫等。氣體淨化乃工業上頗為重要之問題，蓋因污染之空氣非但有礙人體之健康，亦易導致爆炸現象而妨害公共安全。常用之集塵器有以下五種:

1. 旋風分離器

旋風分離器 (cyclone separators) 乃最常見之氣體－固體分離器，其構造如圖 11–11 所示，其主要部分係由垂直圓筒及錐形箱重疊而成，入口在上部成切線方向，使氣體進入後成為旋風。氣體與粉末循切線方向進入後，固體受離心力作用，遂向外拋擲而沉積於壁上，以致逐漸滑落至錐形箱中而除去。清淨氣體則經由一伸入中心之管件逸出。此器可噴入水滴，使水滴與固體粉末接觸，而加速固體之沉降作用，稱為濕法旋風分離器。

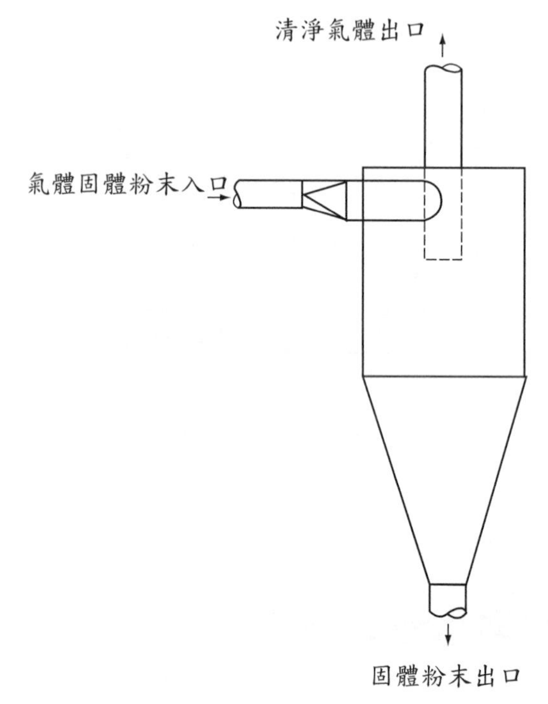

圖 11–11　旋風分離器

2. 袋濾器

袋濾器 (bag filter) 之構造，如圖 11–12 所示。圖中圓筒 *B* 內裝設多數管形之布袋 *A*，欲分離之氣體及微粒固體自漏斗 *C* 輸入，然後轉彎升入 *A* 袋中。於是氣體穿過布孔而進入吸收室 *D*，吸收室與真空泵相連；氣體中之微粒固體則因不能通過布孔而遺留袋中。濾塵操作時，器上 *E* 軸作甚緩慢之迴轉。每隔數分鐘，軸上之凸輪 *F* 遂壓迫彎曲槓桿，使風門 *J* 截斷氣流至 *D* 室之路，而變為排塵操作。此時因器內氣壓低於大氣壓力，於是外面空氣乘虛而入，轉入布袋後遂令袋中已積存之固體，墮入漏斗 K 中。同時因 L 桿之一端係緊壓迴轉極速之凸輪 M 上，以致另端所懸之濾袋發生激烈之簸動，而協助空氣將固體驅入漏斗 K 中。另者，漏斗下裝有一活門，以便固體堆積甚多時能開排出。

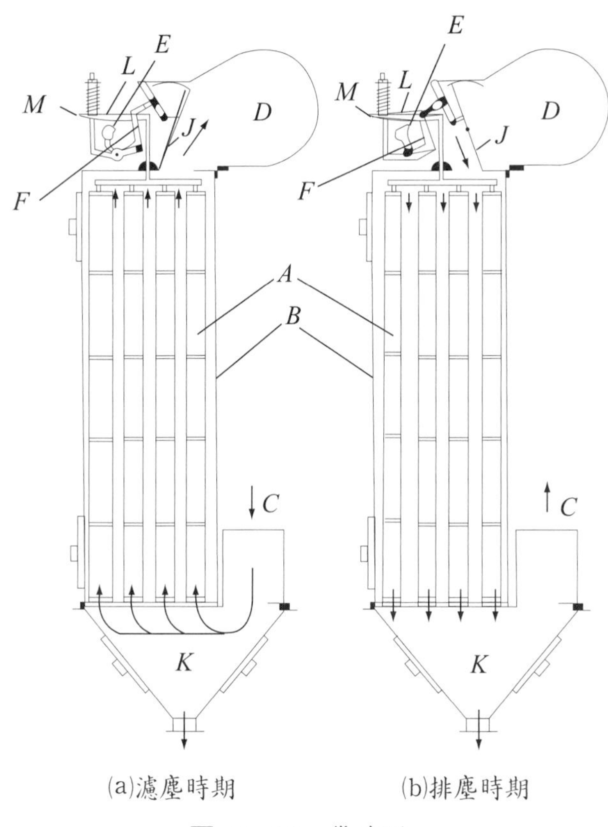

圖 11–12　袋濾器

其實袋濾器之原理甚為簡單，簡述之，係令微粒固體與氣體之混合物，通過一圓筒形之布袋，則因布孔小於微粒固體，於是使氣體通過而固體粒子遺留於袋中。然袋濾器之操作常遭遇兩種困難：(a)袋中積存之微粒固體除去不易；(b)布孔常易窒塞。

3. 郭氏沉墮器

有時懸浮於空氣中之顆粒甚小，以致使用袋濾器分離亦難奏效。圖 11–13 所示之郭氏沉墮器中裝有直流電場，故當空氣通過時，其中之固體顆粒因受感應而帶電荷，於是能被正極或負極所吸收而停留於電室中。該器乃利用此原理而將微細之塵埃與空氣分離，其構造係由數排之垂立管所組成，管高且細，管徑約為 5～10 吋，長可 15 呎。管中垂置一銅絲，銅絲與管壁間為一極大之直流電場，電壓約在 50000 ～ 60000 伏特。於是自管底上升之灰塵在此電場內即附於管壁上不動。郭氏沉墮器適用於分離各種廢氣中之塵粒，例如冶金工業中之回收氧化鋁及鉀末、洋灰製造業中之回收帶鉀塵粒、磷電爐中之回收五氧化二磷等。

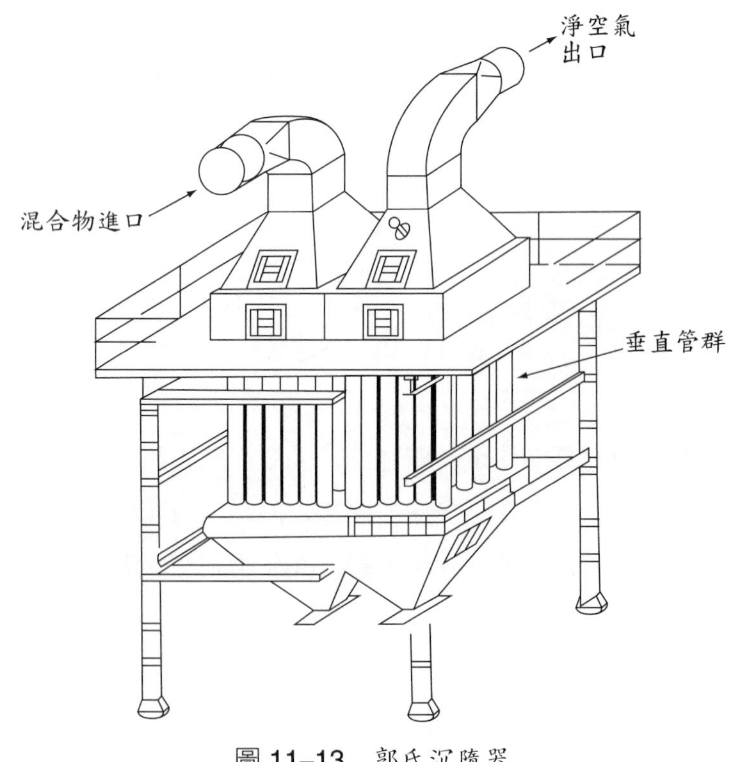

圖 11–13　郭氏沉墮器

4. 濕式除塵器

空氣中之塵埃因屬微小之固體顆粒，故往往使用上述之乾式分離器時，無法奏效。然若使用如圖 11–14 所示之濕式除塵器，則可達到分離之目的。其操作法係於送風機之進口處噴以清水，使水霧與空氣在送風機之螺輪中均勻混合，於是空氣中之灰塵即被霧水所潤濕而增重，終於上升時與折流板相碰而下墮，以致潔淨空氣遂由器頂逸出。此種除塵器尚可用於食品乾燥、藥物與照相製造業等，以除去空氣中之灰塵及微生物。

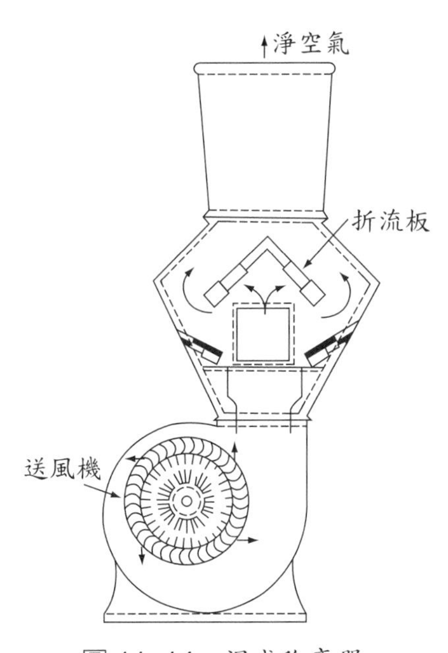

圖 11–14　濕式除塵器

有關濕法之操作，亦於本節之〔1. 旋風分離器〕中述及，其潤濕灰塵而予以加重之原理與本法相同，惟旋風分離器中空氣形成旋風而輸入，而整個操作係在離心力之影響下進行，其操作方法顯然與本法不同。

5. 複式分離器

由一乾式分離器及一濕式分離器所組合者，稱為複式分離器。複式分離器亦可由兩種同類分離器聯合組成，適用於氣體中所含固體之大小不一，不能用一單級分離器分離時。圖 11–15 示一由旋風分離器與濕式除塵器所組成之複式分離器。操作時氣體先由 a 管進入旋風器，而大顆粒固體可在此室中析出。接著由 c 管通過一焦炭過濾層，以除去中顆粒固體，此層之焦炭厚約為 5～10 吋。通過過濾層後，氣體與噴射水相混，遂使氣體中剩餘之塵埃潤濕而加重，然後此潮濕塵埃又被再上之另一焦炭過濾層所阻擋。故由器頂排出之空氣得以清淨，而洗滌水及塵埃則可由 b 處排出。

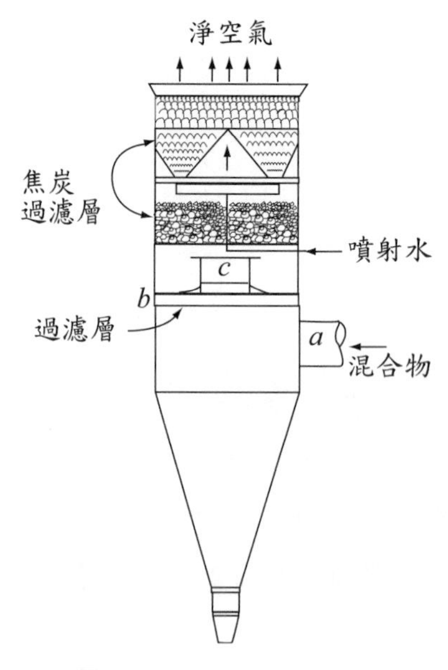

圖 11–15　複式分離器

11–13 水油分離器

工業上分離水與油之混合液，乃一常遇之問題，因此所用器具之類亦多。圖 11–16 所示，乃一**直流式水油分離器** (stream-line water oil separation)，其構造係於一大管之中段，裝設甚多之平行小管而成。操作時水油混合液自圖之右端緩慢輸入，於是大塊油類於小管前早已浮起；細粒油球經過小管呈擾流後，始能與水分離。油乃由器之頂點浮出，水則由器之左端排出。此器之分離效率甚高，然因係橫置，故占地甚大。

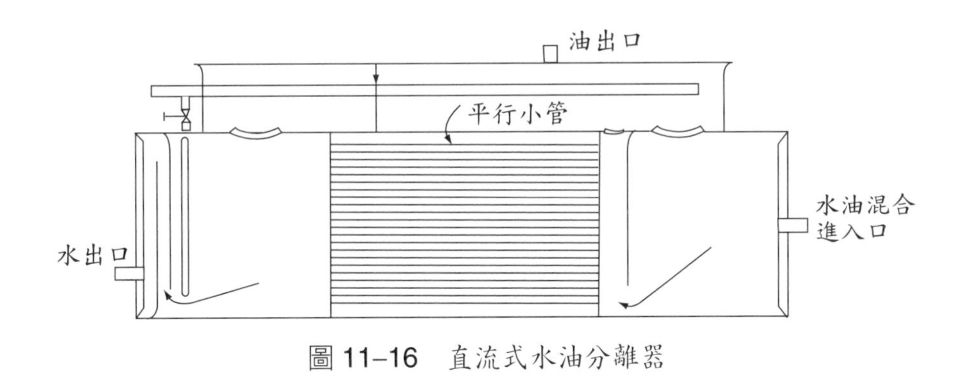

圖 11–16　直流式水油分離器

符號說明

符　號	定　義
a	粒子沉降加速度，公尺 / 秒
C_D	牽引（阻力）係數
D_p	粒子直徑，公尺
F	沉降方向作用於粒子之總力，牛頓

g	重力加速度，公尺 /(秒)^2
g_c	因次常數，等於 1 (千克)(公尺)/(牛頓)(秒)^2
m	一顆粒子之質量，千克
u	瞬時沉降速度，公尺 / 秒
u_t	自由沉降端速，公尺 / 秒
u_{ht}	受阻沉降端速，公尺 / 秒
w	與粒子同體積之流體質量，千克
ρ	流體密度，千克 /(公尺)^3
ρ_s	固體粒子之密度，千克 /(公尺)^3

11–1 直徑為 0.03 厘米之鋼球，於比重為 0.75 及黏度為 10 厘泊之油中沉降，求其沉降端速。鋼之比重為 7.86。

11–2 方鉛礦(比重 7.5)與石英(比重 2.65)之混合物，粒子直徑範圍自 0.00058 至 0.00250 厘米，若在水中自由沉降，則可得三部分：一為純石英，一為混合物，另一為純方鉛礦，求各部分粒子之大小？

11–3 方鉛礦與石英之混合物，直徑範圍自 0.0075 至 0.0650 厘米，今藉 51°C 向上之水流分離之，求

(1)水流之速度如何，方可得純粹之方鉛礦？

(2)此成品之最大粒子直徑若干？

(3)如以苯（比重為 0.85，黏度為 60 厘泊）代替水，則分離結果如何？

附錄 A

變換因素及常數

1. 長　度：

1 吋 (inch) = 2.54 厘米 (centimeter)
1 呎 (foot) = 12 吋 = 0.3048 公尺 (meter)
1 公尺 = 100 厘米
1 公尺 = 3.2803 呎 = 39.37 吋
1 微米 (micron) = 10^{-6} 公尺 = 10^{-4} 厘米
1 厘米 = 10 毫米 (millimeter)
1 哩 (mile) = 5 280 呎
1 碼 (yard) = 3 呎 = 0.9144 公尺

2. 面　積：

1 平方吋 = 6.45 平方厘米
1 平方呎 = 0.0929 平方公尺 = 144 平方吋
1 平方公尺 = 10.73 平方呎

3. 容　積：

1 立方吋 = 16.39 立方厘米
1 公升 (liter) = 1 000 立方厘米
1 立方呎 = 28.317 公升
1 立方呎 = 0.028317 立方公尺
1 立方呎 = 7.481 加侖（gallon, 美國）
1 立方公尺 = 264.17 加侖（美國）
1 立方公尺 = 1 000 公升
1 加侖（美國）= 3.7854 公升
1 加侖（美國）= 3 785.4 立方厘米
1 加侖（英國）= 1.20094 加侖（美國）

4. 質　量：

1 公斤（kilogram, 千克）= 1 000 克 (gram)
1 磅 (pound) = 453.59 克
1 短噸 (short ton) = 2 000 磅
1 公噸 (metric ton) = 1 000 千克
1 千克 = 2.205 磅

5. 密　度：

1 克／立方厘米 = 62.43 磅／立方呎

1 克／立方厘米 = 8.345 磅／加侖（美國）

1 克／立方厘米 = 1 000 千克／立方公尺

1 磅／立方呎 = 16.0185 千克／立方公尺

1 千克／公升 = 61.87 磅／立方呎

空氣之密度（0°C 及 1 大氣壓力）

= 1.293 克／公升

6. 力：

1 達因 (dyn) = 1（克)(厘米)/(秒)^2

1 牛頓 (newton) = 1（千克)(公尺)/(秒)^2

1 磅達 (poundal) = 1（磅)(呎)/(秒)^2

1 達因 = 7.233×10^{-5} 磅達

1 達因 = 2.2481×10^{-6} 磅力 (pound force)

1 磅力 = 4.4482 牛頓

7. 壓　力：

1 巴爾 (bar) = 1×10^5 巴斯卡 (pascal)

1 巴斯卡 = 1 牛頓 /(公尺)^2

1 大氣壓力 (atmosphere) = 760 毫米汞柱

1 大氣壓力 = 2 116.2 磅力 /(呎)^2

1 大氣壓力 = 33.93 呎水柱

1 大氣壓力 = 14.7 磅力 /(吋)^2

1 大氣壓力 = 1.01325×10^5 牛頓 /(公尺)^2

1 磅力 /(吋)^2 = 2.04 吋汞柱

1 磅力 /(吋)^2 = 51.71 毫米汞柱

1 磅力 /(吋)^2 = 2.31 呎水柱

1 磅力 /(吋)^2 = 6.89476×10^3 牛頓 /(公尺)^2

8. 黏　度：

1 泊 (poise) = 1 克 /(厘米)(秒)

1 厘泊 (centipoise)

= 6.72×10^{-4} 磅 /(呎)(秒)

1 厘泊 = 2.42 磅 /(呎)(小時)

1 厘泊 = 10^{-3}(巴斯卡)(秒)

1 厘泊 = 10^{-3} 千克 /(公尺)(秒)

1 厘泊 = 10^{-3}(牛頓)(秒)/(公尺)^2

9. 溫　度：

攝氏 (Certigrade) 度數 (°C) = $\frac{°F - 32}{1.8}$

華氏 (Fahrenheit) 度數 (°F) = 1.8 × °C + 32

克氏 (Kelvin) 度數 (K) = °C + 273.16

冉氏 (Rankine) 度數 (°R) = °F + 459.7

1°C = 1K = 1.8°F = 1.8°R

10.熱、能與功：

1 卡 (calorie) = 4.1868 焦耳 (joule)

1 千卡 = 3.9657 英熱單位 (Btu)

1 焦耳 = 10^7 爾格 (erg)

1 焦耳 = 1（牛頓)(公尺)

1 焦耳 = 0.7376（磅力)(呎)

1 爾格 = 1（達因)(厘米)

1（千克)(公尺) = 7.233（磅力)(呎)

1 卡 = 4.18×10^7 爾格

1 英熱單位 = 778.16（呎)(磅力)

1（千克)(公尺) = 9.80665 焦耳

11.功　率：

1 瓦 (watt) = 1 焦耳 / 秒

1 瓦 = 14.34 卡 / 分鐘

1 千瓦 = 737.56（呎)(磅力)/ 秒

1 千瓦 = 56.87 英熱單位 / 分鐘

1 千瓦 = 1.341 馬力 (horse power)

1 馬力 = 550（呎)(磅力)/ 秒

1 馬力 = 0.707 英熱單位

1 馬力 = 745.7 瓦

1 馬力 = 745.7（公尺)(牛頓)/ 秒

12.熱傳導度：

1 千卡 /(小時)(公尺)(°C)
　= 0.6715 英熱單位 /(小時)(呎)(°F)

1 英熱單位 /(小時)(呎)(°F)
　= 1.4892 千卡 /(小時)(公尺)(°C)

1 英熱單位 /(小時)(呎)(°F)
　= 1.73073 瓦 /(公尺)(K)

13.熱傳送係數：

1 千卡 /(小時)$(公尺)^2$(°C)
　= 0.2048 英熱單位 /(小時)$(呎)^2$(°F)

1 英熱單位 /(小時)$(呎)^2$(°F)
　= 4.8825 千卡 /(小時)$(公尺)^2$(°C)

1 英熱單位 /(小時)$(呎)^2$(°F)
　= 5.6783 瓦 /$(公尺)^2$(K)

14.熱流通量與熱流率：

1 英熱單位 /(小時)(呎)^2
= 3.1546 瓦 /(公尺)^2

1 英熱單位 / 小時 = 0.29307 瓦

1 卡 / 小時 = 1.1622×10^{-3} 瓦

15.擴散係數：

1 (厘米)^2/ 秒 = 3.875 (呎)^2/ 小時

1 (厘米)^2/ 秒 = 10^{-4} (公尺)^2/ 秒

1 (公尺)^2/ 秒 = 3.875×10^4(呎)^2/ 小時

1 (公尺)^2/ 小時 = 10.764 (呎)^2/ 小時

16.質量傳送係數：

1 呎 / 小時 = 8.4668×10^{-3} 厘米 / 秒

1 厘米 / 秒 = 118.1 呎 / 小時

17.質量流通率與莫耳流通率：

1 克 /(秒)(厘米)^2
= 7.3734×10^3 磅 /(小時)(呎)^2

1 磅莫耳 /(小時)(呎)^2
= 1.3562×10^{-3} 千克莫耳 /(秒)(公尺)^2

18.其　他：

1 英熱單位 /°F = 453.6 千卡 /°C

1 弧度 (radian) = 57.30°

1 磅 /(呎)^3 = 16.02 千克 /(公尺)^3

19.常　數：

$e = 2.7183$

$\pi = 3.1416$

R (氣體常數) = 1.987 卡 /(克分子)(K)

R = 82.06 (厘米)^3(大氣壓力)/(克分子)(K)

R = 10.73 (磅)(呎)^3/(呎)^2(磅分子)(°R)

R = 0.730 (呎)^3(大氣壓力)/(磅分子)(°R)

R = 0.08206 (公尺)^3(大氣壓力)/(千克分子)(K)

g (重力加速度) = 980.665 厘米 /(秒)^2

g = 32.174 呎 /(秒)^2

g_c (因次常數)
= 32.174 (呎)(磅)/(秒)^2(磅力)

g_c = 1 (千克)(公尺)/(秒)^2(牛頓) = 1

附錄 B

氣體之黏度

號	氣	體	X	Y	編號	氣	體	X	Y
1	Acetic acid	乙　酸	7.7	14.3	29	Freon−113	$(CCl_2F\text{-}CClF_2)$	11.3	14.0
2	Acetone	丙　酮	8.9	13.0	30	Helium	氦	10.9	20.5
3	Acetylene	乙　炔	9.8	14.9	31	Hexane	己　烷	8.6	11.8
4	Air	空　氣	11.0	20.0	32	Hydrogen	氫	11.2	12.4
5	Ammonia	氨	8.4	16.0	33	$3H_2 + 1N_2$		11.2	17.2
6	Argon	氬	10.5	22.4	34	Hydrogen bromide	溴化氫	8.8	20.9
7	Benzene	苯	8.5	13.2	35	Hydrogen chloride	氯化氫	8.8	18.7
8	Bromine	溴	8.9	19.2	36	Hydrogen cyanide	氰化氫	9.8	14.9
9	Butane	丁　烷	9.2	13.7	37	Hydrogen iodide	碘化氫	9.0	21.3
0	Butylene	丁　烯	8.9	13.0	38	Hydrogen sulphide	硫化氫	8.6	18.0
1	Carbon dioxide	二氧化碳	9.5	18.7	39	Iodine	碘	9.0	18.4
2	Carbon disulphide	二硫化碳	8.0	16.0	40	Mercury	汞	5.3	22.9
3	Carbon monoxide	一氧化碳	11.0	20.0	41	Methane	甲　烷	9.9	15.5
4	Chlorine	氯	9.0	18.4	42	Methanol	甲　醇	8.5	15.6
5	Chloroform	三氯甲烷	8.9	15.7	43	Nitric oxide	氧化氮	10.9	20.5
6	Cyanogen	氰	9.2	15.2	44	Nitrogen	氮	10.6	20.0
7	Cyclohexane	環乙烷	9.2	12.0	45	Nitrosyl chloride	亞硝醯氯	8.0	17.6
8	Ethane	乙　烷	9.1	14.5	46	Nitrous oxide	氧化亞氮	8.8	19.0
9	Ethyl acetate	乙酸乙酯	8.5	13.2	47	Oxygen	氧	11.0	21.3
0	Ethyl alcohol	乙　醇	9.2	14.2	48	Pentane	戊　烷	7.0	12.8
1	Ethyl chloride	氯乙烷	8.5	15.6	49	Propane	丙　烷	9.7	12.9
2	Ethyl ether	乙　醚	8.9	13.0	50	Propyl alcohol	丙　醇	8.4	13.4
3	Ethylene	乙　烯	9.5	15.1	51	Propylene	丙　烯	9.0	13.8
4	Fluorine	氟	7.3	23.8	52	Sulphur dioxide	二氧化硫	9.6	17.0
5	Freon−11	(CCl_5F)	10.6	15.1	53	Toluene	甲　苯	8.6	12.4
6	Freon−12	(CCl_2F_2)	11.1	16.0	54	2, 3, 3-Trimethylbutane	2, 3, 3−三甲基丁烷	9.5	10.5
7	Freon−21	$(CHCl_2F)$	10.8	15.3	55	Water	水	8.0	16.0
8	Freon−22	$(CHClF_2)$	10.1	17.0	56	Xenon	氙	9.3	23.0

※用本表中之坐標從下頁之圖中找出黏度。

氣體之黏度

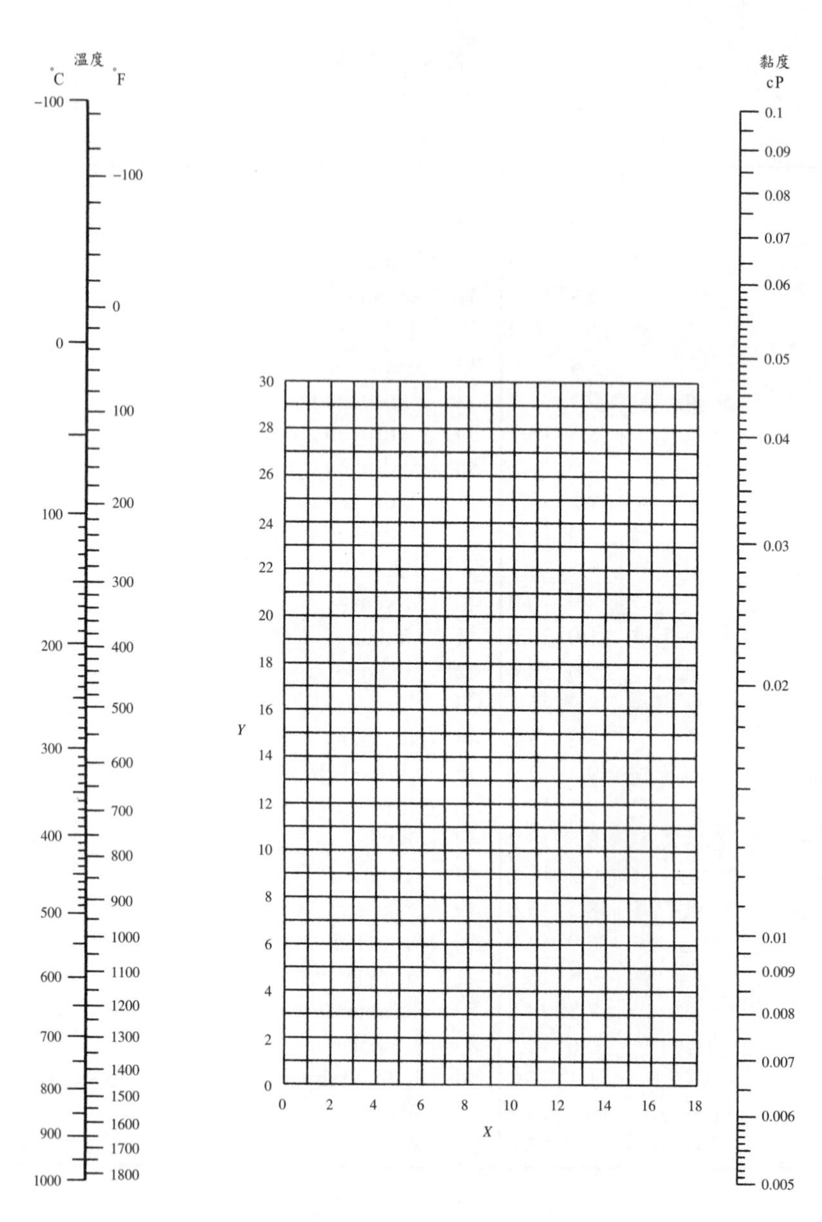

※1 大氣壓力下之氣體黏度，其坐標見上頁。

附錄 C

液體之黏度

編號	液　體		X	Y	編號	液　體		X	Y
1	Acetaldehyde	乙醛	15.2	4.8	17	Brine, NaCl, 25%	鹽水	10.2	16.6
2	Acetic acid, 100%	乙酸	12.1	14.2	18	Bromine	溴	14.2	13.2
3	Acetic acid, 70%	乙酸	9.5	17.0	19	Bromotoluene	溴甲苯	20.0	15.9
4	Acetic anhydride	乙酐	12.7	12.8	20	Butyl acetate	乙酸丁酯	12.3	11.0
5	Acetone, 100%	丙酮	14.5	7.2	21	Butyl alcohol	丁醇	8.6	17.2
6	Acetone, 35%	丙酮	7.9	15.0	22	Butyric acid	丁酸	12.1	15.3
7	Allyl alcohol	丙烯醇	10.2	14.3	23	Carbon dioxide	二氧化碳	11.6	0.3
8	Ammonia, 100%	氨	12.6	2.0	24	Carbon disulphide	二硫化碳	16.1	7.5
9	Ammonia, 26%	氨	10.1	13.9	25	Carbon tetrachlo-ride	四氯化碳	12.7	13.1
10	Amyl acetate	乙酸戊酯	11.8	12.5	26	Chlorobenzene	氯苯	12.3	12.4
11	Amyl alcohol	戊醇	7.5	18.4	27	Chloroform	三氯甲烷	14.4	10.2
12	Aniline	苯胺	8.1	18.7	28	Chlorosulphonic acid	氯磺酸	11.2	18.1
13	Anisole	苯甲醚	12.3	13.5	29	*o*-Chlorotoluene	鄰–氯甲苯	13.0	13.3
14	Arsenic trichloride	三氯化二砷	13.9	14.5	30	*m*-Chlorotoluene	間–氯甲苯	13.3	12.5
15	Benzene	苯	12.5	10.9	31	*p*-Chlorotoluene	對–氯甲苯	13.3	12.5
16	Brine, $CaCl_2$, 25%	鹽水	6.6	15.9	32	*m*-Cresol	間–甲酚	2.5	20.8

33	Cyclohexanol	環己醇	2.9	24.3	54	Freon−12	氟氯烷−12	16.8	5.6
34	Dibromoethane	二溴乙烷	12.7	15.8	55	Freon−21	氟氯烷−21	15.7	7.5
35	Dichlorocthane	二氯乙烷	13.2	12.2	56	Freon−22	氟氯烷−22	17.2	4.7
36	Dichloromethane	二氯甲烷	14.6	8.9	57	Freon−113	氟氯烷−113	12.5	14.4
37	Diethyl oxalate	草酸二乙酯	11.0	16.4	58	Glycerol, 100%	丙三醇（甘油）	2.0	30.0
38	Dimethyl oxalate	草酸二甲酯	12.3	15.8	59	Glycerol, 50%	丙三醇（甘油）	6.9	19.6
39	Diphenyl	聯苯	12.0	18.3	60	Heptane	庚烷	14.1	8.4
40	Dipropyl oxalate	草酸二丙酯	10.3	17.7	61	Hexane	己烷	14.7	7.0
41	Ethyl acetate	乙酸乙酯	13.7	9.1	62	Hydrochloric acid, 31.5%	鹽酸	13.0	16.6
42	Ethyl alcohol, 100 %	乙醇	10.5	13.8	63	Isobutyl alcohol	異丁醇	7.1	18.0
43	Ethyl alcohol, 95%	乙醇	9.8	14.3	64	Isobutyric acid	異丁酸	12.2	14.4
44	Ethyl alcohol, 40%	乙醇	6.5	16.6	65	Isopropyl alcohol	異丙醇	8.2	16.0
45	Ethyl benzene	乙基苯	13.2	11.5	66	Kerosene	煤油	10.2	16.9
46	Ethyl bromide	溴乙烷	14.5	8.1	67	Linseed oil, raw	粗亞麻仁油	7.5	27.2
47	Ethyl chloride	氯乙烷	14.8	6.0	68	Mercury	水銀	18.4	16.4
48	Ethyl ether	乙醚	14.5	5.3	69	Methanol, 100%	甲醇	12.4	10.5
49	Ethyl formate	甲酸乙酯	14.2	8.4	70	Methanol, 90%	甲醇	12.3	11.8
50	Ethyl iodide	碘乙烷	14.7	10.3	71	Methanol, 40%	甲醇	7.8	15.5
51	Ethylene glycol	乙二醇	6.0	23.6	72	Methyl acetate	乙酸甲酯	14.2	8.2
52	Formic acid	甲酸	10.7	15.8	73	Methyl chloride	氯甲烷	15.0	3.8
53	Freon−11	氟氯烷−11	14.4	9.0	74	Methyl ethyl ketone	丁酮	13.9	8.6

75	Naphthalene	萘	7.9	18.1	93	Sodium hydroxide, 50%	氫氧化鈉	3.2	25.8
76	Nitric acid, 95%	硝酸	12.8	13.8	94	Stannic chloride	氯化錫	13.5	12.8
77	Nitric acid, 60%	硝酸	10.8	17.0	95	Sulphur dioxide	二氧化硫	15.2	7.1
78	Nitrobenzene	硝基苯	10.6	16.2	96	Sulphuric acid, 110 %	硫酸	7.2	27.4
79	Nitrotoluene	硝基甲苯	11.0	17.0	97	Sulphuric acid, 93%	硫酸	7.0	24.8
80	Octane	辛烷	13.7	10.0	98	Sulphuric acid, 60%	硫酸	10.2	21.3
81	Octyl alcohol	辛醇	6.6	21.1	99	Sulphuryl chloride	氯化硫酸	15.2	12.4
82	Pentachloroethane	五氯乙烷	10.9	17.3	100	Tetrachloroethane	四氯乙烷	11.9	15.7
83	Pentane	戊烷	14.9	5.2	101	Tetrachloroethylene	四氯乙烯	14.2	12.7
84	Phenol	酚	6.9	20.8	102	Titanium tetrachloride	四氯化鈦	14.4	12.3
85	Phosphorus tribromide	三溴化磷	13.8	16.7	103	Toluene	甲苯	13.7	10.4
86	Phosphorus trichloride	三氯化磷	16.2	10.9	104	Trichloroethylene	三氯乙烯	14.8	10.5
87	Prosionic acid	丙酸	12.8	13.8	105	Turpentine	松節油	11.5	14.9
88	Propyl alcohol	丙醇	9.1	16.5	106	Vinyl acetate	乙酸乙烯	14.0	8.8
89	Propyl bromide	溴丙烷	14.5	9.6	107	Water	水	10.2	13.0
90	Propyl chloride	氯丙烷	14.4	7.5	108	*o*-Xylene	鄰–二甲苯	13.5	12.1
91	Propyl iodide	碘丙烷	14.1	11.6	109	*m*-Xylene	間–二甲苯	13.9	10.6
92	Sodium	鈉	16.4	13.9	110	*p*-Xylene	對–二甲苯	13.9	10.9

※用本表中之坐標從下頁之圖中找出黏度。

液體之黏度

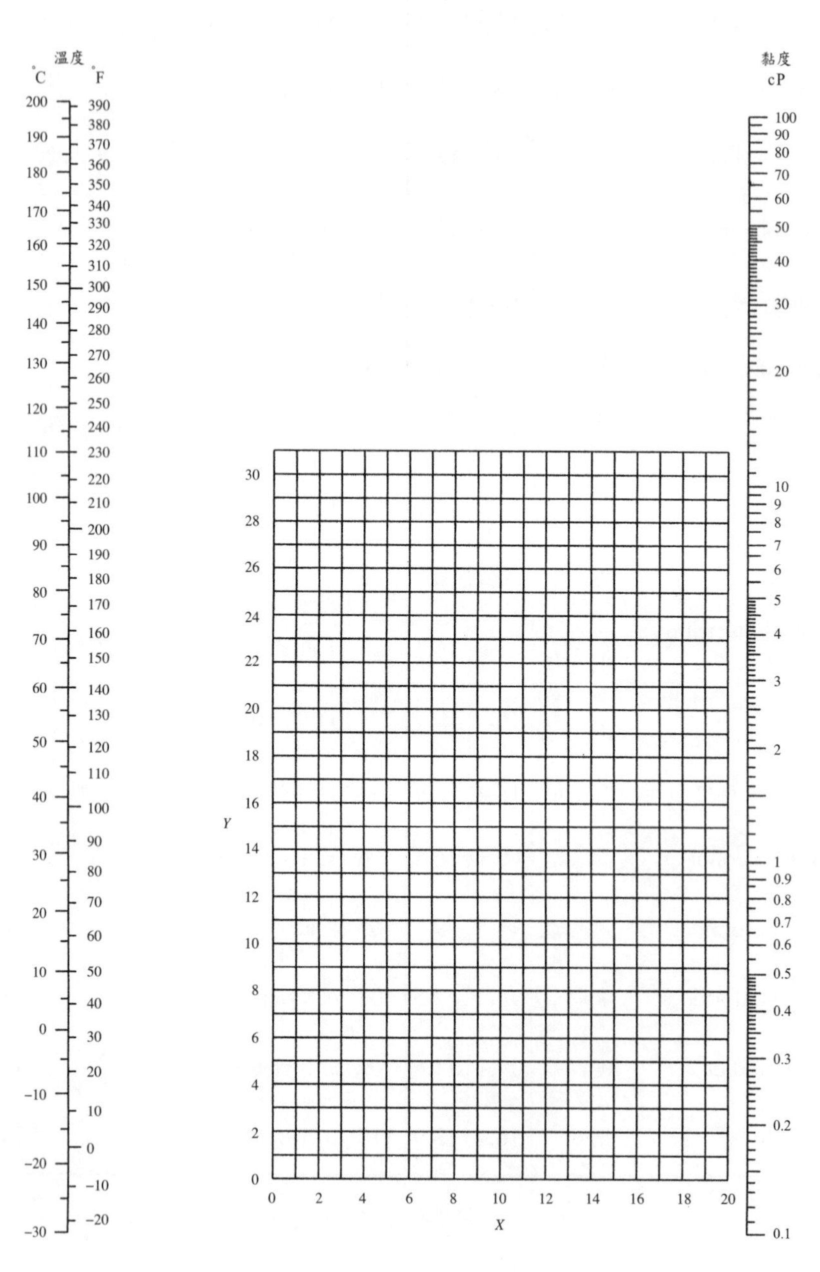

※1大氣壓力下之液體黏度，其坐標見上頁。

附錄 D

鋼管之尺寸

管之公稱大小（吋）	外徑（吋）	號碼	內徑（吋）	管壁厚度（吋）
$\frac{1}{8}$	0.405	40	0.269	0.068
		80	0.215	0.095
$\frac{1}{4}$	0.540	40	0.364	0.088
		80	0.302	0.119
$\frac{3}{8}$	0.675	40	0.493	0.091
		80	0.423	0.126
$\frac{1}{2}$	0.840	40	0.622	0.109
		80	0.546	0.147
$\frac{3}{4}$	1.050	40	0.824	0.113
		80	0.742	0.154
1	1.315	40	1.049	0.133
		80	0.957	0.179
$1\frac{1}{4}$	1.660	40	1.380	0.140
		80	1.278	0.191
$1\frac{1}{2}$	1.900	40	1.610	0.145
		80	1.500	0.200
2	2.375	40	2.067	0.154
		80	1.939	0.218
$2\frac{1}{2}$	2.875	40	2.469	0.203
		80	2.323	0.276
3	3.500	40	3.068	0.216
		80	2.900	0.300
$3\frac{1}{2}$	4.000	40	3.548	0.226
		80	3.364	0.318
4	4.500	40	4.026	0.237
		80	3.826	0.337
5	5.563	40	5.047	0.258
		80	4.813	0.375
6	6.625	40	6.065	0.280
		80	5.761	0.432
8	8.635	40	7.981	0.322
		80	7.625	0.500
10	10.750	40	10.020	0.365
		60	9.750	0.500
12	12.750	30	12.090	0.330
		60	11.626	0.562

索 引

D

E

F

G

H

I

K

L

M

S

T

U

V

W

Z

科普讀物

親近科學的新角度！

生活無處不科學

潘震澤　著

◆ 科學人雜誌書評推薦
◆ 中國時報開卷新書推薦
◆ 中央副刊每日一書推薦

本書作者如是說：科學應該是受過教育者的一般素養，而不是某些人專屬的學問；在日常生活中，科學可以是「無所不在，處處都在」的！且看作者如何以其所學，介紹並解釋一般人耳熟能詳的呼吸、進食、生物時鐘、體重控制、糖尿病、藥物濫用等名詞，以及科學家的愛恨情仇，你會發現——生活無處不科學！

兩極紀實

位夢華　著

◆ 行政院新聞局中小學生課外優良讀物推介

本書收錄了作者一九八二年在南極和一九九一年獨闖北極時寫下的科學散文和考察隨筆中所精選出來的文章，不僅生動地記述了兩極的自然景觀、風土人情、企鵝的可愛、北冰洋的嚴酷、南極大陸的暴風、愛斯基摩人的風情，而且還詳細地描繪了作者的親身經歷，以及立足兩極，放眼全球，對人類與生物、社會與自然、中國與世界、現在與未來的思考和感悟。

武士與旅人——續科學筆記

高涌泉　著

◆ 第五屆吳大猷科普獎佳作

誰是武士？誰是旅人？不同的風格 湯川秀樹與朝永振一郎是 20 世紀日本物理界的兩大巨人。對於科學研究，朝永像是不敗的武士，如果沒有戰勝的把握，便會等待下一場戰役，因此他贏得了所有的戰役；至於湯川，就像是奔波於途的孤獨旅人，無論戰役贏不贏得了，他都會迎上前去，相信最終會尋得他的理想。 本書作者長期從事科普創作，他的文字風趣且富啟發性。在這本書中，他娓娓道出多位科學家的學術風格及彼此之間的互動，例如特胡夫特與其老師維特曼之間微妙的師徒情結、愛因斯坦與波耳在量子力學從未間斷的論戰……等，讓我們看到風格的差異不僅呈現在其人際關係中，更影響了他們在科學上的追尋探究之路。

科普讀物

親近科學的新角度！

科學讀書人——一個生理學家的筆記

潘震澤　著

◆ 民國 93 年金鼎獎入圍，科學月刊、科學人雜誌書評推薦

「科學」如何貼近日常生活？這是身為生理學家的作者所在意的！透過他淺顯的行文，我們得以一窺人體生命的奧祕，且知道幾位科學家之間的心結，以及一些藥物或疫苗的發明經過。

另一種鼓聲——科學筆記

高涌泉　著

◆ 100 本中文物理科普書籍推薦，科學人雜誌、中央副刊書評、聯合報讀書人新書推薦

你知道嗎？從一個方程式可以看全宇宙！瞧瞧一位喜歡電影與棒球的物理學者筆下的牛頓、愛因斯坦、費曼……，是如何發現他們偉大的創見！這些有趣的故事，可是連作者在科學界的同事，也會覺得新鮮有趣的咧！

說數

張海潮　著

◆ 2006 好書大家讀年度最佳少年兒童讀物獎，2007 年 3 月科學人雜誌專文推薦

數學家張海潮長期致力於數學教育，他深切體會許多人學習數學時的挫敗感，也深知許多人在離開中學後，對數學的認識只剩加減乘除；因此，他期望以大眾所熟悉的語言和題材來介紹數學，讓人能夠看見數學的真實面貌。

吳　京 主持
紀麗君 採訪
尤能傑 攝影

人生的另一種可能
台灣技職人的奮鬥故事

本書由前教育部部長吳京主持，採訪了十九位由技職院校畢業的優秀人士。這十九位技職人，憑藉著他們在學校中所習得的知識，和其不屈不撓的奮鬥精神，在工作崗位、人生歷練、創業過程中，都獲得了令人敬佩的成就。誰說只能大學生才有出頭天，誰說只有名校畢業生才會有出息，從這些努力打拚的技職人身上，或許能讓你改變名校迷思，從而發現另一種台灣英雄的傳奇故事。

- 電玩大亨**王俊博**——穿梭在真實與夢幻之間
- 紅面番鴨王**田正德**——挖掘失傳古配方　名揚四海
- 快樂黑手**陳朝旭**——為人打造金雞母
- 永遠的學徒**林水木**——愛上速限十公里的曼波
- 傳統產業小巨人**游祥鎮**——用創意智取日本
- 自學高手**廖文添**——以實作代替空想
- 完美先生**張建成**——靠努力贏得廠長寶座
- 木雕藝師**楊永在**——為藝術當逐日夸父
- 拚命三郎**梁志忠**——致力搶救古文物
- 發明大王**鄧鴻吉**——立志挑戰愛迪生
- 回頭浪子**劉正裕**——從「極冷」追逐夢想
- 現代書生**曹國策**——執著當眾人圭臬
- 小醫院大總管**鄭琨昌**——重拾書本再創新天地
- 微笑慈善家**黃志宜**——人生以助人為樂
- 生活哲學家**林木春**——奉行兩分耕耘，一分收穫
- 折翼天使**李志強**——用單腳追尋桃花源
- 堅毅女傑**林文英**——用眼淚編織美麗人生
- 打火豪傑**陳明德**——不愛橫財愛寶劍
- 殯葬改革急先鋒**李萬德**——讓生命回歸自然